烹
COOKED:

A Natural History of Transformation

火、水、風、土，
開啟千百年手工美味的祕鑰

Michael Pollan

烹：火、水、風、土，開啟千百年手工美味的祕鑰/ 麥可.波倫
(Michael Pollan)著；韓良憶譯. -- 二版. -- 新北市：大家：遠足文化
發行2020.04
面；　公分. -- (common ; 20)
譯自：Cooked: a natural history of transformation
ISBN 978-957-9542-91-3(平裝)
1.烹飪

427　　　　109003732

common 20

Cooked: A Natural History of Transformation
烹：火、水、風、土，開啟千百年手工美味的祕鑰

作者・麥可・波倫（Michael Pollan）｜譯者・韓良憶｜封面設計｜格式 InFormat Design Curating｜內頁插圖・廖蕙蘭｜校對・魏秋綢｜行銷企畫・陳詩韻｜總編輯・賴淑玲｜社長・郭重興｜發行人兼出版總監・曾大福｜出版者・大家／遠足文化事業股份有限公司｜發行・遠足文化事業股份有限公司　231新北市新店區民權路108-2號9樓　電話・(02)2218-1417　傳真・(02)8667-1065｜劃撥帳號・19504465　戶名・遠足文化事業有限公司｜法律顧問・華洋法律事務所　蘇文生律師｜定價・480元｜二版二刷・2021年1月｜

獻給茱迪絲與艾撒克，
還有溫德．貝瑞

前言：為何烹飪？

I

在我人生中年晚期的某一刻，我意外但欣然地發現，有幾個最令我難以釋懷的問題，答案其實是同樣一個。

烹飪。

有些是私人問題，好比說，若要改善一家人的健康和幸福，有哪一件最重要的事是我們做得到的？有什麼好方法可以促進我和我那十來歲兒子的感情（結果，事情並不單僅牽涉到普通的烹飪而已，尚有一種稱為「釀酒」的特別烹飪形式）？還有一些則稍帶政治性質。多年以來，我一直想確定（因為我時常被問到），如果想要協助改革美國的食物體系，讓它變得較健康也較符合永續精神，有哪一件最重要的事是一般人做得到的？另一個相關的問題是，人們生活在高度專業分工的消費經濟中，該如何減少依賴，並更大程度達到自給自足？接著還有較富哲學色彩的問題，自我開始著述以來，便不斷琢磨這些問題。我們在日常生活中該怎麼做，才能更深刻了解自然世界以及我們在其中擔任的角色？你大可以走進森林，去面對這樣的疑問，不過我發覺，只要走進廚房，便可找到更有意思的答案。

前面說過，這是意外之事。烹飪一直是我生活的一部分，但比較像是家具，並不怎麼需要仔細觀察，更遠非我熱情之所繫。我自認運氣好，家有長輩（也就是家母）熱愛烹飪，差不多每天都給我們燒一頓美味的晚餐。我搬出去住以前，便已足夠嫻熟廚事，這算是無心插柳，因為家母忙著做晚餐時，我常待在廚房不走。雖然我有了自己的住處後，只要有時間就會煮點東西，但是我難得挪出時間來燒一頓飯，也很少想到這事。是以，等到我年將三十那會兒，廚藝一點長進也沒有。坦白講，我做得最好的菜色大半仰賴別人烹調出的成果，比方說，把我那美味得不得了的鼠尾草牛油醬汁，淋在現成買來的義大利餃子上。我偶爾會看看烹飪書，或從報上剪食譜，給我為數不多的拿手菜添樣新菜色，或買一兩樣新奇的廚房小器具，不過這些玩意到頭來多半都收進櫃中不見天日。

回想起來，自己對烹飪並沒有太大的興趣，這令我感到驚訝，因為我對飲食鏈的其他環節都抱有濃厚的興趣。我從八歲起就喜愛園藝，種的多半是蔬菜，我一向喜愛待在農場，熱中寫作農業題材。飲食鏈的另一端（我指的是進食這一端），還有我們的飲食習慣與健康的關係，我也寫了不少。然而，飲食鏈中間的環節，亦即自然物質轉化為飲食的過程，我卻不怎麼關注。

直到有一天，我在看電視時，注意到一個頗堪玩味的詭論，起心動念探索起來。這個詭論並不複雜：就在美國人遺棄廚房，將烹煮三餐之責大部分交給食品業那歷史性的一刻起，我們開始花很多時間思考吃什麼，並且看著別人在電視上煮菜，這是怎麼一回事？我們平日愈難得作菜，就愈為食物與別人的廚藝而入迷。

我們的文化對於此一課題似乎三心兩意。調查研究證實，我們每一年都愈來愈少下廚，愈來愈常購買現成食物。自六〇年代中期我看著家母烹製晚餐那會兒以來，美國家庭花在烹飪的時間少了一半，如今一天只有短短二十七分鐘（美國人下廚的時間比全世界其他國家的人都少，但是烹飪時間變短的趨勢舉世皆然）。然而，我們卻更常談起烹飪、看人烹飪、閱讀有關烹飪的書，並且去光顧看得見廚房的餐館，以便欣賞下廚實況。我們生活的這個時代，職業大廚之名家喻戶曉，有些人名氣之大，不亞於運動或電影明星。許多人視為苦工的這件事，不知怎的昇華為甚受喜愛的賽事，吸引大量觀眾。看一集《頂尖大廚》或《食物頻道明日之星》節目得花不止二十七分鐘，想想這一點，便可以明白：如今有成百萬上千萬人花在看電視烹飪節目的時間，多於自己實際動手煮菜。我用不著點明，你看著人家在電視上煮的東西，並不是你吃得到的食物。

這真是怪事。說到底，我們看的、讀的並不是有關縫衣服、補襪子或換汽車機油的節目或書籍，我們最樂於請人代勞這三項日常俗務，而且交出去之後馬上不放在心上。不知怎的，烹飪這檔事感覺起來就是不一樣，這樁差事或過程懷有我們擺脫不了或不想忘卻的情感或心理力量。說實在的，我看了不少烹飪節目後開始納悶，是否該更認真看待總被我視為理所當然的這項消遣活動。

我研擬了幾個理論來說明我所謂的烹飪詭論。第一個也是最明顯的理論是，對人類來講，旁觀他人烹飪並非新鮮事。即便在「人人」仍煮炊的時代，也有不少人多半只看不做，大部分是男性和小孩。我們常常欣然懷想母親在廚房中大顯身手的情景，她們有時好像在施展魔法，往往做出好吃的東西。在古希臘時代，「廚師」、「肉販」和「教士」共用同一個詞：mageiros，而且這個字跟「魔術」（magic）同一詞源。我入迷地觀看母親準備最神奇的菜餚，好比紮成緊實一綑的基輔炸雞，用利刀一切開，融化的奶油和香藥植物的香氣便一湧而出。不過，日常的炒雞蛋也看得我興味盎然，只見黏糊糊、黃澄澄的蛋汁倏地變成香噴噴的金黃色炒蛋。即便最普通的菜色也同樣經過無比神奇的轉化，其成果大過普通材料相加的總和。在幾乎每道菜中，你不僅可以發現食材，更能找到故事的素材：開場、中間、結局。

還有廚師，這些英雄各自推出劇碼，上演「轉化」的小戲劇。雖然我們在日常生活中不再烹飪，廚師幹活的節奏和本質仍吸引著我們。他們的工作似乎遠比我們現今幹著的那些趨於抽象又無形體的苦差事，來得簡單直接又令人滿意。他們的雙手接觸著真實的事物，不是電腦鍵盤和螢幕，而是植物、動物和蕈類這些基本事物。他們也能夠從事與火、水、風和土等基本元素有關的工作，使用（並掌控！）這些元素來施展味覺鍊金術。我們當中有多少人仍在做著這樣的工作？不但得以和物質世界對話，而且假使基輔炸雞沒有過早露餡、舒芙蕾並未變扁變塌，那麼到末了還能創造出令人滿意又美味的結局。

我們之所以喜歡看電視烹飪節目，閱讀烹飪書，說不定是因為我們真心懷念與下廚有關的二三事。我們容或覺得自己沒空、沒力氣（或沒知識）天天下廚，但也不願任憑它完全自我們的生活中消失。人類學家告訴我們，烹飪是人類獨有的行為（李維—史陀說，文化啟自烹飪），果真如此的話，我們對自己竟然那麼愛看烹飪過程這件事，就不必感到驚訝。

烹飪乃人類獨有行為這個概念並非新主張，蘇格蘭作家包斯威爾一七七三年便指出「禽獸不做菜」，並稱智人是「做菜的動物」（他若有機會瞧瞧大賣場裡的盒裝冷凍食品，說不定會重新考慮這個定義）。五十年後，法國美食家布里亞—薩瓦蘭在《味覺的生理學》中表示，烹飪造就了今日的我們，人學會用火，「是推動文明萌芽的最大功臣」。晚近一些，李維—史陀一九六四年在《生食和熟食》中寫道，世上許多文化都持有相似的觀點，就是將烹飪當成「區分人獸」的象徵活動。

對李維—史陀而言，烹飪是一個隱喻，象徵著人類從生猛的自然轉變為成熟的文化。然而，自《生食和熟食》出版以來，其他人類學家逐漸按字面意義解讀，認為烹飪說不定正是人之所以為人的演化關鍵。哈佛大學人類學者兼靈長類動物學家藍翰數年前出版一本名為《找著火》的好書，他在書中主張，讓我們有別於猿猴而成為人的關鍵並不是製造了工具、吃肉或創造了語言，而是我們的老祖宗發現烹飪這件事。按照此一「烹飪假說」，熟食出現改變了人類演化的進程。我們的祖先因之獲得能量較高且較易消化的食物，腦得以長得更大（腦是貪得無厭的能量暴食者），內臟則縮小。生食似乎需要較多時間和能量來咀嚼、消化，與人類體形大小相仿的其他靈長類動物，之所以有較大的消化器官，而且清醒時花費較多時間在咀嚼——一天多達六小時，原因就在這裡。

烹飪實際上行使部分的咀嚼和消化功能，而且運用的是外在的能量，在我們的體外為我們代勞。此外，由於許多潛在的食物來源煮熟後就不再有毒性，這項新技術不啻敲開了藏寶庫，裡面有其他動物無法攝取的卡路里。人類再也不必浪費光陰採集大量的生食，然後咀嚼（不斷咀嚼），這下子可以把時間和新陳代謝資源轉移到其他用途，好比說，創造文化。

烹飪帶給我們的不僅限於餐點，還有用餐活動：在指定的時間和地點一起吃東西。這可是太陽底下的新鮮事，先人採集到生食後，本來和其他動物一樣，隨時隨地獨自吃將起來（這會兒想想，近來逐漸改吃工業食品的我們不也這樣，要麼在加油站餵食自己，要不就不管時間和地點，自己一個人吃東西）。然而，坐下來一同用餐，眼神交會，分享食物，自制克己，凡此種種都使得我們變得文明。藍翰寫道，「圍在火邊，我們變得馴服了。」

烹飪從而轉化了我們，不單只是讓我們變得更能適應社會，而且逐漸變得文明。烹飪雖削弱我們的消化能力，卻也拓展了我們的認知能力，這時，我們走上不歸路：我們腦袋變大，內臟變小，如今仰賴煮熟的食物維生（奉行完全生機飲食者請注意）。這意味著，這年頭食物非得經過煮炊不可——烹飪可以說是生活中不或缺的部分了。英相邱吉爾說過「我們先塑造出我們房子的形狀，房子隨後塑造了我們的形狀」，他針對建築所說的這兩句話，或也可應用於烹飪。我們先煮熟我們的食物，食物隨後煮「熟」我們。

如果真如藍翰所說，烹飪是人類身分認同、生物特性和文化的核心，那麼當代烹飪風氣之式微，理所當然會對現代生活帶來重大的影響，而情況的確如此。全都是負面的影響嗎？那倒未必。許多煮炊的差事轉由企業承擔，這使得婦女卸除傳統上由女性一肩擔起的職責，讓她們可以離家工作，擁有自己的事業。這樣一來，因性別角色和家庭功能如此大幅改變而勢將造成的衝突與家庭齟齬，也得以防止。這也減輕家庭中其他各式各樣的壓力，好比長時間工作和小孩活動太多太忙，我們如今可以將節省下來的時間投資在其他事務，並得以多方嘗試各種飲食，就連毫無廚藝和荷包不豐的人，也能在一星期當中每天晚上吃到完全不同的菜色。必須準備的，就只有微波爐而已。

凡此種種，益處並不少，但這是有代價的，而我們才剛剛開始計算這些代價。烹飪的工業化嚴重損壞我們的身心健康。企業煮食的方式和一般人不同（因此我們通常不稱之為「烹飪」，而稱為「處理食物」），糖、脂肪和鹽的用量往往遠高於一般人所煮的食物。同時，為延長保存期，並讓食物看來比實際上新鮮，工業食品中含有一般家庭不會有的新奇化學物質。也難怪家庭烹飪衰退會和肥胖以及種種與飲食有關的慢性疾病密切相連。

速食興起與家庭烹飪式微使我們吃下不同的餐食，而且往往是匆匆忙忙獨自進食，從而逐漸消滅同桌用餐的習俗。調查研究發現，我們花在「次要進食」的時間增加了，意思是不時吃下現成的包裝食品，花在「主要進食」的時間則變少，這個讓人聽了難受的名詞，意指「用餐」此一曾為人所珍視的制度。

同桌用餐並非等閒小事，而是家庭生活的基礎。孩子在餐桌邊學會談話的藝術，養成文明的習慣：分享、聆聽、依序輪流、包容異己、據理力爭卻不致冒犯他人。美國現代的餐桌生動地展示著我們以往所說的「資本主義的文化矛盾」，即資本主義仰賴具有穩定力量的社會型態，卻又往往破壞這樣的社會型態。桌上現成包裝食品各色紛陳，那繽紛的色彩都是食品工業栽植的成果。

我明白，要把烹飪（和不烹飪）置於生活的中心地位，得花不少工夫，並且需要當心。眼下，對我們大多數人而言，這抉擇並不像我所說的那麼絕對，並不是「在家從頭開始、從生到熟做出一頓飯」和「工業速食」大對決。我們大部分人介於這鮮明的兩端之間，在一星期當中隨著不同的日子、場合和心情，不時有伸縮的空間。有時，我們或會從頭開始做一頓晚飯，也可能出去吃或叫外賣，再不然，就「多多少少」做了飯。在最後這一個選項中，我們可以利用工業食品經濟帶來的各種有用捷徑便利行事：冷凍庫裡的現成菠菜、櫥櫃中的野生鮭魚罐頭、住家附近商店買來或旅行途中千里迢迢帶回的盒裝義大利方餃。自現成包裝食品進入廚房，改寫「從頭開始做飯」的定義後，至少一世紀以來，「動手烹飪」這件事的規模便可大可小（這從而讓我以為自己那一道現成義大利方餃佐鼠尾草奶油，就是我的烹飪成果）。我們大多數人在一星期當中，下廚的程度不一，然而有個新的現象是，如今有許多人晚上能不動手就不動手。既然食品工業除了沒法替顧客加熱食物和吃東西外，其他都能代勞，我們乾脆就把做飯這項差事交出去。「我們擁有袋裝食品已經一百年了，接下來一百年我們會有袋裝全餐。」一位食品行銷諮詢顧問如此告訴我。

這會威脅到個人、家庭、社區和國家的健康，還有我們藉由飲食與世界產生聯結的意識。我們愈來愈疏於直接動手參與將自然的生食轉化為熟食，這逐漸改變我們對食物的理解。說實在的，如果食物是放在精緻的包裝中，我們很難相信食物與自然以及人類的努力或想像力有任何關連。食物從而成為商品，一種抽象的概念。這樣的情況一旦發生，我們很容易就會淪為犧牲品，任販賣合成偽貨（我所謂貌似食物的可食物質）的企業宰割。我們到時就只能靠圖像來滋養自己。

我對這些情形作出批判，說不定會惹惱部分讀者。男性只要一談起烹飪的重要，聽在某些人耳裡好像就意味著此人想讓時光倒流，要女性回到廚房。然而，我完全沒有這個打算。我愈來愈覺得，烹飪太重要了，不能只留給某一性別或家庭中某位成員去做。男性和兒童也該下廚，不是為了公平或平等起見，而是因為下廚的收穫太多了。說實在的，企業之所以能迂迴地滲透進入我們的飲食生活，有很大一部分是由於家庭烹飪長久以來被貶低為「女人家的事」，沒那麼重要，所以男人和男孩用不著學。

儘管很難講清楚箇中因果，到底是因為做飯的多半是婦女，而使得家庭烹飪被貶低？還是因為我們的文化貶低烹飪這件事，致使婦女不得不做大部分的廚事？廚房中的性別政治委實複雜，而且大概永遠都會如此複雜，我在前言的第二部分將詳加探討。自古以來，數種特定的烹飪特別受到推崇：荷馬筆下的戰士自己動手烤肉，卻無損英名與男子氣概。從此，社會普遍接受男性公開以職業身分烹飪賺錢（職業大廚直到晚近才擁有藝人般的地位）。然而，有史以來，人類大部分食物都是女性在非公開場所烹製而成，且從未公開受到表揚。除了極少數由男性主持的儀式場合，如宗教祭祀、國慶烤肉，或者在四星餐館，烹飪傳統上是女性的工作，是她持家、照料孩子的主要部分，因此不必認真看待，亦即，不值得男性關注。

不過烹飪未獲應有的對待，說不定尚有別的原因。女性主義學者兼政治學家傅蕾芒對於「烹食工作」在社會上與政治上的重要性時有高見，她在新近出版的《文明的滋味》中表示，問題也許出在食物本身，因為食物的本質在西方文化的身心二元論中，落入了錯誤的那一邊——女性的一邊。

她指出，「我們透過觸覺、嗅覺和味覺而領會食物，此三者的位階低於視覺和聽覺，一般認為後兩者帶來知識。在大多數哲學、宗教和文學中，食物和肉體、動物、女性以及欲望連結在一起，而凡此種種，文明人卻設法經由知識和理性加以克服。」

他們的損失可真大。

II

本書的前提是，烹飪，泛指人類為了將自然界的生鮮素材轉化為營養可口的飲食所研發出的各種技術，是極有趣又相當值得做的人類活動。而我在開始學習烹飪前，卻並未徹底明白這一點。不過，我先後拜在幾位才華洋溢的老師門下，學習掌握我們稱之為烹飪的四大轉化方法：用火炙烤、用液體煮、烘焙麵包和發酵各種東西，如是三年後，我學習到的知識和我當初所尋找的大大不同。學習課程結束後，我的確學會了好幾樣拿手好菜，對自己烘焙的麵包和幾道燉煮的菜色尤其自豪，可是我也學到自然界的知識（以及我們與自然的牽連）。在我看來，這些知識是在別處絕對學不到的。我學到了工作的本質、健康的意義、傳統與儀式、自力更生與社群、日常生活的韻律，遠比我的意料還多。我能夠製作出自己以往只能吃到卻不敢奢望做得出的菜餚。我做這些菜餚不是為了換取金錢，也不是為了任何理由，而粹出於愛，箇中的滿足感無與倫比。

這本書說的是我在廚房中受教育的故事，此外還有麵包房、乳酪工坊、釀酒廠和餐館廚房。如今在我們的文化中，烹飪大都發生在以上數種場所。這本書包含四大篇章，每一篇章分別探討一種將自然變為文化的轉化術，我們稱之為烹飪。在每一個過程中，我都訝然也欣然發現這門轉化術既呼應又仰賴火、水、空氣和土這四大元素。

為何如此，我自己也說不上來。然而自有史以來，在許多不同文化中，這些元素都被視為構成自然世界的四種成分，是不可化約、永存不滅的。我們對這四種元素無疑仍有很大的想像。雖說現代科學的確已不再考慮這些古典元素，而是將之化約為更基本的物質與力量，水變成氫和氧分子，火是急遽的氧化作用等等，可是這並未改變我們對自然的親身體會或想像，科學或許已用一百一十八個化學元素的週期表取代這四大元素，然後又將這一百一十八個元素化約為更小的粒子，可是我們的感官和夢想尚未接納這件事。

學習烹飪是讓你自己與物理、化學法則，還有生物學以及微生物學發生密切關係。然而，當我從火開始時，我發現若要理解構成烹飪的轉化現象，那麼在這學習過程中，先於科學存在的這四個古老元素，都扮演重要角色（其實是頂尖要角）。各個元素針對轉化自然，都提供了一套不同的技術、面向世界的不同姿態、不同種類的成果，以及不同的氣氛。

既然火是最早的元素（就烹飪而言），我就從這裡開始我的求學之旅，探討最基本也最古早的烹飪術：烤肉。我開始學習用火烹飪的藝術，路程從我家後院的烤肉架開始，長途迢迢到北卡羅萊納州東部，造訪燒烤灶間和燒烤師傅，在那裡，所謂的烤肉指的仍然是用悶燒的柴火慢烤整頭豬。我在這裡受教於一位技藝純熟、作風高調的燒烤師傅，認識烹飪的四原色：牲畜、木料、火、時間，並發現一條路標清晰、直通史前烹飪的道路：是什麼促使我們的原始人老祖宗聚集到烹烤食物的火邊，這樣的經驗又如何改變了他們。屠殺並烹調體型龐大的動物，始終是令人心驚膽跳、精神負擔不輕的事。從一開始，獻祭儀式就帶有這類烹飪，而我發覺此一古風至今猶存，在二十一世紀的露天燒烤會上餘波盪漾。不論古今，用火燒烤都具有英雄、陽剛、戲劇性、誇耀、毫不諷刺，以及輕微（有時並不那麼輕微）荒謬的氣息。

第二章的主題：用水煮食，則完全相反。用水烹調的歷史比用火來得短，因為人類直到約莫一萬年前發明了炊具後，才能用炊具盛水煮東西。如今，烹飪早已移至室內，在家中進行。這一篇章致力探究家庭日常烹飪，談家常烹飪的技術、給人的滿足和不滿。為配合主題，此一篇章形似一則很長的食譜，一步步說明老祖母如何運用古老的技術將再普通不過的材料化為美食，包括一些芳香的植物、一點油脂、幾小塊肉、在家裡待一整個下午。在這個部分，我也受教於另一位張揚高調的專業人士，不過我和她兩人大多數時候是在我家的廚房裡做菜，而我們常常就有如一家人——家與家人也是這一章的主題。

第三章談的是空氣，蓬鬆的麵包和黏呼呼的穀物粥，其間差別就在於空氣。我們知道如何將空氣導入食物後，就提升了食物和我們自己，大自然送給我們的禾草種籽因而超越了本體，有了大幅改善。西方文明的故事有很大的成分就是麵包的故事，烘製麵包可以說是第一項重要的「食品加工」技術（啤酒釀造師會提出異議，因為釀製啤酒的歷史或早於麵包）。這一篇章提到全美各地好幾個麵包烘焙坊（包括一家「神奇麵包」工廠），還有我個人的兩項探索，一是烘焙一條極為蓬鬆又有益健康的麵包，二是指出到底是在歷史上哪個時刻，烹飪轉錯了彎、走岔了路，亦即文明從何時開始將食物調理得更不營養，而不是更加營養。

這三種烹飪方式雖然不同，但都依賴熱能。第四種則不然。一如土壤本身，各種發酵技術都靠生物將有機物質從一狀態轉化成另一較有意思也較有營養的狀態。我在這一部分接觸到最神奇的鍊金術：真菌和細菌為我們創造各種強烈又妙不可言的滋味，還有濃烈、令人迷醉的風味及酒勁。這些菌類有很多都存在於土壤中，默默發威，既破壞又創造。這一章分為三部分，涵括蔬菜發酵（製成酸包心菜、韓國泡菜、各式各樣的醃漬菜）、牛奶（做成乳酪）和酒精（釀成蜂蜜酒和啤酒）。在這一路上，有好幾位「發酵師」將化腐朽為神奇的技術傳授給我，讓我認識到現代人對細菌宣戰有多麼愚蠢，令人作嘔的事物是如何春色無邊，還教給我一個多少算是顛覆的概念：我們發酵酒的同時，酒也發酵了我們。

我慶幸自己能遇見這些才華洋溢又慷慨無私的老師，願意傾囊相授，這些廚師、麵包師傅、釀酒師傅、醃漬師傅和乳酪師傅都撥出時間，與我分享技術和做法。這些人士遠比我所預料的來得陽剛，讀者或會下結論說我找的都是同一類人。可是，我一旦決定向專業廚師而非業餘人士求教（我希望接受最嚴格的訓練），就只能遷就某種類型選角。燒烤師傅幾乎全為男性，釀酒師傅和麵包師傅亦然（糕餅甜點師傅例外），有不少乳酪師傅是女性。我選擇向一位女性大廚學傳統的燉煮菜，如果有人說，我這麼做等於在強調「家庭烹飪是婦女的差事」這陳腔濫調，可以說雖不中亦不遠矣，因為我正想要探討這項議題。我們可以期望，環繞著食物和烹飪的性別刻板印象很快就會被人棄如敝屣，然而如果你以為現狀已然如此，就是自欺欺人了。

整體來看，這本書算是「指南」，不過是本奇怪的指南書。每一章繞著單一的基本做法打轉，分別是燒烤、燉菜、麵包和少數幾種發酵類飲食，閱畢全書，你應該就具備足夠的知識，做得出這些東西（如果你真想做做看，在〈附錄一〉中有更明確的食譜）。雖然我講到的菜色在家庭廚房中都做得出來，但是本書僅有一部分符合大多數人心目中所認定的「家常菜」。有一些東西的做法，大部分讀者應該一輩子也不會嘗試，好比說，啤酒、乳酪，甚或麵包，但我希望他們也能試試看，因為我發現嘗試製作這些棘手且費時的飲食可以學到好多，即便只試一次都好。這些知識乍看容或無用，實則會徹底改變人與食物的關係，改變廚房裡的可能性。且讓我盡力解說。

說到底，烹飪並不是單一的程序，而由一小串工藝組合而成，其中有一部分是人類迄今最重要的創造。這些工藝先是改變了人類這個物種，接著從社群、家庭和個人角度改變了人類。這些工藝包含甚廣，從控制火到運用特定微生物將穀物轉化為麵包或酒，再到微波爐這最新的重大創新。所以，烹飪其實是一連串程序，自簡至繁，而本書也記述了這些轉化過程背後的自然史與社會史，有些仍是我們日常生活的一部分，有些則已消逝。眼下，我們往往以為製作乳酪或釀啤酒是「極端」形式的烹飪，那只是由於如今少有人試著自己做，然而這些轉化過程從前都是在家中完成，人人對如何操作至少都有基本的了解。如今，好像只有少數烹飪工藝仍在我們的能力範圍內，這不僅代表知識的喪失，也顯示某種權力的失落。極有可能再過一個世代，從零開始做一頓飯會變得既奇異又雄心萬丈，跟當今大多數人眼中的釀酒、烘焙麵包和自己醃漬一缸酸包心菜一樣，都是「極端」的事。

事情一旦如此——當我們對於這些美食的製作過程再也沒有直接且親身的了解，食物將從各種脈絡中抽離出來，脫離人的勞動，脫離動植物的自然界，脫離想像、文化和社群。的確，食物已逐漸飛向那虛無飄渺的抽象太空，慢慢簡化為燃料或單純的圖像。那麼，我們該如何將食物帶回地球？

我藉由本書下的賭注是，要尋回食物的真實，讓食物回到我們生活中的恰當位置，而上上策就是想辦法按照傳統作法掌握實質過程。好消息是，無論我們的廚藝有多差，這件事我們還辦得到。我個人為了拜師學藝，非得走出我家廚房（也是我的舒適帶），遠征他方，去學習一些源遠流傳的烹飪術，以期能面對面地接觸事情的本質，並探討這些轉化過程為何有助於形塑我們。不過，最令我欣喜的，應該是我發覺廚藝的各種神奇之處，即便是最具雄心的烹飪形式，都仰賴一種魔法，而我們在家中仍可能施展這種魔法。

我必須補充說明，這趟旅程好玩極了，之前我就多次「寓娛樂於工作」，可是這一回應該是最開心的一次。說到底，有什麼能比發現自己真的做得出美食（或佳釀）更讓人心滿意足？我本來以為這些美味只能到外頭買。還有，發覺自己達到美妙的境界，工作與娛樂的界限已在漫天飛舞的麵包粉塵或沸煮的麥芽汁香氣中消弭於無形，豈不快哉？

我即便在表面上最不切實際的烹飪歷險中，也學到實用得超乎意料的寶貴事物。在你動手嘗試釀啤酒、醃泡菜、慢烤一整頭豬後，家庭日常烹飪變得不那麼令人卻步，在某種程度上變得容易了。我在燒烤餐館灶間待了一段時間後，不但長了見識，在自家後院露天燒烤的技術也有所長進。自己揉麵做麵包的經驗，讓我學會相信自己的雙手和五感，並且擁有足夠的自信，能夠擺脫食譜和量杯的限制，信任自己的感覺。待過手工麵包烘焙坊和神奇麵包廠後，我更加激賞優質好麵包。我也更能欣賞好乳酪和好啤酒，這些以前不過是或優或劣的產品，如今則成為更深刻的東西，是成就，是情感的表達，也是人與人的關係。別的不提，這樁所謂的「工作」增加了飲食之樂，單是這一點便已足矣。

然而，我在這樁工作中學習到的最重要事情，大概是烹飪如何把我們帶進社會和生態關係網絡中，有我們與動植物、土壤、農民以及體內外微生物的關係，當然還有從我們做出的飲食中獲得滋養、喜悅的人與我們的關係。最最重要的是，我在廚房中發覺，烹飪具有聯結的力量。

日常烹飪也好，極端烹飪也好，都讓我們在這世上占有非常特別的位置，有一面朝向大自然，另一面則對著社會。廚師牢牢站在自然與文化之間，擔任通譯，居中斡旋。烹飪轉化了自然和文化，而我發覺廚師也在這過程中轉化了。

III

隨著在廚房中愈來愈自在，我發現烹飪很像園藝，讓人愉快地投入，卻用不著太花腦筋。烹飪留給心靈很大的空間，可以做白日夢或想想事情。我思考過一個問題：幹嘛做這件事，嚴格來講，烹飪這樁工作眼下已變得可有可無，甚至是多餘的，我對這方面並非多麼有才華或多能勝任，而且恐怕一輩子也無法成為高手。在現代世界，各式各樣烹飪皆隱然面對一個尚未說出口的提問：何苦來哉？

純由理性角度估量，我就算是只花時間烹煮家庭日常餐點（遑論烘焙麵包或做韓國泡菜），八成也不很明智。不很久以前，我在《華爾街日報》上讀到一篇有關餐廳的評論，作者是出版《薩加特》餐廳指南的那對夫婦，文中就談到這一點。薩加特夫婦寫道，人們下班回家以後與其做飯，「不如在辦公室多待一個小時做自己擅長的事，讓便宜的館子做他們拿手的活兒。」

簡括而言，上述言論正是分工的古典論述，約翰．史密斯和許多人都曾指出，分工賜予我們不少文明的福祉。我也因分工得以坐在電腦螢幕前寫作維生，讓別人替我種植食物、縫製衣服，供應能源以照亮、溫暖我家。我只要寫作甚或教學一小時，賺到的錢大概就多於我自炊一星期所省下的錢。專業分工無疑是強大的社會與經濟力量，然而也削弱人的力量，使人變得無助、依賴、無知，最終破壞人的責任感。

社會指派給我們的角色並不多：我們工作時擔任生產者，餘暇則在許多事務上扮演消費者。每一兩年有那麼一次，我們扮起公民這臨時角色，投下選票。我們的需求與欲望幾乎一律交給各種專業人士：三餐由餐飲業打理，健康交給醫藥專業人士，娛樂由好萊塢和媒體提供，精神健康委托心理治療師或製藥公司，環保人士替我們關注自然保育，政客為我們採取政治行動，諸如此類，不勝枚舉。要不了多久，我們就很難想像自己親力親為。唯有一事例外，就是我們賴以維生的「工作」。至於其他事宜，我們或覺得自己已喪失那技能，要不就是認為別人比自己更擅長（前不久我聽說，要是你抽不出空去看雙親，有仲介公司可以派和藹可親的專人代你拜望高堂）。我們似乎再也無法想像，除了專業人士、機構或產品外，還有誰能夠供應我們日常所需或解決我們的問題。當然，這種「習得性無助」非常有利於迫不及待要出面替我們包辦所事務的企業。

在這錯綜複雜的經濟體系中，分工造成了一個問題，就是模糊了連結事物的那些線，從而也模糊了責任，讓我們看不清我們的日常行為會在真實世界造成什麼後果。專業分工讓我們輕易忘記眼前這清晰的電腦螢幕得力於污穢的火力發電廠，忘記工人腰痠背痛，只為摘取我早上吃雜糧麥片時配的草莓，也不記得有一頭活生生的豬，因為我要吃培根而慘遭宰殺。專業分工巧妙地遮掩實況，讓我們和半個世界以外那些不明專業人士代替我們做的事情，沒有一點關係。

烹飪最令我激賞之處，或是強而有力地矯正了這種生存方式——我們所有人至今都仍可通過烹飪來修正問題。支解分割豬肩這項行為有力地提醒了我，這是一隻大型哺乳動物的肩膀，由不同的肌群組成，原本的用途遠遠不是被我當成食物吃下去。這讓我對這隻豬的故事有了更大的興趣：這豬是哪兒來的？又怎會進了我家廚房？這肉拿在我手中，比較像自然產物而非工業產品——說實在的，絲毫不像產品。我種來搭配豬肉的蔬菜也是如此，晚春時節，蔬菜生長速度幾乎和收割的速度一樣快，天天都在提醒我大自然有多麼多姿多采，每天都在創造奇蹟，將太陽的光子化為美味的食物。

動手處理這些動植物，重拾僅僅一部分食物的生產和準備工作，帶來一個好處：讓被超市和「家常替代餐點」弄得模糊而藕斷絲連的那些連結，重新變得明朗。我們這麼做也是在一定程度上重新擔起責任，最起碼少發些膚淺的議論。

特別是那些有關「環境」的發言。突然之間，「環境」問題好像不再那麼遠在天邊，而是近在眼前。我們生活方式的危機難道不是環境危機？所謂的重大問題，不就是日常生活無數小選擇的總合。大部分選擇是我們自己的決定（消費支出占了近四分之三的美國經濟），其餘則是他人聲稱為因應我們的需求與欲望而作出的選擇。如果真如瑞在七〇年代所言，環境危機最終是品格危機，那麼我們遲早都得在這個層次，也就是在家裡，在我們的院子、廚房和心靈，處理這個危機。

一旦你踏上這條思索之路，平日司空見慣的廚房場景便似乎散放嶄新的光芒，變得遠比我們原本所想像來得重要。從列寧到傅瑞丹等政治改革家都汲汲於將女性拉出廚房，有一個沒有說出口的理由，就是那裡沒有什麼重要的事情——沒有配得上她們的才智和信念的事情，只有重要行動的場域才配得上，那就是工作場所和公共廣場。可是，這是環境危機發生以前的看法，當時飲食的工業化尚未危及我們的健康。人必須採取行動、參與公共事務，方可改變世界。可是在我們生存的這個時代，僅僅如此再也不夠，我們也必須改變我們的生活方式。這表示我們每天與自然交手的場所，我們的廚房、花園、房屋、汽車，正以前所未見的方式影響世界的命運。

下不下廚從而成為重要的問題。我明白這樣講有點簡化問題，在不同的時間，對於不同的人來講，下廚意味著不同的事情，鮮少是全有全無的命題。然而就算只是一星期多撥出幾晚燒飯，或者週日花整天的工夫煮接下來一週的菜，再不，或許只是偶爾做一樣別人從未想到你會親手做的菜，即便是凡此種種不算太麻煩的行動，都像是作出某種選擇。到底選了什麼？在眼下這少有人非得下廚不可的時代，作出這樣的選擇有如向專業分工表示異議：反對全然理性化的生活，反對商業利益滲透進入我們生活的每個角落縫隙。為了烹飪的樂趣而下廚，挪出部分的休閒時間下廚，等於在宣告我們是獨立自主的，未受控於企業，這些企業一心想將我們在睡眠以外的分分秒秒，轉變成一個又一個消費機會，（再想想，連我們睡覺的時候也不放過，安眠藥，有沒有？）這樣做是在拒斥一個令人洩氣的想法：至少我們待在家時，生產這項工作最好有人代勞，而唯一正當的休閒方式就是消費。行銷人員把這樣的依賴稱為「自由」。

烹飪不僅僅有力量轉化動植物，也可讓我們從消費者轉化為生產者。雖然不是時時刻刻、徹頭徹尾皆為生產者，但是我發現，即便只是在這兩個身分之間稍向生產那一端傾斜幾度，都能帶來出乎意料且深刻的滿足。本書邀請讀者改變生活中生產和消費的比例，哪怕只改變一點點也好。經常練習這些簡單的技術，生產若干生活必需品，讓我們更能夠自力更生，更加自由，同時減少對遠方企業的依賴。每當我們無法自行供給日常需求、滿足欲望時，不單是我們的錢財，還有我們的力量，統統都會流到企業那一端去。一旦我們決定為餵飽自己負起一些責任，力量又會流回到我們和我們的社會這裡。這正是重建地方食物經濟運動的第一課，這項方興未艾的社會運動最終能否成功，全看我們是否願意在餵飽自己這件事上，多花點腦筋，多盡點力。不是每頓飯都必須自炊自煮，但是我們應更常烹飪，只要有時間，就盡量下廚。

我發覺，烹飪給了我們在現代生活中鮮少擁有的機會，使我們可以自食其力，並扶持我們所餵飽的人。如果說這不叫「謀生」，我不知道什麼才是。按照經濟學的計算，對業餘廚師來說，這麼做容或不是在時間上最有效率的作法，可是在人情的算式中，卻是非常美好的事。只因為，世上還有什麼行為比為心愛的人準備美味營養的食物更不自私、什麼勞動比這更不疏離、什麼時間比這更受珍惜？

所以，就讓我們開始吧。

首先，生起火來。

PART I
FIRE
Creatures of The Flame

第一章

火 火焰的產物

「烤，既是什麼也不必做，又絕對比什麼都重要。」——居西侯爵，《烹飪的藝術》

「人類曾耽溺於食人等多項惡習，後來出現才智較優的人類，他們以動物獻祭，並炙烤其肉。由於獸肉較人肉美味，人就不再吃人。」——阿特納奧斯，《飽學之士的饗宴》

「我的藝術就是煙的帝國。」——德里特米厄斯，《大法官》

I 北卡羅萊納州艾登

一轉進貫穿這座沒落小鎮的大馬路南段，柴火燒烤豬肉的香味便撲鼻而來，然而從全球定位系統來看，香氣的來源還有將近一公里。這是五月一個星期三的下午，居然有不少成年人（有白人，也有更多黑人）在李街兩旁的屋前晃蕩，啜飲著或許是茶的琥珀色飲料。艾登鎮何以沒落至此，箇中緣由並不難揣想。小鎮距離州際公路還要一小時車程，前不著村，後不巴店，全國連鎖企業把龐然大物般的門市店面設在北邊近二十公里以外的格林維爾，拉走艾登鎮鬧區的生意，許多商店關門大吉。艾登曾經有三家BBQ燒烤餐館，如今只剩一家，可是這一家還算有名，每天都能吸引若干飢餓的旅人駛離州際公路上門。小鎮的經濟原本靠農業支持滋養，然而由於菸草業蕭條（大片色澤暗淡的玉米田中，偶爾可見碩果僅存的翠綠色菸草田），加上「集中型動物飼養經營」（CAFOs）興起，農業遭受打擊。北卡沿岸平原的傳統養豬業抵抗不了企業化經營的豬肉廠商，受害甚大，即使豬隻數量巨增，養豬農仍大減。我在灰暗的馬路上驅車前往艾登時，還沒嗅到烤肉香，便不時有一股股沒那麼好聞的牲口臭味襲來。

在這個燦麗的五月午后，我的目的地是「天窗小館」（Skylight Inn），艾登鎮僅存的BBQ燒烤餐館，就算你沒聞到櫟木和山胡桃木的香氣，也絕不會找錯地方。小館坐落在一幢奇形怪狀卻討喜的建築物中，低矮的八角形磚屋上頭架著銀色的上緩下陡曼薩爾式屋頂，屋頂本身還冠上仿自美國國會大廈的圓頂。圓頂上方高掛著美國國旗，迎風飛揚。從建築比例看來，這幢看似搖搖欲墜、形狀活像結婚蛋糕的樓房，八成並無建築師參與構思和工程，更可能是某人幾杯黃湯下肚後，隨手在餐巾紙上塗鴉出設計圖稿。銀色的圓頂建於一九八四年，在那之前數年，《國家地理雜誌》曾宣稱，天窗小館是「全球BBQ燒烤首都」（怪的是，這幢樓房並沒有開天窗，這一點倒是名不副實）。停車場上方高架著看板，上面標明這家餐館眾多格言中的一句（「沒燒柴，就不是BBQ燒烤」），還有已故創辦人彼特・瓊斯的畫像。瓊斯在一九四七年生起第一窯火，可是看板上的文字告訴你，這一家子的燒烤史可上溯至更久遠之前：「維繫自一八三〇年以來的家族傳統」。根據家族傳說，有位名喚史基爾頓・丹尼斯的先人，乃是在北卡首創燒烤事業的始祖，說不定也開了全球先河。時為一八三〇年，他率先在離此地不遠之處，利用有頂的篷車擺起攤子，賣窯烤豬肉和玉米燒餅。捍衛家族傳統的責任，目前由彼特的孫子山繆爾和瓊斯家另外兩位男士扛下，山繆爾只要一提到兩位燒烤業巨子，都會稱其為「我們的老祖宗」，語氣中毫無一絲反諷意味。

我因為讀過相關的口述史料，看過紀錄片，所以未至此地，便早已聽聞天窗的林林總總。這年頭有關南方BBQ燒烤的點點滴滴，未被鉅細靡遺記錄下來者、未被過度歌功頌德者，寥寥無幾。ＢＢＱ燒烤原是奄奄一息、停滯不前的鄉土烹飪傳統，如今已甦醒過來，格外有自覺意識。沒有哪位自愛自重的南方燒烤大師（而他們絕大多數人的自尊心可都非常強大），信手捻來不是各式各樣佳言妙語，用語之俚俗和陳腐，不輸政客。眾家師傅有太多機會施展這一套，好比說，應付前來採訪的記者、參加ＢＢＱ燒烤大賽，或出席「南方飲食聯盟」主辦的學術研討會。

我在北卡州這裡追索的，並不是佳言妙語，而是一種味道，一種我從未嘗過的味道，另外還要找尋一個想法，聽來像是這樣：在人類為了把自然物質轉化為可口食物而發明的少數幾種方法中，如果說火是最早也是最根本的烹飪形式，那麼起碼對美國人而言，在柴火上燒烤整頭豬，就是一種最純粹且守舊的烹飪形式。我期望盡己之力鑽研火烤之道，藉以探究火烤如何融入社群與文化，從而得知烹飪這項值得玩味、人類特有的活動有何深層意義。在這過程中，我希望自己用火烹調的技藝能有所長進。今時今日，烹飪已蒙上厚厚一層矯揉造作的外衣，充斥著華而不實的小工具和行銷花招，如果想重新掌握烹飪的本質，那麼，設法將烹飪還原至最基本的元素，將之逼入死角，以直率的眼光打量，宛然是個好辦法。我有理由相信天窗的燒烤房中有這樣一個角落。

我知道追索「正宗」是件教人憂心又沒有把握的事，在美國南方尤然，眼下可是人人對美食各有看法、各自表述的時代。我問在北卡州教堂山當大廚的朋友都到哪兒吃燒烤，收到回信時簡直聽得到她透過郵件嘆氣說：「我每回駕車在北卡轉悠，總以為自己就快遇到那種一切如昔的ＢＢＱ燒烤餐館，然而，這樣的事遲未發生。」不過，吾友的行跡尚未來到艾登，因此我容許自己懷抱希望。

想解開「豬＋柴煙＋時間」這個既根本又強而有力的方程式，天窗小館後方的柴窯顯然就是我需要一探究竟的地方。根據一位BBQ燒烤史家的講法（沒錯，如今已有鑽研BBQ燒烤歷史的專家了），瓊斯家族是「BBQ燒烤基本教義派」，好幾代以來都沒有興致更改基本方程式，而只用「活」的櫟木和山胡桃木慢烤全豬。他們不屑使用木炭，說那是現今投機取巧的辦法，並稱塗抹醬料是為了「掩飾廚藝拙劣」。從煙囪飄出的陣陣醉人香氣來判斷，瓊斯家族恪遵傳統，既是自己心甘情願，客人也相當買單。他們為捍衛「垂死的藝術」，不得不英勇地對抗想要摧毀這門藝術的好幾股勢力：挑三揀四的衛生當局、讓人心焦的消防隊、便利的天然瓦斯和不鏽鋼、木柴難尋、無所不在的速食店，以及看窯工人總指望著哪天晚上可以好好睡個覺，而不會夢到火災，或真的聽到警笛聲。我聽說天窗的廚房不時遭到祝融肆虐，事實上也不止一次整個付之一炬。但凡用柴火烹飪的人，肯定會開宗明義地表示，一切皆可歸結到一點：掌控。然而，即便在二十一世紀，要想做到這一點，仍遠比想像中困難。

人類在古遠的時代便掌握了火，這是人類史上重要的轉折點，其意義如此重大，眾多迷思和理論油然而生，企圖說明人類當初是如何辦到這件事。有些理論根本就是瘋狂，但還不單是古代才有此等謬論，佛洛伊德的理論即為一例。佛氏在《文明及其不滿》的註解中表示，人類開始掌控火，可追溯到那決定命運的一瞬間，亦即人（在這裡他指的是「男人」）頭一回克制住一看到火苗便禁不住衝動想撒尿澆熄的那一刻。數不清有多少年，男性顯然壓制不了這股衝動，從而損害文明的進程，一直要到人類壓抑衝動，文明方才奮起。說不定是由於女性不大擅長用自己的尿液來滅火，因此小解這件事就成為男人之間重要的競爭形式，佛氏（可想而知地）認為其中帶有同性情欲的意味。在火上烹調這件事有很大的成分仍由好勝的男性所包攬，我們這些燒菜的人或許該慶幸佛洛伊德沒在一旁說三道四，分析我們究竟在打什麼主意。

在決定命運的那一天，有些特別自制的人領悟到，自己不見得非得對著火撒尿不可，而可以讓火繼續燃燒，再用火來取暖，或拿來燒晚飯。就在這一天，人類的歷史轉變方向。佛洛伊德認為，一如不少其他的文明價值，人類幸而擁有其他動物所不具備的獨特能力，也就是管理或壓制內在欲望和衝動，才會出現這樣的躍進（我們並不常聽到有動物用尿來滅火）。人類必須先能自我控制，才能夠控制火，控制火以後，方得以建立文明。「這了不起的文化成果，正是人類棄絕本能所得到的獎賞。」

我會和燒烤師傅一道在悶燒的柴火前消磨數小時，然而在這不算短的時光中，我絲毫未提及佛洛伊德的學說，我就是拿不準師傅們能否接受。不過，我倒是偶爾講到另一項說法，此說雖同樣怪異，卻帶有詩意且真實的火花，往往能逗得滿頭大汗的師傅露出微笑。

提出這項說法的是英國作家藍姆，他在〈論烤豬〉中寫道，人類原本只吃生肉，直到偶然間發現烤豬的技術。話說在中國，有個傻呼呼的小子名喚勃勃，其父何悌是養豬人。有一天，何悌出門給豬拾橡子，他那愛玩火的「傻大個」兒子，不小心把自家的茅草屋給引燃，燒死一窩豬。勃勃檢查火場，考慮著該怎麼對父親啟齒，這時「一陣香味撲鼻而來，他從未聞過這麼香的味道」。勃勃彎下腰，摸了摸一頭燒焦的豬，想看看牠是否仍有一絲生氣，因此燙傷手指，本能地把手指塞進嘴巴裡。

「他的手指沾到燒焦的碎豬皮，他有生以來第一次嘗到了——脆豬皮！（確實，這是世界破天荒頭一遭，因為在他之前，沒有人有此經歷。）

勃勃的父親回家，發現房子付之一炬，小豬死了，兒子更在狼吞虎嚥小豬的屍首。這恐怖的景象令何悌大為痛心，直到兒子嚷著「燒焦的豬太好吃了」，加上他自己也覺得這不尋常的氣味挺香，遂也試嘗一塊脆豬皮，發覺美味得不得了。父子倆因為害怕惹來物議，決定對鄰人保守祕密，因為說到底，拿神明創造的事物來燒烤，有如在暗示神明創造的食物生吃並不夠好。

「怪事不脛而走，大家注意到何家的茅屋比以前更常起火，火災鬧個不停……只要母豬一產豬仔，何悌家就必然著火。」

紙終究包不了火，祕密洩漏出去，鄰居起而仿效，對成果嘖嘖稱奇，這作法遂流行開來。老實講，由於燒房子以增添乳豬美味的作法太流行了，人們逐漸擔心建築工藝和技術終將在人間失傳。（「眾人築屋日趨簡陋，」藍姆寫道，而且「眼下只見火苗從四面八方竄起。」）所幸有位腦袋較靈光的仁兄總算領悟到，「用不著燒掉整間房子」便可烤豬肉，烤架和炙叉隨即問世。人類就這樣，不經意發現用火烹肉的藝術——我們或應明確地說，用來烹肉的，乃是受到控制的火。

「歡迎來到地獄的門廳。」山繆爾．瓊斯咯咯笑著說，一邊領著我走到天窗小館後方的灶間，烤窯就設在這裡。那裡有兩間煤渣磚砌成的灶間，大小如農舍，以古怪詭異的角度朝向彼此和餐館。（「爺爺顯然雇了酒鬼來設計這兒裡裡外外每個地方。」山繆爾解釋說。）較大的灶間前不久有天深夜因磚砌爐床故障，整間化為灰燼，剛剛重建完成。「我們一星期七天，一天二十四小時都不熄火，因此每隔兩三年，就連煙囪的防火磚都吃不住火力。」他聳聳肩，「這灶間鬧過十幾次火災了，可是既然要用合宜的辦法來烤全豬，也就只能這樣了。」

有時是烤窯底部積存了太多豬脂而導致起火，有時則是燃燒的火星隨同白煙沿著煙囪往上飄，落在屋頂上。就在前兩天晚上，山繆爾在餐廳打烊後兩小時恰巧開車經過，注意到煙燻房門底下有火舌冒出。「那可真是千鈞一髮。」他微笑著說。（灶間內的監視攝影機顯示，燒烤師傅當夜收工離開後才四分鐘就起火了。）

藍姆肯定會欣然知悉，北卡州仍有人承續燒掉整間屋子以增添豬肉美味的傳統。

山繆爾生性快活，臉圓圓的，蓄著山羊鬍。他時年二十九，從九歲起就開始幫忙家裡的生意，十分以家族創立的這門事業為榮，深感自己義不容辭，不但必須延續家族傳統，更不可讓這門事業沾染到現代革新的作法（也就是「走捷徑」）。南方BBQ燒烤始終唯古早味是尚，想要維持古風卻越來越不容易。「說實在的，我們家根本不可能賣掉這一盤生意。」他說，語氣中容或帶點可憐兮兮的意味，「因為，這麼說吧，衛生當局的新規定不溯及三代，因此我們不受限制。接下這生意的，倘若不姓瓊斯，呃，就得遵照新規定，這麼一來就完了，沒法做生意了。」

我們一走進新近重建的灶間，我便明白他的意思。說實話，起初我什麼都看不清楚，室內瀰漫著濃濃的白煙，柴火煙氣噴香。雖然灶間長度不過七、八公尺，我卻幾乎看不見房間另一頭的鋼門。灶間兩頭各立著龐然的磚砌壁爐，用車軸做成的巨大爐柵後頭，高高一落的木柴正熊熊燃燒。爐柵間一濺出鮮橘色的火星，師傅隨即劏起，送回火堆。燒烤爐台沿牆排列，用磚砌成，形如石棺，高約九十公分，上面橫掛著鐵桿，那是烤豬架，上方用鐵索掛著四乘八的黑色鋼片，鋼片以鉸鏈連結著煤渣磚以支撐重量。一次最多可烤十二頭約九十公斤的豬，爐台內側布滿黑色油垢，肯定會令衛生督察退避三舍（但北卡州的督察大概不致如此）。州方似乎對燒烤業者實施較寬鬆的特別衛生法規，加上山繆爾拐彎抹角地提到，若干規定並不溯及既往，此類燒烤店家因而逃過一劫。

「對了，我們偶爾會清一下爐台，看情況。」我提出有關衛生的問題時，山繆爾如此回答。「可是不能清得一乾二淨，否則就完全沒有隔熱作用了。」麻煩在於，按化學家說法，油垢半為飽和豬脂、半為柴煙懸浮物質，非常易燃。我們所吸進的煙氣似也易燃，山繆爾說，如果煙太濃而灶間太熱，煙就會起火燃燒，這令我頓時心生警戒。「那叫做閃燃。」他說。現實所需，山繆爾不得不勤快鑽研用火的知識，即使無法時時取得滿分，也相去不遠。他提到自己是艾登義消的一員，他這麼做似乎也算識相。

地獄的門廳：灶間其實是煉獄般的地方，不大像是能烤出教人食指大動的美味豬肉。到處都是或大或小的火星餘燼，磚塊和天花板都燻黑了，夾板壁面被烤得皺縮翹起。我在和山繆爾談話時，越過他的左肩看見有個幽靈般的人影自煙霧中浮現，那位黑人略微佝僂著背，推著獨輪車。車上夾板血跡斑斑，上頭四平八穩地趴了一具粉紅色豬隻屠體，我可以看到無眼的豬頭在推車邊緣輕微跳動。推車逐漸接近，那人的面容越來越清晰。其臉部皮膚粗糙，刻著深深的皺紋，嘴裡缺了好幾顆牙。

山繆爾向我介紹天窗小館的燒烤老師傅郝爾。後者隨即表明，發言是諸位瓊斯先生的事，他自己還得幹活。餐館各項粗重的活兒顯然有很大一部分都由郝爾承擔，好比下午近晚時將豬上烤架，還有次晨頭一件事就是把烤豬翻面，然後大卸為四，送進餐館廚房，應付忙碌的午餐時段，這些都不假他人之手，讓瓊斯家的人有餘暇侃侃而談。他沒空講話，我並不介意，只是這麼一來就意味著我在艾登大概沒有辦法親手參與燒烤過程，也無法學習如何烹調。我必須靜心以待。

郝爾先生緩緩地推著豬隻來回穿越灶間，不時走進冷凍間，消失在門後的白霧中，再推著豬出現，輕輕地把豬放到鐵製烤架上。郝爾的動作很慢很小心，他把豬都放在烤架上，創造出一幅扣人心弦的畫面：煙霧繚繞，粉紅色的屠體呈大字形趴著，有皮的那一面朝上，排成一列，後一隻的口鼻對著前一隻的屁股。灶間這會兒看來就像個大通舖，豬隻一個個乖乖躺下就寢。在我們食用的各種動物中，和人最相像的就是豬。每頭豬的體積等同成人，通體無毛，膚色粉紅，嘴角微微上揚，彷彿帶著羞怯的微笑。六頭豬躺在這煙霧瀰漫的小房間中，令我聯想到不少事物，卻肯定不包括午餐和晚餐。

我很難將這滿布煙灰的骯髒灶間視為「廚房」，然而它當然就是。正因如此，北卡州不得不在切實執行衛生法規與保存烤豬傳統這兩件事當中取捨，後者因是神聖的地方傳統，起碼就目前看來占了上風。這廚房委實不同尋常，最主要的烹飪工具是推車和鏟子，儲藏室裡除了豬、柴火和鹽外，什麼都沒有。其實，根據山繆爾的說明，這整幢建築物就像是烹飪工具：我們所置身的這具巨大低溫烤爐正以慢火燻烤豬隻。灶間封得有多麼密實，甚至連屋頂坡度有多麼陡峭，都會影響烤肉的火候。

郝爾把豬隻架好後，便開始將木炭鏟到烤架下。他自燒得通紅的壁爐中挖了滿滿一鏟悶燒的炭渣，穿過房間，送至烤窯，小心地將熾熱的炭倒在烤架的鐵條之間，大致繞著每頭豬的周邊，形狀有點像是命案現場地上用粉筆畫出的人形。由於豬各部位應烤成不同的熟度，因此火堆兩頭的炭量多於中間，「烤全豬時需特別注意的事，不單是這一點而已，像雷辛頓人那樣只烤豬肩肉，可就容易多了。」他說到「豬肩肉」時冷冷哼了一聲，儼然烤豬肩簡直等於把法蘭克福香腸丟到烤架上。「當然，在我們眼中，那根本就算不上BBQ燒烤。」

郝爾整理好炭堆，滿意了，便往豬背上潑水，又撒了幾大把粗鹽。山繆爾說，撒鹽並不為調味，而是想把皮弄乾，讓皮起泡，好烤得更脆。

烤的過程既費時又費工，郝爾在傍晚六時收工前，每隔半小時左右便得沿著每頭豬滴油的部位，朝底下再添幾鏟炭火。再過幾個小時，約莫午夜時分，另一位業主傑夫・瓊斯（大夥兒似乎都稱他為傑夫大叔）就得回店裡查看是否需給烤豬添火。之所以將煤炭沿著豬身周邊擺，用意是要以間接的火力持續不斷地烤，這樣才能整夜以盡可能慢的速度烘烤，然而在同時，煤炭也不能離烤豬滴油的部位太遠，如此一來，當豬背開始出油時，油才能滴到熱炭上。這些滋滋作響的熱油，製造出不同且更富肉香的煙，讓烤肉的味道更有層次，也讓空氣中有種燒柴本身無法提供的香氣。

我在路上嗅到的就是這股香氣，這會兒又聞到了。即便是眼下，我站在這陰森森的房間，被密密紮紮兩排死豬包夾，覺得有點缺氧，卻赫然發覺，自己竟開始有了……胃口！

肉直接在火上燒烤散發的香味，亦即柴煙和動物脂肪炙燒混合的味道，深深吸引了我們這些人類。我有一回在自家前院烤豬肩肉，鄰居小孩循香而來，說是要「靠近一點聞香味」。還有一次，來作客的六歲小朋友坐在烤肉柴火的下風處，如樂團指揮般攤開雙臂，深深地吸烤肉的燻香味，一次，再一次，然後突然停下，解釋說「我還是別吸撐了一肚子煙比較好」。

神明顯然也愛這香味，我們獻上牲畜之肉以祭神，而傳統上神明分到的並非這些肉，而是香氣。箇中有兩個好理由，人類必須吃才能活，然神明不朽，無此肉身需求（倘若神也得吃東西，祂們就必須消化食物，隨之就得排泄，這可不怎麼神聖）。神明要我們奉上的，是肉這個「概念」，是那隨著繚繞的煙飄上天庭的肉香。祂們單靠吸燻香味便可飽足，也的確這麼做了。況且，如果神明確實要人奉祀肉品，那我們該如何將神明的那一份送達神界呢？肉香四溢的白煙象徵天地之間的連結，是人類想得出來的唯一辦法，亦是人和神溝通的方式。是以，用超凡神聖來形容烤肉香，並非妄語。

至少自《創世記》以來，人們就已明白烤肉香氣足以悅神。我們從《創世記》中知悉有幾場重要的祭禮不但改變人與神的關係，也透露出神的偏好。最早的祭禮其實有兩場：該隱和亞伯分別向神獻上供物。該隱是耕田的農夫，將一部分作物獻給耶和華，身為牧羊人的亞伯則獻上上好的羊，上帝明白表示祂偏愛那四條腿的祭品。[1] 接下來的重要祭禮是在大洪水消去後，挪亞總算回到陸地，獻上「燔祭」給耶和華，也就是將整頭牲畜燒脆，換言之，將之轉化成白煙獻給上帝。「耶和華聞那馨香之氣，就心裡說，我不再因人的緣故咒詛地……也不再按著我才行的滅各種的活物了。」（見《創世記》第八章第二十一節）世人若懷疑以牲畜獻祭的效力（遑論那香氣的威力），看了挪亞的經驗，便可放下疑心：烤肉的香氣大大取悅了上帝，讓祂息怒，徹底收回成命，從此不再詛咒全世界。

驚人的是，在不同的時代竟有那麼多不同的文化，在獻祭牲畜時都用火來烤肉，還有那麼多儀式都以燒烤之火製造的白煙來與神溝通。人類學家告訴我們，不同的傳統文化幾乎全部都有這樣的風俗。說實在的，美國的文化中**並沒有**此一風俗，這或許才反常。不過，情況可能是：在像燒烤全豬這樣的事情上，我們仍可窺得此風俗的幽光微影。

然而，在牲畜獻祭的儀式中白煙如此繚繞，顯示出我們應該在有關烹飪起源的種種迷思中，再加一條：說不定祭禮正是烹飪之始，因為把肉放在火上一烤，把祭品送上天庭的問題便迎刃而解了。

說到獻祭，隨著時間流逝，神明對人類的要求越來越寬鬆。一開始原是肅穆且帶給人心理創傷的儀式，最後演變成儀式性的饗宴。從生人獻祭改成獻牲禮，而後又變成不以整頭牲畜祭神，人類開心地一步步偷工減料，最後在現代的後院烤肉中達到儀式的最高點（或最低點），至此宗教成分就算並未蕩然無存，也是似有若無。人類既已觀察到神明單是聞香便已大悅，接下來便不需要花多少腦筋就能發覺，說不定我們在燔祭時用不著焚燒**整頭**牲畜便可滿足神明。諸神可以樂享火烤牲畜的煙，我們則可大啖烤肉，這可真划算！

然而，將祭品最好吃的部位留給人類享用，這項革新並非一蹴可幾，起碼在古典神話中，相關人等可是付出了沉重的代價。普羅米修斯的傳說一般被解讀為人類過於傲慢，竟然向諸神挑戰，偷取火種，篡奪神的特權——代價何其龐大，文明卻受益匪淺。上述種種雖然不假，但是根據最早由赫西俄德提出的說法，故事卻不大一樣。此事不單只與偷火種有關，

1 不過後來在《利未記》中詳細列出以穀物獻祭的相關規定。註釋中建議可改行若干禮儀，以便沒有能力獻祭牲禮者仍可奉獻差強人意的祭品。

還涉及肉。

在赫西俄德的《神譜》中，普羅米修斯最早是在梅科尼以公牛祭神時耍花樣欺騙宙斯，而遭到神譴。普羅米修斯用難看的牛肚包裹上等的牛肉，卻用誘人的油脂包裹牛骨，然後將祭品獻給宙斯，由這位奧林匹斯天神自己挑選。宙斯受「油亮的脂肪」所惑，選了牛骨，將美味的牛肉留給凡人。此事給牲禮立下先例，人類從此將上等的肉留給自己，焚燒油脂和骨頭給諸神，在整部《奧德賽》中，人類就是這麼做。（在英國小說家菲爾丁口中，此書乃「荷馬所寫的一本極好的食物書」。）

宙斯震怒，藏起火種以報復人類，這麼一來，人類就算不至於完全無法吃肉，也很難好好享用。確實，沒有烹煮食物的火，人類就跟只能食生肉的動物沒兩樣。[2]普羅米修斯動手偷回火種，藏在巨大的茴香莖中。宙斯為懲罰他，將他拴在岩石上，他的肝（生肉）則成了另一生物源源不絕的饗宴。宙斯並派世上第一位女性潘朵拉到凡間，將種種紛擾送給世人。

按照赫西俄德的說法，普羅米修斯的故事成為烹調起源的神話，說明祭祀用的牲禮如何演變成人的盛宴，這都多虧了普羅米修斯敢於重新分配牲禮，把好東西給了人類。這也是一個人類身分認同的故事：人類因擁有火而得以有別於牲畜野獸。可是這裡的火，讓人高於獸的火，指的就是烹調食物的火，曾經僅限於宗教儀式（向神獻上整頭焚燒過的牲口，以表示對神的順服），如今已大不相同，帶有凝聚的力量，通過分享美味的一餐，讓人類社群結合在一起。

天窗小館的用餐區和莊重的禮儀沾不上一點邊：日光燈底下散亂擺著一張張貼著木紋塑膠皮的桌子；櫃檯上方有一面牌子，上面用老式的塑膠字母排出你可以點選的東西；牆上張貼著褪色的報章雜誌採訪剪報和創店元老的肖像。門邊有一座玻璃櫃，光榮展示餐廳於二○○三年獲得「詹姆斯・畢爾德獎」的獎座。

不過，店裡仍有一絲絲儀式色彩：在點餐櫃檯的後方，擺設了一面特大的砧板，儼然燒烤祭壇。某位瓊斯先生或他們指定的副手，每逢午、晚餐時段就手持沉重的菜刀，當著成群吃客在這面砧板上斬切整頭烤豬。這面楓木砧板近十五公分厚，可是只有邊緣還維持這個厚度——由於切過太多豬肉，砧板中心磨損到只剩三、四公分厚。

「我們大約每年翻面一次，等磨損得差不多了，就改用新的。」山繆爾對我說，同時眼睛一亮，此時我已逐漸了解，這神情代表又有一句燒烤金句要出爐了，「有些客人看著我們的砧板說，嘿，你們家的烤肉裡想必有很多木頭。我們就說，是啊，而且我們家的木頭比大多數人家的烤肉好吃！」

天窗的餐室中無時無刻都有菜刀剁在木頭上那單調而規律的聲響（傑夫大叔說，這樣你才能知道自己吃的是現烤現剁的烤肉）。切肉師傅的上方掛著菜單牌，列出不多但簡明的選擇：烤肉三明治（美金二塊七毛五）、烤肉盤（分大、中、小份，售價五塊半至四塊半），還有秤重計價的烤肉（每磅九塊半）。菜單牌最底下有一行字：「每道均附贈包心菜沙拉和玉米麵包」。另供應幾種不含酒精的飲料，除此以外沒有別的。自一九四七年以來，菜單只

2 古希臘人對人與獸的分野念茲在茲，在古希臘思維中，「生食者」是十分尖刻的稱號，帶有野蠻的言外之意。獨眼巨人沒有先把奧德賽的船員煮熟了就吃掉，犯下違反文明的雙重大罪。

改過售價，而且價位的變化並不算大（天窗的烤肉三明治比艾登鎮上售價兩塊九毛九的大麥克還便宜，是慢食價位低於速食寥寥可數的事例之一）。接下來又是一則天窗雋語，「我們有烤肉、包心菜沙拉和玉米麵包，除此以外沒別的。」山繆爾倒背如流，「你來到這裡，就不是你想要吃**什麼**，而是你要吃多少。」

我在櫃檯前等候點菜（一份烤肉三明治和一杯冰茶），一邊看傑夫切肉和調味。調味料有鹽、紅椒、分量不算少的蘋果醋和幾滴紅辣醬，辣醬名為「德州彼特」，怪的是，產地卻是北卡州（我猜取名「德州」是為表示這醬既香辣又地道）。傑夫雙手各持一把菜刀，大塊大塊地斬下豬肉，ＢＢＱ燒烤全豬的特色就在這裡。

「瞧，有後腿瘦肉，可能會比較柴；有肩胛肉，油脂較多，但是較嫩且多汁；當然還有五花肉，應該是最多汁的部分。這裡那裡當然也會有一些好吃的樹皮。」在燒烤專門用語中，「樹皮」指的是肉塊燒焦的外緣。「還有皮，吃來鹹鹹脆脆的。把這些一起剁了，**不要太碎**，調個味，好好拌一拌，這道菜就大功告成了。」

傑夫大叔堅持要我也嘗一盤沒調味的烤肉，如此一來，我就能親身體會天窗小館招牌菜的美味或品質絕不仰仗「醬汁」。他說到這兩個字時，噘著嘴，語氣略帶不屑，言下之意是，使用烤肉醬講好聽點是必須借助外力，令人同情，講難聽點，根本就是沒品。

我先試未調味的烤肉，恍然大悟。那烤肉多汁、味道實在，有明顯但並不會太強烈的煙燻香味。坦白講，這豬肉來自後頭那燒著木柴、宛若煉獄的廚房，滋味卻如此細膩，委實超乎想像。腿肉、肩胛肉、五花肉和樹皮四種不同的部位，質地嘗來各個不同，尤其美味。不過讓這道菜滋味不凡的，還是那散落在整盤肉中偶爾吃到的紅褐色脆豬皮碎片，鹹香油潤還帶著煙燻味，脆脆的，小小一口，滋味無窮（有點像培根，但比那好吃多了）。我忽然深深地了解到，當小勃勃舌尖接觸到那無上美味時，究竟是什麼令他折服——脆脆的豬皮具有改變人生的力量。

然而，我想我更愛三明治裡頭的調味烤肉。蘋果醋鮮明的味道不但恰好中和了肉脂的油膩——那烤肉可含有不少融化的脂肪，也平衡了濃烈的柴火煙香。酸味和紅椒味烘托並提升了美味，讓烤肉的風味不至於太粗陋。

所以，這才是烤肉啊。我即刻領悟到自己以前從未吃過真正的烤肉，當下心悅誠服。這真是我吃過數一數二既美味又多汁的肉食，而且才二塊七毛五，肯定是我買過最超值的三明治。**BBQ燒烤**，才吃第一口我就感到椎心之痛，因為我察覺到，身為北方佬的我，這大半輩子以來都濫用這個名詞，我一直在後院用過熱的火烤焦（直接在火上燒！）牛排和肉片，而且太依賴烤肉醬，真可鄙。我還沒把三明治吃完便已下定決心，非要弄清楚如何在家炮製不可，我要試著補救，還這五字一個公道。

這份三明治可不簡單，不單只因為混合了不同部位的豬肉，讓每一口吃來都有滋有味，也由於柴火、時間和傳統使然。在北卡羅萊納州東部這裡，這樣的烤肉法代代相傳已久。我讀過BBQ烤肉的歷史，欣然領會這一份三明治忠實反映了這個地方和此地過往的歲月。法國人相信上好的葡萄酒和乳酪能反映「風土」，倘若我們也能用這兩字來形容三明治，那麼這一份三明治真的有，你在其中嘗得到鄉土感和歷史。

自歐洲人首度上岸以來，豬隻就一直是此地最主要的肉用牲口。說實在的，在美國南方大部分的歷史中，「肉」指的就是豬肉。西班牙征服者德・索托十六世紀時將頭一批豬隻帶來美南，其後好幾百年，那些豬的後代倘佯於南卡和北卡兩州，大啖櫟木和山胡桃林子裡盛產的堅果。這表示，起碼在豬隻被關進農場飼養前，有兩條途徑可將東部闊葉樹的風味導入豬肉中：第一是通過櫟實和山胡桃，第二則是柴火煙氣（如果把切肉的砧板也算進去，則有三條途徑）。人們要麼在有需要時獵野豬，要不就是在秋季時，由等同於「牛仔」的牧豬人負責趕豬。豬的數量當時充足到連黑奴也不時能吃上幾口肉。因為一頭豬便能供應很多的肉，所以在南方，「燒一頭豬」始終暗示著眾人參與的地方節慶活動。

用柴火燒烤全豬的作法隨著黑奴傳入美南，不少黑奴經由加勒比海地區來到此地，他們在那裡看到印第安人將動物剖開攤平，用綠色樹枝架在火坑上燒烤。印第安人稱此烹法為「巴巴可啊」（barbacoa，至少在非洲人和歐洲人耳中是如此），黑奴不但從加勒比海島嶼引進此一技術，也帶來紅辣椒的種籽，辣椒後來成為ＢＢＱ燒烤的主要調味料。

長期以來，在南卡和北卡兩州，燒烤全豬的傳統都與菸草收穫季息息相關。一到每年秋天最重要的那幾週，社區便全體總動員採收。男人將菸草送進菸房後，婦女負責分類，並將大的菸葉攤在菸架上，接著燒上一整夜的櫟木，把菸草慢慢烤乾，然後再將燒過的木炭鏟進火坑中，燒烤全豬。此一作法後來變成秋季傳統，藉以慶祝豐收，並感謝工人辛苦勞動。吊掛、烤乾菸草的節奏緩慢，和用木炭慢烤全豬的節奏相契合。我在北卡州遇見的黑人燒烤師傅，只要回憶起兒時吃的烤肉，就一定會想起秋天採收菸草的情景，黑人和白人只有在那樣少之又少的情況下，才會並肩工作、同享大餐。

雖然ＢＢＱ燒烤大體上是非裔美人對美國文化的一大貢獻，然而美國南方的白人也同樣珍愛，大多數白人爽快承認，頂尖的燒烤師傅總是黑人（教人不安的是，直到晚近，人們都稱這些師傅為「烤肉小廝」）。像天窗小館這樣店東為白人，黑人師傅則藏在店後的情形，並不稀奇。說到「美味的ＢＢＱ烤肉」，美南的黑人、白人始終都有共識，天窗小館的客人有黑亦有白，也證明了這一點。雖然在一九六四年通過民權法以前，依法黑人和白人不能在同一餐室吃烤肉，但是即便在種族隔離最嚴重的時代，黑人和白人也會光顧同一家烤肉館。倘若地方上最好的烤肉店是黑人開的，白人顧客也會在外賣窗口前大排長龍；店主是白人，則換黑人排隊。眼下，按照對北卡州ＢＢＱ燒烤知之甚詳的歷史學家里德夫婦的說法，燒烤餐館「在種族平等這件事上，做得遠比大多數讓人做禮拜的地方還要好」。

不過是一盤食物，竟承載了如此重大的意義，這話並不假，然而完整的說法是：大家愛吃的豬肉、有著當地森林氣息的煙燻香氣、南方生活和勞動的散漫節奏、種族間剪不斷理還亂的糾結——凡此種種，大概還得加上我並不知道的一些因素，都給這份最美味也最有民主精神的三明治調了味，這是一份幾乎人人都吃得起的三明治。

可惜我不能不說，天窗小館並非一切皆甜美周到。呃，也許還算甜美，絞碎的雪白包心菜沙拉就甜得讓人牙疼，茶亦如此。油滋滋的玉米麵包好吃歸好吃，卻難消化得要命（豬油使然）。可是，給我的餐食蒙上陰影的卻是另外一件事。這一頓飯儘管美味，傑夫大叔告訴我一則玉米麵包豬油的小故事，硬生生地令我想到這件事。我也從而了解到，瓊斯家族儘管努力堅守立場，不向現代化浪潮屈服，在一個重要的層面上卻未竟全功。自一九四七年以來，的確有一點產生了變化，這個變化容或不易看出，卻無法忽視。

我們在灶間時，傑夫提及他們從前可以在烤豬下擱一只鍋子，第二天早上收集到的豬油，足供製作玉米麵包所需。如今再也沒有這種事了，由於豬脂肪量太少，因此餐館得另購豬油做玉米麵包。他認為豬隻近年來被改造成瘦很多且成長速度較快的品種，拜遺傳學、現代飼料和藥品之賜，這樣的豬長不滿一年，才幾個月便可宰殺。傑夫不太喜歡現代豬，就他記憶所及，現在的豬味道差多了，但是他認為我們別無選擇。

「今天的豬終生不見天日，住在水泥屋裡，只吃得到飼料，怪不得味道不像以前那麼好。」山繆爾插話說，「還有，牠們都被類固醇養得體形龐大。」豬農為加速豬隻成長，時常施用荷爾蒙。

瓊斯家族對豬肉生產業只講求效率的粗暴作法似乎知之甚詳。生活在北卡州的沿海平原，想不知道也難。艾登周遭的「集中型動物飼養經營」養豬場如雨後春筍般興起，數以十萬計打了生長激素的豬隻被圈養在懸空的鐵格子籠中，擠擠挨挨，籠子底下是豬隻排泄的屎尿（請記住，豬的智力和感性等同於狗）。為了便利受精育種，種豬終其一生都關在狹小得無法轉身的箱子裡。豬農遵循業界標準作法，用鉗子截短仔豬的尾巴，餘下短短且敏感脆弱的一截，這樣一來，當被禁閉壓力逼瘋的豬想吃別隻豬時，這些斷尾的仔豬就不致屈從。我曾造訪一家這類養豬場（老實講，就在這附近），很難忘懷，那是豬的十八層地獄，那沖天的臭氣和豬隻淒厲的尖叫聲，至今猶在眼前。

應該是我對瓊斯家族的信任，還有他們為呵護古早時光所做的林林總總，讓我得以暫時按捺下這些念頭和畫面，好好地享用我的烤肉三明治。我們這些現代人真是太擅於畫分了，肚子餓的時候或許最在行。然而，自我聽說天窗小館用的是商業養殖豬後，就一直想要避免提出一個問題：雖然小館如此小心翼翼地烹製「正宗ＢＢＱ烤肉」，但倘若用的豬肉是結合科學、工業和不人道行為的現代產物，亦即經過再造且遭受殘暴對待的牲畜，那麼其中還有多少正宗的性質呢？天窗小館那一絲不苟、遵古的作風——燃燒一夜的柴火、烤窯中悶燒的炭、悉心烤肉的老派師傅，是否已成為一種掩護，用來取代儘管大不相同，然而在道德和審美層面上卻與燒烤醬無異的某些事物呢？

在瓊斯家族看來，沒有什麼辦法可以改變現代豬隻的狀況，在這一點上他們與現代ＢＢＱ燒烤業者的主流想法不謀而合：「商用豬肉」早已成為南方ＢＢＱ燒烤的常規，像傑夫這樣歲數大到對往昔豬肉美味記憶猶存的人士，寥若晨星。北卡州誠然仍有少數農夫按古法露天飼養豬隻，我也發覺這樣的豬肉在各方面都較上乘（包括油脂含量），可是餐館若要維持一客烤肉三明治只賣兩塊七毛五美金，無論如何也負擔不起那種豬肉的成本。眼下，這種最有民主精神的三明治得力於最粗暴的農業。

不過，依我看，只要有足夠的煙、時間，也許再加一點燒烤醬，說不定就可以拯救任何一種豬肉（或好歹看起來如此），因為那份三明治真的好吃極了。關於烹飪，至少是關於烹飪肉類，有個想法是這樣的，烹飪總會設法做到一件事：造成心理與化學上的轉化，使得我們（起碼是我們當中大多數的人）得以享用原本在實質上或象徵意義上可能難以下嚥的東西。烹飪製造了距離，將殘忍的真相（成為盤中飧的動物屍體）與餐室中鋪著亞麻桌巾與光亮銀器的餐桌分隔開來。在這一點上，集中型動物農場所產的肉品容或是極端的例子，而肉品生產從來就不是多麼光鮮亮麗的事。愛默生曾寫道：「你剛吃了一頓，而不論屠宰場多麼謹慎小心地躲在得體的距離以外，你仍是共謀。」

這是個老問題，倘若我們自以為是率先為宰殺並食用動物而良心不安的人，那可就是往自己臉上貼金。古代盛行的獻祭牲畜儀式顯示出，人類為此良心不安已久。希臘祭司在舉刀抵著獻祭牲畜咽喉之前，會用水澆牲畜的眉心，使牲畜不由得甩頭，祭司則將之詮釋為同意。確實，客觀冷靜地回想一下，祭祀儀式中有許多元素無非是自圓其說，為一件我們需要或想要做、做了心裡卻又不安的事解套。儀式讓我們得以告訴自己，宰殺這些動物不是為了口腹之欲，而是奉行神明指示。我們在火上烹煮動物的肉，不是為了讓肉變得可口，而是因為冉冉而升的煙火燻香可上達天庭。我們吃上等的肉，並不是因為這些部位最美味多汁，而是由於神明要的其實就只有煙而已。

在所有動物中，只有人類堅持食物不僅需「適口」（美味、安全、營養），且按照李維—史陀的說法，也需「舒心」，因為我們除了吃東西外，也吃「想法」。把牲畜當祭品是讓牲畜的肉變得「舒心」，讓人較能接受宰殺、烹煮和食用牲畜，因為殺生食肉始終是非同小可、令人心情難受又矛盾的事。這或許可以解釋，何以在荷馬史詩和聖經《利未記》中，從屠宰、支解到烹飪，統統由祭司一手包辦：三者是同等神聖的事務。如今我們認為獻祭是種原始儀式，並暗笑前人種種的自圓其說，然而這些先舉行儀式才吃肉的文化，至少承認茲事體大，必須全神貫注。我們吃肉時雖已不那麼鄭重其事，但是這並不表示並沒有發生過什麼重要的事——其實，有生命犧牲了。你不得不納悶，到底何者較「原始」？我們這些現代人從不留意肉端上餐桌前經過了哪些程序，比起古人，我們進食的方式還比較像禽獸。

這也顯示出祭禮對人的另一貢獻：祭禮清楚畫出界限，一方面點出人獸之別，另一方面畫分出人和神明的分野。其他動物不會美化殺戮或在儀式中進食，也不會生火煮炊食物。當人類參與獻祭儀式時，是將自己放在神和獸之間。人獻祭以彰顯神威，宰殺牲畜的儀式則顯示出人擁有如神明般的權力。儀式的規矩讓我們知道自己究竟立足何方。

不論哪種烹飪形式都是這一套儀式的淡化版，且不具宗教性質。以這種方式看待烹飪，讓我們得以找到自己在自然界中的位置，並能處理自己對吃掉其他生命的矛盾心理。火焰摧毀光合作用所創造的事物，各種烹飪就跟火焰一樣，始於或大或小的破壞行為，好比宰殺、切割與搗碎。就這層意義來看，其本質也是獻祭，不過烹飪也有助於在食者和被食者之間製造「得體的距離」，或是時間，或是煙霧、調味品、刀工、醬料，各種轉化程序讓我們得以忘懷或抑制處理過程中的暴力意味。同時，廚房裡足可化腐朽為神奇的魔法，顯示出人類這個物種已走了那麼遠，證實我們確已提升自己，離開牙咬爪撕的血淋淋世界，獲得某種超越。烹飪令我們有別於禽獸，使我們得以在人類和其他生物之間畫出界限，並守衛疆界——除了我們，沒有別的物種能夠烹飪。

包斯威爾寫道：「我對人的定義是，『烹飪的動物』，禽獸有記憶、判斷力，而且在一定程度上跟我們一樣，也有心智能力和七情六欲，可是禽獸不會下廚。」除了包斯威爾，尚有其他前人也認為烹飪是人類獨有的技能。李維—史陀說，有許多文化都用「生」、「熟」之分來比喻人獸有別。他在《生食和熟食》中寫道：「烹飪不僅標示從自然過渡為文化的過程，人類也經由並藉著這個方法，界定人類的所有屬性。」烹飪轉化了自然，而我們則靠著烹飪提升地位，成為人類。

如果說人類的演化包括將自然的生轉化為文化的熟，那麼我們為促成這轉變而發明的不同技術，就各自代表它在面向自然和文化時所採取的不同立場。（顯然喜愛各種二元論的）李維—史陀研究全球各地數百個民族的飲食習慣後表示，能將自然物質轉化為可口、易消化且較符合人性（亦即舒心）的食物的基本方法，可區分成兩大類：直接在火上燒、置鍋中加液體煮。

不是燒就是燉？不是火烤就是水煮？這顯然就是問題所在，且大多與我們的自我認知息息相關，也大多取決於答案。相較於在火上燒烤，燉或煨煮隱然代表以較文明的手段轉化自然物質。燉或煮可將肉充分烹熟，從而比火烤更能達到徹底轉化動物的目的，可能也讓我們的獸性有了更徹底的超越。燒烤讓動物部分或完全保持原形，往往還帶點血，換句話說，燒烤在視覺上提醒我們，盤中餐食曾是活生生的動物。不過，此一揮之不去的野蠻意味，對火烤而言並不盡然是打擊，相反的，有些人認為帶血的牛排可增強食者的力量。羅蘭・巴特在《神話學》中寫道：「不管是誰，吃下去就能吸收公牛般的蠻力。」相形之下，燉或煨煮（特別是將肉切塊置於鍋中久煮至爛的燉肉）代表更進一步昇華，讓此一轉化過程夾帶的殘酷真相變得高尚，甚或遺忘這個真相。

這樣的遺忘肯定有其好處，尤其是在日常生活中我們總用鍋子烹飪。有誰樂意每天面對生與死、人類認同等存在課題呢？不過，我們有時就是想面對這種問題，我們「想要」獲得提醒（哪怕只是一點點），從而注意到文明的薄殼底下究竟藏了什麼。說不定就是同樣的這一股衝動，使得有些人甘願露宿林中，忍受種種不適，或花費大把無謂的時間去獵取自己的肉或種自己的番茄。這些活動都是成人的遊戲形式，也是種追思的儀式──追憶我們是誰、從哪裡來、自然如何運作（或許也追憶人力仍不可少的過往時光）。不論是在後院扔幾塊牛排到燒烤爐上，還是更豪氣地在柴火上整夜慢烤整頭牲口，在火上烤肉都是十分激動人心的儀式，通常在特別的日子由男性當著眾人之面露天舉行。這樣的烹調究竟在慶祝什麼？答案肯定很多，包括雄性力量（至少暗示著狩獵滿載而歸的喜悅，是吧？）、獻祭儀式（烹飪成為表演，發揮一種吸力，吸引人們走到屋外觀看）。然而我深深懷疑，在火上烤肉也慶祝了烹飪本身具有的轉化力量，在繚繞的煙火香氣中，木頭、火焰和肉通力合作，極其炫麗又直截了當地展現了這股力量。

II 麻薩諸塞州劍橋

「智人是唯一……的動物。」

有多少哲學家曾在為人所津津樂道的此一句型上增補一二，結果終究不堪一擊？我們原本插旗標示唯人類才有的能力，一個個真相大白，原來其他動物也做得來。苦惱？推理？語言？計數？笑？自覺？凡此種種，人們從前都以為乃人類僅有，卻隨著科學對動物的腦部和行為有了更深了解，而一一落空。包斯威爾提名只有人類才具備烹飪能力，似乎最禁得起考驗。不過，另一個候選人或許實力更加強勁：「人類是唯一感覺自己必須認同自身獨有技能的物種。」

不過，有個理由或可說明烹飪之說為何較一般說法更禁得起驗證：只有人類會控制火又發明種種烹調方法這件事，才能解釋人的腦部何以進化到夠大且具有足夠的自覺，從而可建構出「智人是唯一……的動物」這樣的句型。

至少這就是「烹飪假說」的含意。烹飪假說是演化理論的生力軍，對自視甚高的人類潑了一盆冷水，著實有趣又諷刺。根據此一假說，烹飪不僅僅如李維—史陀所說是創建文化的隱喻，也是文化演進的先決條件和生物基礎。要是我們的原始人老祖宗未曾學會控制火，並用以烹調食物，他們就絕無可能進化成智人。我們認為烹飪是文化創新，讓我們擺脫自然狀態，展現了人類的超越。然而，真相有意思多了：烹飪早已滲入人類的生命機理，為了餵養不斷吞噬能量的巨大腦袋，我們別無選擇，非烹飪不可。對我們這個物種而言，烹飪並不是脫離自然，它**就是**我們的自然，就像鳥兒築巢那樣，早就是我們不能不做的事了。

我最早接觸到烹飪假說，是一九九九年。我在《當前人類學》期刊上，讀到哈佛大學人類學家暨靈長動物學家藍翰與四位同事合寫的文章，名為〈生與竊：烹飪與人類起源生態學〉。藍翰後來加以添寫，在二〇〇九年出版名為《找著火：烹飪如何使我們成為人類》這本傑作。此書出版後不久，我們開始互通電子郵件，最終有機會碰面，在哈佛大學教師會所共進午餐（吃的是生菜沙拉）。

此一假說旨在說明約一百八十萬至一百九十萬年前，非洲靈長類動物的生理機能發生巨變，我們的演化先祖「直立人」出現了。相較於之前似猿的巧人，直立人下頜、牙齒和腸子都較小，腦子卻大很多。直立人以雙足站立，在地面生活，是最早更接近人類而不那麼像猿猴的靈長類動物。

由於動物的肉比植物含有更多能量，因此人類學早有理論指出肉食習慣的出現說明了靈長類動物的腦部為何變大。可是藍翰指出，直立人的消化系統並不適合吃生肉，更不適合食用生蔬，而因為靈長類單靠肉食無法存活，因此生蔬在其飲食中亦占有重要地位。咀嚼和消化任何生食，都需要較大的腸和較強勁有力的下頜和牙齒，而我們的老祖宗大約就在得到較大的腦子時，失去了這些生食工具。

藍翰主張，控制火和發明烹飪最足以說明以上這兩項演化。烹飪使得食物更易於咀嚼、消化，人類就不需要強勁的下頜和大的腸子。消化作用在代謝上十分昂貴，許多物種消化食物時消耗掉的能量，和運動時一樣多。身體在處理生食時特別辛苦，必須咬碎生肉扎實的肌肉纖維和腱，還有植物細胞壁上堅韌的纖維素，以便小腸吸收食物中的胺基酸、脂質和糖。烹飪有效為人類代勞，在人體外進行不少消化作用，以火的能量（部分）取代我們身體的能量來分解碳水化合物，並讓蛋白質變得更好消化。

用火加熱食物造成幾方面的轉化，有化學變化也有物理變化，然而殊途同歸，都讓進食的人得到更多能量。加熱可使蛋白質「變性」，讓蛋白質如摺紙般層層疊疊的結構舒展開來，使更多表面接觸到消化酵素的作用。只要加熱夠久，肌肉結締組織中堅韌的膠原蛋白也可轉化為柔軟可消化的膠質。至於植物類的食物，火能將澱粉「變成膠狀」，這是將澱粉分解為單糖的第一步。包括樹薯在內，有很多生食有毒的植物加熱以後不但變得無害，而且更有營養。對其他食物而言，火則能殺死細菌和寄生蟲，具淨化作用。火也能延緩肉的腐敗。烹調亦可改善食物的口感和味道，使得很多食物變得更軟嫩，有些會變甜或變得比較不苦。不過，人到底是生來就愛吃烹飪過的食物，還是近兩百萬年來熟悉了熟食的滋味，可就不得而知了。

誠然，烹飪也有若干負面、看來似乎不利的效果。高溫會使得若干食物產生致癌物，但烹飪讓我們得以擁有並運用更多能量，足以抵消高溫可能產生毒物的危險。說到底，生命就是一場能量競賽。總體來說，烹飪為我們的祖宗開闢了全新且遼闊的食物天地，讓他們在與其他物種競爭時占盡上風，重要的是，令我們有更多時間去做別的事，而不光是顧著覓食與咀嚼。

此事非同小可。藍翰觀察體型與人類相仿的靈長類動物，估算出我們的老祖宗在學會炊食以前，必須花足足一半醒著的時間咀嚼食物。黑猩猩愛吃肉，會獵食，可是牠們必須花太多時間咀嚼，一天僅存十八分鐘可以獵食，根本沒有時間可以獵到分量足可充當主食的肉。

藍翰估算，烹飪食物使得人類一天多了四小時可運用（恰好差不多等於我們如今花在看電視上的時間）。

古羅馬醫師蓋倫指出：「貪吃的動物……不停地吃，不斷地把東西吃個精光。按柏拉圖的說法，這種生活方式不利於哲學和音樂。高貴的動物不會吃個不停，不會不斷地把食物吃個精光。」烹飪使得我們不必不斷進食，從而讓我們變得高貴，步向哲學和音樂之路。述說人類心靈的神聖力量乃來自上天之賜或竊火等等的各種神話當中，說不定包含著我們尚未領悟的更多真相。

人類既已破釜沉舟，用大的腸子換來大的腦子，那麼，即使生食主義者一心重返生食時代，我們卻已走上不歸路。藍翰引用數項調查研究，指出人類其實並不適合生食。生食者無法維持體重，有一半婦女因而停經。崇尚生食的人大量依賴果汁機和攪拌機，不然就得像猩猩那樣花很多時間咀嚼食物。想要從未處理過的蔬果植物取得足夠的熱量，供我們那巨大又飢渴的腦子運用，就算不是絕無可能，也是相當困難的事（人腦只占人體二・五%的重量，可是單是在休息時，就消耗掉兩成的熱量）。藍翰說，眼下，「人類已習於食用煮熟的食物，一如牛已習於吃草。我們的熟食習性已根深柢固，其結果已滲進我們的生命，從我們的身體至我們的心靈，無一不受影響。我們人類是會烹飪的猿，火焰的產物。」

我們如何得知烹飪假說屬實呢？我們無法確知，這只是一個假設，難以證明。尚未有化石證據顯示，當直立人行走於大地時，人類已開始烹飪。不過晚近以來，佐證已越來越有力。藍翰的著作出版時，最古老的出土化石顯示人類在大約七十九萬年前即已用火，然而根據藍翰的假說，人類至少在一百萬年前即開始烹飪。藍翰指出，那麼古老的用火證據不可能留到現在，再者，烤肉不見得就會留下燒焦的骨頭。不過，考古學家不久前在南非的洞穴發現爐灶[3]，將人類可能開始用火的日期往前大幅推展至公元前一百萬年。考古學界仍在探索更古老的用火炊食證據。

到目前為止，藍翰最令人信服的論點都仍只是推論。在物競天擇的過程中出現新因素，使得靈長類動物的演化進程在約兩百萬年前改變方向，腦子變大而腸子變小，這種新的淘汰壓力之所以成形，最有可能的原因就是，人類取得品質較好的新飲食。這種新飲食不能只有肉類，靈長類動物不同於狗，無法有效率地消化生肉以維持生命。只有一種飲食可以如此巨幅提高人類獲得的熱量，那就是熟食。藍翰下結論說：「與其說我們是肉食動物，不如說我們是廚子。」

藍翰為顯示烹飪如何供給足夠的熱量，從而改變演化的進程，舉出好幾項家畜飼養的研究，這些研究比較了餵養生食、熟食及加工處理過的飼料有何差別。研究人員不用生牛肉而改用熟的漢堡排餵食蟒蛇後，蟒蛇「消化所需的代謝成本」降低近廿五%，並可將這部分能量用於其他目的。吃熟肉的老鼠長得較快也較肥。[4] 這或可說明為什麼我們的寵物往往過胖——大多數寵物食品都是熟食。

看來熱量並非生而平等，或如布里亞—薩瓦蘭在《味覺的生理學》所引用的格言：「古老的諺語有云，人並非賴其所食而活，而賴其所消化而活。」烹飪使得我們可以用較少的能

3 Berna, Francesca, et al., "Microstratigraphic Evidence of In Situ Fire in the Acheulean Strata of Wonderwerk Cave, Northern Cape Province, South Africa," *Proceedings of the National Academy of Sciences* 109 No. 20（May 15, 2012）, E1215—20.

4 Carmody, Rachel N., et al. "Energetic Consequences of Thermal and Northermal Food Processing." *Proceedings of the National Academy of Sciences* 108 No. 48（November 2011）: 19199—203.

量，消化較多食物。[5] 值得玩味的是，動物似乎本能地了解這一點：在有所選擇的情況下，許多動物會挑熟食而非生食吃。這並不足為奇，藍翰寫道：「熟的食物比生的好，因為生命主要關乎能量，而熟食能生產更多的能量。」

也有可能是動物「預適應」（pre-adapted）成偏好熟食的氣味、滋味和質地，並演化出各種感官系統，將牠們引往最豐富的能量來源。甜、軟、嫩和油等可口的滋味與口感，在在顯示食物富含易消化的卡路里。動物一生下來便偏愛高熱量食物，這解釋了我們的老祖宗何以立即愛上熟食。藍翰一方面推測人類究竟在多久以前發現用火炊食的諸般好處，另一方面指出不少動物會在焚燒過的地點覓食，尤其愛吃火烤過的齧齒目動物和種籽。他舉了個例子：塞內加爾的黑猩猩只有在緬茄樹被火燒過後，才吃樹上烤熟的種籽。看來，我們的老祖宗或也曾在森林大火的殘株間尋覓美味的食物，說不定偶爾運氣好，能像藍姆小說中的養豬人之子勃勃那樣，在舌尖首度接觸到脆豬皮時，有了石破天驚的經驗。

烹飪假說就像任何這類理論（其實也如演化論本身），無從獲得絕對的科學證實，因此有些人無疑會嗤之以鼻，說這不過是又是一個「就只是這樣」的故事，是披上現代科學外衣的普羅米修斯竊火神話。然而說實在的，當我們設法解釋人類的起源這類問題時，我們能抱著多高的期望呢？烹飪假說帶給我們的，**正是**令人信服的現代神話，用演化生物學的語言，而非宗教語言，將人類這物種的起源設定在發現火烤之道的那一刻。稱烹飪假說為神話並沒有貶義，就像其他類似的故事，此說運用當下最有力的詞彙，說明事情後來的進展，而在我們的時代中，最有力的詞彙不巧就是演化生物學。值得注意的是，古典神話和現代演化理論都把目光投在煮炊的火焰上，並從中發現同一件事：人類的起源。或許我們所能指望的確證，就只有這樁巧合而已。

III　中場休息：豬的觀點

我可以用親身經驗來證明動物跟人和神一樣，也會受到火烤食物的香氣吸引，BBQ燒烤不但包括在內，說不定吸引力還特別大。我要講的故事難以置信，但由頭至尾如假包換。第一點就是，我十來歲時有一小段時期養過豬，那是一頭名叫「小潔」的白色小母豬。這頭豬是我父親送的，這故意搗蛋的名字也是他起的[6]。我到現在仍不很清楚家父為何送我豬，我們家住曼哈頓公寓的十一樓，而我肯定沒開口要求養一頭豬。不過，自從讀了《夏綠蒂的網》後，我就覺得豬滿可愛，於是開始收集有關小豬的書籍和玩偶。然而，像這樣小小的喜好有時會形成一種狀況，就是別人對這件事比你自己更認真。要不了多久，我的臥房就堆滿各種小豬的周邊商品，因此在我快滿十六歲時，便覺得有點膩味了。

可是家父認定我一心想擁有一頭活生生的豬，於是請他的祕書到新澤西州農場找頭豬仔，有天晚上就把豬仔裝在鞋盒中帶回家。那不是一頭大肚豬，不是任何品種的迷你豬。小潔是標準的約克夏母豬，倘若不加以控制，可以長到二百三十公斤。當時，我們在上東城的住家是有門房的公寓大樓，按規定可以養寵物，但我確定飼養成豬可就不合規定了。

幸好，我養小潔的那段期間大半是夏季，我們住在海邊的小屋。那是一幢沙地上的高腳

5 熟蛋有九十五％被消化，牛蛋則只有六十五％。同樣的，牛排越生、義大利麵煮得越夾生，人體能消化吸收的百分比就越少。節食者請注意。

6 小潔（Kosher）有符合猶太教規的「潔淨」食物之意，而猶太教規禁食豬肉。（譯注）

屋，小潔住在露台地板下方。豬隻禁不起太陽曬（所以牠們喜歡爛泥巴），我就把屋底下陰涼的地方用籬笆圍起來，做成豬圈。小潔剛來時體型有如橄欖球，的確塞得進鞋盒中，可是沒過多久就塞不下了。牠正是蓋倫醫師所謂的貪吃動物，吃個不停，不斷地把食物吃光，往往半夜就把整碗豬食一掃而空，哐噹一聲把碗掀倒，然後齁齁有聲，呼嚕個不停，提醒我牠餓了。要是這樣還不能引來某雙足動物提著一桶午餐來到牠門邊，小潔會用牠那有力的豬鼻子去撞木柱，直到小屋搖搖晃晃，把我震醒為止。有些夜裡，豬食已無存貨，為了餵豬，我不得不清空整個冰箱。倒進豬碗裡的不光是生鮮食品和剩菜，而是什麼都有，包括雞蛋、牛奶、汽水、酸黃瓜、番茄醬、美乃滋、冷肉，（我真不好意思承認）有一回甚至包括幾片熟火腿。小潔統統吃光，胃口之好，每一次都讓我嘖嘖稱奇。牠的吃相就跟豬一模一樣。

不過，這並不是我要講的故事。事情是這樣的，有天傍晚，小潔那不知饜足的胃口惹了事，驚擾了鄰居。偶爾，當小潔覺得肚子有點餓，或是聞到食物的味道，牠會衝往食物，硬是把口鼻探出籬笆底下，拚命想把自己那一身肥肉擠出夾縫。牠通常會直奔最近的垃圾桶，翻倒，大快朵頤桶中食物。鄰居慢慢習以為常，我也漸漸習慣向人道歉、收拾善後，然後以美食為誘餌，把牠趕回豬圈。然而，在那個夏日傍晚，夕陽將落時，小潔想必抬起了豬鼻迎風嗅聞，偵測到蛛絲馬跡——烤肉的香氣，因此發現有比垃圾更好的東西。牠逃出豬圈，一路往上走到海灘邊上那一排小屋，直到找出香氣來源。

接下來的事，我是在小潔造訪一位鄰居的幾分鐘後聽這位鄰居轉述的。案發時，這位先生趁著晚餐還在烤盤上滋滋作響，坐在露台上喝著琴湯尼，一邊欣賞夏日夕陽餘暉。這位仁兄跟濱海這一帶的多數鄰居一樣，也是生活優裕的紐約客或波士頓人，可能是律師或生意人，但除了吃過火腿、豬排和培根之外，沒什麼親身接觸豬的經驗。他聽見豬蹄踏在木板上的咚咚聲，目光離開那夢般的夏日美景，舉頭卻見有隻體型活像極短腿拉布拉多犬的粉白色怪物，趴答趴答爬上他家露台，還氣吼吼地發出呼嚕嚕的聲音。那可不是一條狗。小潔顯然是聞香而來，當牠總算到達香味的來源，便拿出突擊隊員的效率，迅雷不及掩耳地把烤架撲倒，搶走這位先生的牛排。

事發前數分鐘，我走出小屋，要去餵小潔，卻發現豬圈空空如也。我一路追蹤到海灘（大多數鄰居都在自家露台上，也都看到牠朝北去），在案發數分鐘後抵達現場，那時小潔已叼著尚未烤好的牛排逃竄。算我福星高照，這位先生若不是特別有幽默感，就是琴湯尼讓他心情大悅，總之他講起小潔幹的好事，笑得直不起腰來。我連連道歉，表明樂意開車到鎮上去補買他的晚餐，但他揮揮手表示不必，說這事太有意思，可比任何一種牛排都值錢。我告辭，回頭去追我的逃犯，走的時候，那位先生仍笑個不停。

這可是延遲甚久的一場豬對ＢＢＱ燒烤的復仇。我不由得想到，如果豬有自己的神話傳承、代代相傳的英雄事蹟，那麼我那頭豬的大無畏功蹟便足以傲視群倫：小潔，豬界的普羅米修斯。

IV 北卡羅萊納州羅里

當然，在南方人看來，小潔偷走的算不上是ＢＢＱ燒烤：只有容易哄騙的北方人才會把火烤牛排叫做「ＢＢＱ燒烤」。南方人爭論起這個名詞的定義，可是沒完沒了。說實話，

ＢＢＱ燒烤的定義必得包括一件事實才算周全，那就是有關這種食物的定義始終爭辯不休，並無定論。不過，要當得起此一專門名詞，至少必須有肉、柴煙、火和時間。除此以外，ＢＢＱ燒烤的定義因州甚至因郡而異。我的書桌上方掛著名為《ＢＢＱ燒烤之巴爾幹半島》的地圖，大致畫分南卡州和北卡州的燒烤區，在這兩州的地圖上疊印著五個燒烤區的分界：這裡烤全豬，那裡烤豬肩肉，這條線以東只加醋，以西用番茄基底的醬料，以南和以東用芥末基底的醬。

這還只是這兩州而已，地圖並未涵蓋田納西州的肋排或德州的煙燻牛五花肉，因為這兩種是牛肉，南北卡州可沒有哪位肯稱之為ＢＢＱ燒烤，那是在降低自己的身分。這些燒烤之邦都對別人的作法大大不以為然，可想而知，燒烤師傅一旦損起人來，創意可是源源不絕。名褒實貶是常見的修辭策略，我有一回請德州一位師傅評估同州某位同行的燒烤牛五花肉，他慢吞吞地說，那人的牛五花肉「還可以，但沒有好到令你屁滾尿流」。

ＢＢＱ燒烤的諸多定義中，有個說法嘗試彌合各區的歧異，或許是我所聽過最具氣度的。提出這定義的，是阿拉巴馬州的黑人燒烤師傅，名喚厄斯金，他圓滑地略過醬料這棘手的問題，並暗示了ＢＢＱ燒烤的聖典特質。他對一位作家表示，ＢＢＱ燒烤是「火、煙、肉的神祕靈合，水完全無插足之地」。[7] 依我看，大多數南方人都會支持這個說法。可是，除此以外，他們還有什麼共識呢？那就是，我這個北方人對於ＢＢＱ燒烤的想法根本就**大錯特錯**，我甚至說不清楚ＢＢＱ指的是烹調程序、爐具、烤成的食物，還是烤肉醬。我這會兒在南卡州待得夠久了，起碼明白了以下這件事：「ＢＢＱ燒烤」是名詞（不是動詞），指的若不是某種社交活動，就是在這種場合中烹飪並食用的食物。

因此，截至這會兒為止，我個人對南方ＢＢＱ燒烤的體會，始終侷限於旁觀和吃。雖然我已嘗過南方風味，卻尚未參加過真正的ＢＢＱ燒烤大會，於是我帶著滿懷的期望離開艾登，想看看能否拜在大師傅門下當學徒，至少學會ＢＢＱ燒烤的三五祕訣。我學習的場所並不是廚房，而是燒烤大會。我不想只是袖手旁觀，我想要親自動手。

到北卡州前，我以為自己動手烤過ＢＢＱ，對烹法略知一二。我都是在家中烤肉。一如大多數美國男性，露天烤肉是我的拿手好戲。而我跟大多數美國男性一樣，善於把這件根本就非常簡單的事搞得神祕兮兮，以致內人茱迪絲深信，在火上烤牛排就跟替汽車換正時皮帶一樣令人卻步。

北方也好，南方也好，單是ＢＢＱ燒烤就可以衍繹出那麼多的胡說，真是教人歎為觀止，再沒有哪種烹飪能望其項背。何以如此，我也說不上來，然而或許由於直接在火上燒烤是那麼簡單直接，因此掌廚者覺得有需要加油添醬，增加幾層錯綜難解又神祕的厚厚外殼。也可能由於負責烤肉的，絕大部分是愛自吹自擂的男士。以我個人為例，我就愛自吹自擂，說自己對判定烤肉生熟這件事特別在行，我伸出一根手指按按烤架上的肉，再按按自己臉上的各個部位，如果肉的軟硬度摸起來像腮幫了，那是三分熟，像下巴是五分熟，如果硬得像額頭，就全熟了。我看過一些大廚在電視上示範這個技巧，似乎管用。這個測試計不但方便，更重要的是，讓烤肉顯得更奧祕。茱迪絲就懷疑憑自己的臉蛋能否辦到這件事。

這是相當好玩的把戲，好歹我是這麼以為的，直到有人告訴我一個祕密：一說到火烤，許多女性都裝傻，因為這樣一來，男士至少會料理一些食物。

7 我不確定他幹嘛要提到水，說不定是因為水火不容？還是因為水的性質是陰柔的，ＢＢＱ燒烤則是陽剛的。

然而，天窗小館的烤肉三明治使我明白自己對BBQ燒烤理解有誤，直接在火上烤肉並不像我以為的那麼簡單。我本來認為，烤肉基本上就是把肉扔到炙熱的烤架上，過一會兒再故意戳個兩下就好。我需要燒烤師傅收我當「二廚」，或管他在燒烤界叫啥的類似職務。郝爾顯然太沉默寡言、難以親近，瓊斯家族看來也不大想讓我在他們的灶間弄髒手（或燙傷手）。

結果，就在第二天，我尋尋覓覓的燒烤師傅出現了。那天我預定訪問北卡州一位知名的BBQ燒烤師傅，其人名喚米契爾，在羅里開餐廳，店名就叫「烤窯」。我尚未飛至北卡州便久仰其名——其實，是曾在《紐約時報》頭版看過他的照片。照片攝於二〇〇三年，當時他在紐約市首屆「大蘋果露天燒烤街區派對」，以燒烤全豬的絕技撼動全場。這會兒，米契爾已馳名全美，常在電視露面，南方飲食聯盟等單位收錄他的口述歷史，包括《美食》在內的數家全國雜誌都做過他的人物報導。

凡此種種看起來都不太妙，他能給我的或許就只是幾句講得特別漂亮的金句。照片中的他穿著連身牛仔褲，戴著棒球帽，肖似大塊頭的黑膚聖誕老人，看起來正是作秀高手。他的BBQ燒烤餐館不但供應葡萄酒，還有代客停車服務，加上有人在評論餐館的部落格文章語帶不屑，說這館子是「BBQ燒烤動物園」，這些也讓我心懷隱憂。不過，我獲知米契爾週末將在慈善BBQ燒烤大會上烤全豬，地點在他的老家威爾森，距離羅里郡那家傳說中的動物園不遠，到時只要他不是完全不假辭色，我就要開口詢問能否讓我跟著他，充當幫手。

米契爾恐怕是史上頭一位有經紀人的燒烤師傅，我得先跟羅里的「帝國餐飲」集團相關人員接洽，才能與他晤談。烤窯餐廳隸屬於帝國餐飲旗下，起碼有五十一%股份歸集團所有。我很快便知悉幕後故事錯綜複雜：米契爾未繳納數項州稅，在二〇〇五年遭北卡州政府控訴侵吞公款，與州方和銀行一番纏訟後，失去原本在威爾森經營的「米氏肋排、雞肉和燒烤」餐館（後來，米契爾對我提到他在法律上和財務上遭遇的糾紛時，將之形容為「一番精心安排的騷動」）。他的罪名最終減輕為逃稅，但因此服了一陣子刑，餐館也遭銀行沒收。米契爾出獄後，有位名為哈騰的年輕房地產開發商和他接觸。哈騰因復甦羅里日漸衰敗的景氣，在地方上頗負名聲。他認為，要把人潮帶回市中心，關鍵就在於開幾家好餐廳。他在米契爾身上看到難得的機會：美國大名鼎鼎的ＢＢＱ燒烤大師傅時運不濟，失去了舞台，於是邀請米契爾合夥，雙方各持五十一％和四十九％的股份，餐廳廚務和外場由米契爾打理，哈騰和他的人馬則負責管理——這方面事務顯然是米契爾的弱點。烤窯將是全新型態的燒烤餐館，走高檔路線，燈光美，有葡萄酒單，還有代客停車服務。

在許多燒烤界人士看來，這作法充其量也只能說是可疑，而我所看到最不堪的評論是，有人在網路上寫道，南方最傑出的黑人燒烤師傅被關進ＢＢＱ燒烤動物園了。另有人說，米契爾已成為ＢＢＱ燒烤界的「肯德基爺爺」。所謂「正宗」的ＢＢＱ燒烤，本來就是個令人爭論不休的問題，烤窯餐廳似乎更在相關論戰上火上加油。可是，這項可疑的作法顯然靈光，烤窯午、晚餐時段皆生意興隆、門庭若市，並且成功突破ＢＢＱ燒烤三明治不宜貴於十美元的門檻。[8]

當我總算和米契爾通上電話時，和燒烤老手談話常會出現的感覺又浮現了，那就是，我

8 米契爾在二〇一一年離開烤窯餐廳，根據媒體報導，他和哈騰的餐飲集團是好聚好散。不過米契爾告訴我，雙方對經營哲學和經濟的看法互異，他「無法再將自己的形象和名譽押在無法控制的事物上」。他打算在北卡州的德罕另開一家燒烤餐廳。

將又一次打開水龍頭，流出來的會是一連串有關ＢＢＱ燒烤的華麗詞藻，而這一回肯定是滔滔不絕。說到燒烤全豬，米契爾有如在傳福音，嚴守其個人作法。他每講三、四句話，必提到「正宗」，我在北卡州這裡已聽慣這兩個字，然而此說法引發一個讓人不安的問題，亦即，意識到自己是「正宗」後，還能保持正宗嗎？

我開始懷疑ＢＢＱ燒烤已變成一堆彼此映照的鏡子，虛虛實實，真假不分。米契爾自己似乎是南方ＢＢＱ燒烤文化的化身，而這文化反映的又是北方食物作家、文化研究學者和在幕後支持米契爾甚力的南方飲食聯盟所稱頌的那個文化形象。這或可說明他為何習於用第三人稱稱呼自己（「老米的故事就是從那時開始，如旋風般一路向上飛揚……」）。米契爾將烤窯形容為自己的新「舞台」，說他和哈騰合作提高了燒烤全豬的層次，在「保存真味」的同時，也「多了一點潮味」。烤窯有一執行主廚，我感覺米契爾如今說的時候多，下廚的時候少。

米契爾講述嫻熟的行話，慷慨陳詞，熱切得有如在推銷商品或傳福音。可是我也察覺到此人的真性情。他對做菜給人吃這件事懷有熱情，而且在他種種有關正宗的談話底下也藏著某種東西，其核心似乎就是……「正宗」。

我向他問起即將在威爾森舉辦的烤肉會，餐飲集團有幾位公關人員曾勸我不要參加。搞不好那場活動會真如他們所說的，很乏味（「容我先警告您，那天會又熱又長，而且地點是停車場，又要呆坐很久」），也說不定他們是想讓焦點集中於餐館。不過，在我看來，這場合再好也不過了。米契爾將在家鄉親手烤兩條豬，擔任助手的是親弟弟奧布雷。他打算從星期五晚上開始，先用他老餐館的烤窯烤豬，星期六再帶著行動烤爐到停車場完成最後程序。我問米契爾，能否讓我擔任助手。

「依我看，沒什麼不可以。你就來吧，我們會叫你幹活，讓你看看老米怎麼烤全豬。」

我星期五下午來到烤窯餐廳與米契爾會合，準備與他同車前往威爾森，發現這位燒烤大師不在廚房裡。他正在餐室和一位顧客合照，這樣的事情顯然有如家常便飯。米契爾行走移動緩慢如熊，體型魁梧如橄欖球後衛（其實他就是拿橄欖球獎學金上費耶特維爾州立大學），只不過，是大腹便便的六十三歲後衛。他的膚色漆黑如炭，滿月般的圓臉上生著雪白鬍子，身上穿著招牌服裝：俐落的連身牛仔褲和棒球帽。他和顧客拍完合照後，請侍者也替我倆拍一張。我們就像老友般勾肩搭背，合影留念。

我們搭著餐館的外燴用廂型車前往威爾森，我在路上便已飽聽〈老米的故事〉，連篇名都呼之欲出了。聽他說故事，一股濃烈的「似曾相識」之感油然生起，我不只一次可以發誓自己在哪裡聽過一模一樣的話，而我的確聽過——往往是我來北卡州前讀過的某段口述歷史。以下版本的〈老米的故事〉擷取自這些口述歷史（特別是為南方飲食聯盟所整理的），還有我與米契爾的訪談。

米契爾在三兄弟裡排行老大，其母朵瑞莎因而堅持要他學習下廚，儘管如此，他從未打算進入ＢＢＱ燒烤這一行。他成長期間，朵瑞莎都在外工作，先是在菸草公司打工，後來進了威爾森西區菸草公司主管的豪宅幫傭。「我痛恨留在家裡給弟弟燒菜，恨透了！哪有男孩子下廚燒菜的，可是我一直是媽媽的乖兒子，媽媽又堅持要我下廚。」

然而，ＢＢＱ燒烤卻不同，是男人會在特殊場合做的事，好比耶誕節和其他節日，還有「季會」，即家族大團圓。米契爾記得十四歲時頭一回烤了一頭豬，津津樂道自己能和家族男性一同圍在火旁那麼久，實為殊榮。

「私釀酒始終是ＢＢＱ燒烤會重要的一部分，因為，要知道，男人不得在屋內喝酒，所以像這樣必須在屋外烤上一整夜，不正好拿來傳酒罐，輪流喝兩口！」對米契爾而言，燒烤全豬最大的樂趣不在於食物本身，而在於那樣的場合，也就是大夥圍在火邊，談天說地，不分你我的情誼。相較之下，食物簡直可以說只是附帶而來的結果。

米契爾在費耶特維爾州大打了兩年橄欖球後，被徵召入伍打越戰，在越南痛苦地待了一年半，回國後拿到學位，一九七二年畢業，獲得福特汽車公司聘用，加入少數民族銷售人員培訓計畫。他在密西根受訓後，被派駐麻州沃爾瑟姆，擔任區域客服經理十二年，直到有一天接獲通知，他的父親威利生病了。米契爾決定回威爾森照顧雙親。

那時，米契爾的父母在東城區開了一家老式街坊雜貨店，一九九〇年父親逝世後，店裡生意每況愈下。他每天接送母親開店、關店，他記得有一天下午到店裡，看見母親垂頭喪氣，問母親原因，母親回答：「我在店裡待了一天，總共只掙了十七美元，其中十元還是低收入戶的食品券。」

「我想給她打打氣，就問她說，中午想吃什麼？她想了一下，說『我知道了，我想嘗點古早味的烤肉』。我明白她的意思，就去店裡買了一整頭小豬，約有十四、五公斤吧，又花了五美元買櫟木，好增添我想要的風味。我把舊的桶狀烤爐從工具間裡搬出來，把豬放在桶上烤了約三小時。豬烤好以後，我切肉，媽媽調味，母子倆就坐在店後吃起遲來的午餐。

「我們吃得正香時，有人進雜貨店，想買熱狗。可是那人一看到桶上的烤肉，就說：『米契爾太太，妳也賣烤肉？』媽媽看著我，我嘴裡塞滿了肉，開不了口，只好點點頭，哼個兩聲。我心想，她需要的就是掙點錢，那麼就賣點烤肉給這位先生吧！她替這傢伙弄了兩個三明治，他買好東西就離開了。

「那天傍晚，我回店裡接她回家，媽媽整個人興高采烈。自爸爸過世後，我就沒見她這麼開心過。我問她，怎麼心情變得這麼好？她說，『我今天賺錢了，我把烤肉賣個精光。』少來，哪有這種事？不過，那位仁兄好像是拿著三明治到街坊告訴了某人，某人又告訴了別人，消息就像野火燎原般，一發不可收拾地傳開來，直到烤肉賣得一點也不剩。

「總之，我們正要打烊時，有個陌生人來到店門前。

「『米契爾先生？』我心想，這傢伙搞不好想來搶錢，於是壓低嗓門。『我是，你哪位？』

「『哦，只是想請問，還有沒有烤肉？』

「『沒有，今天賣光了，不過明天還會賣。』米契爾就這麼幹上BBQ燒烤這一行，老天爺把我帶回原點，就是替我媽燒菜。」

他們在數月間逐步改造雜貨店，蓋了幾座柴火烤窯，米契爾說動地方上的退休老師傅柯比重新出馬，替他訓練人手，並教他傳統的作法。「在九〇年代晚期，已經找不到我們想要的那種傳統BBQ燒烤。大夥紛紛轉用瓦斯烤爐，傳統烤肉早已式微。不過柴烤或炭烤的烤肉，和瓦斯爐烤的肉，兩者風味可是大不相同，差別一嘗便知。」柯比完全遵循老派作法，堅持柴火炭烤，而且有幾招絕活可以傳授給米契爾，其中一招稱為「築堤」。

米契爾頭一回和柯比一同烤大型豬時，心想這下子得整夜不睡看守柴火，就備好三明治和咖啡。「可是我們把豬架好後，我正準備開始守夜，柯比先生卻起身走到門口，戴上帽子，我問他要去哪兒。」

「『你想坐在這兒一整夜，隨你，我可是要回家了。』他向我解釋說，只要炭堆得好，恰到好處地圍成一圈，然後把通風口都關掉，整隻豬就會在那兒慢火烤上一夜，根本就不必添炭加火。

「我呢，卻一整夜沒睡，一直在擔心烤豬會起火，燒掉整個店面。然而，清晨四點我回去查看時，一打開烤架，簡直不敢置信，一輩子沒見過烤得這麼漂亮的豬！色如蜂蜜，真美，肉又烤得酥爛，骨肉都分離了。」柯比將堆炭的訣竅傳授給米契爾，還教他如何將豬皮烤得酥脆。

「米氏肋排、雞肉和燒烤」很快建立起口碑，全美各地的食物作家及相關研究者先後來到威爾森。這小城人口五萬，位於九十五號州際公路，按遊客中心說法，「就在紐約和邁阿密的半途上」。外界的注意對米契爾產生頗值玩味的影響，改變他對自己和自己所行之事的了解，大概也只有像他這樣背景原本毫不相干的局外人，才會這樣做。轉捩點出現於二〇〇一年，他讀到歷史學家瑟賽斯基寫的口述歷史，那是由他自己口述的個人史（瑟賽斯基記錄下他口述的事蹟骨幹，內容見前面的章節），可是看到書面文字，使得米契爾對自己的故事有了新的觀點。

「我原本以為這不過是古早味的ＢＢＱ燒烤，是我們的生活結構，沒啥稀罕的。我並未完全了解自己在做的事，其實是格局更大的非裔美國人故事的一部分，是我們對美國的貢獻。這讓我感覺非常好。」

米契爾開始有自覺地從事這行，二〇〇二年，這份使命感變得更強烈。那一年，南方飲食聯盟邀請米契爾在ＢＢＱ燒烤研討會掌廚，認可他在北卡州東部全豬燒烤界的翹楚地位。此聯盟一九九九年創立於密西西比大學，由歷史學者艾吉主掌，致力於頌揚、記錄南方飲食歷史，進而維護南方飲食文化。艾吉發覺，食物議題是很好的引子，可以引出南方歷史中若干較難啟齒的主題，而南方人即使是在不適合談論（或爭辯）任何話題的場合，也照樣能對食物侃侃而談（或爭辯）。艾吉對我說：「南方藉由食物穿透種族困境。」

艾吉邀請米契爾參加二〇〇二年十月在密大舉辦的BBQ燒烤研討會。「我們就去了密西西比的牛津市，我大開眼界。」米契爾告訴我。各區各流派的燒烤師傅、學者、編輯、記者雲集，參加BBQ燒烤歷史、技術和區域特色的小組會談。「那次研討會對我有很多的啟發，我了解到這項事物不止侷限於北卡州威爾森，格局大多了。我的意思是，BBQ燒烤對我是司空見慣、理所當然的事，可這居然是全國活動的主題。我在那兒認識到，我正在做的事情和那大格局是相容的，BBQ燒烤是非裔美國人的貢獻，而我屬於那傳統。那是非常激盪人心的發現，我感到自豪，深深引以為榮。」

南方飲食聯盟想要將BBQ燒烤的故事，定位成非裔美國人對美國文化的重要貢獻。唯一的問題在於，南方燒烤業者如今多半是白人，好比艾登的瓊斯家族，就算有黑人師傅如郝爾，也只在餐館後場工作。米契爾則是例外，他是自營餐館的業主兼大廚。（起碼當時如此，那時他尚未遭遇財務糾紛。）因此，米契爾對南方飲食聯盟的重要性，並不亞於聯盟對他的重要性。

研討會有個項目安排燒烤師傅推出拿手好菜，然後由食物作家評選。近年來，烹飪比賽已成為BBQ燒烤文化的重要環節。米契爾講到載著他的工具設備的貨車如何在路上拐錯了彎，遲到了好幾個小時。「其他人早已布置好漂亮花稍的設備，你知道的，像帳篷啊，亮晶晶的器具啊，有些人投資了不知道多少美金哩。大家都等著看老米帶來什麼家當，東西卻遲遲不來。最後，貨車總算開來了，是輛十八輪的大卡車，我們打開車廂時，大夥以為會看見什麼了不起的玩意。我把我的設備滾出來，就只有二個生鏽的舊烤桶，沒別的！人人哈哈大笑。」

「可是，我就只需要這個。我呢，就烤起我的豬，烤得比平時快一點，因為我們開始得太晚。豬烤好以後，我取下所有的肉，切塊，調味，把皮放回火上烤脆，然後把脆豬皮切得細細碎碎的，將肉和皮混合在一起。你瞧，真是有意思，大夥吃將起來，開始議論紛紛，幾乎每個人都跑過來嘗我的烤肉。人潮一波波湧來，大家都覺得我們棒透了，我們的家當大概是最不稱頭的，成品卻最美味。」

「就從彼時彼地起，老米的故事如旋風似的一路向上飛揚。」米契爾離開牛津的研討會時，成為美國最有名的燒烤大師傅。

當時米契爾一如瓊斯家族，烤的是一般商用豬隻，這會兒他已邁入新天地，豬肉來自何方，在那片天地中可是非同小可的事。他在研討會上遇見飲食作家卡明斯基，後者正為其有關古早豬隻品種的著作收集資料，這本書幾年後出版，書名為《完美的豬》。來自布魯克林的卡明斯基，委婉地對米契爾指出，他的ＢＢＱ燒烤還可以更道地。

「卡明斯基告訴我，在大眾的心目中，正宗的ＢＢＱ燒烤有三大重點：傳統烤法、經營者是黑人，還有傳統的豬隻，而米氏肋排、雞肉和燒烤餐館掌握了其中兩大重點。」卡明斯基幫米契爾張羅到露天飼育的古早品種豬隻。「告訴你，我才吃一口就著迷了，那正是我記憶中的兒時滋味，甘美多汁，沒加調味料就非常非常好吃。」

在卡明斯基引見下，米契爾認識北卡州格林斯波羅農工州立大學的一些人，他們正在籌組黑人農夫組織，這些農夫有不少原本種植菸草。組織的宗旨是復育品種較古老的豬隻，不施打荷爾蒙和抗生素，以人道方式放牧飼養。米契爾參觀一家養豬場後，視野大開，加深了決心，決意支持北卡州這種既新式又古老的養豬業。在艾吉協助安排下，他擔任牛津一場品嘗大會的大廚，讓人試吃並比較工業化飼養的豬肉和放牧豬肉有何不同。這次活動也令他心意更堅決，並領悟到，如果可以在自家餐館推廣放牧豬肉，並帶動其他BBQ燒烤餐廳共襄盛舉，就能夠幫助北卡的小農。這些小農自從菸草業一蹶不振以來，生計就十分困難。

「卡明斯基引領我走到這條路上。」米契爾說。這又是飲食聯盟引發的回饋，來自布魯克林的猶太裔作家貢獻心力，協助復興正宗的南方BBQ燒烤。這會兒，米契爾早已是主導人物，講起此課題口若懸河、頭頭是道。「要知道，這種烹飪其實關乎人與人的相互依存和社群，並擴及生產食物的農民還有他們所信賴的小型屠宰場。我們所失去的，正是這種相互依賴感。」

我們之所以談到屠宰場，是因為我們那時已駛離公路，來到席姆斯，前往名為「傅氏屠宰場」的小型客製化鮮肉工場取我們訂的豬。我們抵達時，傅勞爾先生正坐在屋前樹下吞雲吐霧。這位白人老先生身形瘦而結實，臉上的毛髮之不同凡響，我前所未見。可那真是毛髮嗎？事情其實沒那麼簡單。傅勞爾蓄了一大叢落腮鬍，原本銀白的鬍鬚如今已被煙薰黃，不知怎的和胸前同樣一大叢的泛黃胸毛糾結在一起。我不想盯著看，但是這兩叢毛髮看來已你儂我儂結成一大團，果真如此，則可說是大膽新穎的人身飾品。

傅勞爾親熱地和米契爾打招呼，拿米契爾最近一次上電視的事調笑一番，原來米契爾在《食物頻道》和電視名廚費雷較勁，徹底擊敗了對方（我很意外，這場世紀大對決的消息居然滲透到北卡州東部的這個鄉下地方）。過了一會兒，傅勞爾帶我們走進屠宰場，占地不比舊式加油站大多少。裝貨區的牆上貼了服務項目和價目表：宰殺、支解鹿隻，一百美元；宰殺、支解牛隻，一百五十美元；將豬隻處理成BBQ燒烤食材，十八美元。傅勞爾的兒子正在清理廠房內部，這一天的屠宰工作已結束，他們正將血水掃進地上的排水溝。門邊有只桶子，高高堆疊著幾種牲畜的頭，有豬頭、綿羊頭和牛頭。我們訂的那頭豬已剖開攤平，傅勞爾的兒子將屠體扛到屋外，自肩上一甩，扔進貨車後車廂。

烹飪過程到底從哪一刻開始？我常常思索這問題。是你從冰箱中取出材料，開始切菜算起？還是在之前，當你去採買材料時便已經開始？又或者更早，始於你要吃的肉仍在飼養場、送往屠宰場的路上或在屠宰場之時？在古希臘時代，負責烹煮、切肉和屠宰的人，用的是同樣名稱，都叫 magiros，因為這三項工作是同一儀式的先後步驟。米契爾顯然決定他的烹飪要從農場開始。他說了，要做出正宗的ＢＢＱ燒烤，對豬品種的關注起碼不可少於調味料或醬汁。

V 北卡羅萊納州威爾森

我們來到威爾森黑人區辛格特利路和三〇一號南方公路的交會口，在原名「米氏肋排、雞肉和ＢＢＱ燒烤」[9]的餐館後門停車，米契爾的弟弟奧布雷已站在那兒等候我們，一臉不耐。米契爾解釋說：「奧布雷總是很早就到，可是對他來講，早到就等於準時。」（第二天早上我就明白了，奧布雷預定六點到我下榻的假日酒店門口接我，我卻發現他五點就焦躁地在酒店大堂等待。）奧布雷個性緊張，比米契爾少十歲左右，個頭比較短小精悍，胸前戴的閃亮金十字架因而更顯巨大。米契爾介紹說，奧布雷是他不可或缺的左右手，是「男人背後的那個男人，營運副總裁，我的最佳防守皮朋」，換言之，他自己就是麥可·喬登了。奧布雷並非頭一回聽到這番恭維之詞，但他看來仍以平常心面對。

該是開始烹飪的時候了，米契爾在旁監督，我和奧布雷把剖開的豬抬上巨大的烤盤，像抬擔架似的把豬送進廚房。水槽夠長，可以放入整頭豬。我們用水沖洗屠體，沖掉殘餘的小塊肥肉和血漬。（「沒有人想嘗到血。」米契爾解釋說，這可是聖經的訓諭：血是動物的靈，專屬於上帝。）豬很重，半條就有三十四公斤左右，而且又濕又滑。豬身沖淨以後，我們一前一後將豬抬出水槽，頭一回我就失手了，豬滑落到地上，須從頭再沖洗一遍，我的BBQ燒烤事業就在羞恥得抬不起頭的狀況下開始了。

廚房裡沿著長牆用磚砌了四座烤窯，和艾登大窗小館很像，只不過這四座附有亮晶晶的不鏽鋼罩，還有精密的抽油煙機。米契爾對廚房的設計深感自豪，不但有複雜的通風系統，還有灑水器，使他得以在餐館廚房中安全且合法地設置柴火BBQ烤窯。據他說，這在北卡州可是破天荒頭一遭。

米契爾欣然下令，吩咐我幹活。我始終沒弄清楚，他是認定我有當燒烤師傅的潛力，或只是很高興有人來替他幹抬豬的重活。他交給我一把鏟子，吩咐我鏟掉烤窯底的灰燼，八成是他最後一回在這裡烤豬時留下的灰燼，那是二〇〇四年他的餐館遭銀行沒收之前的事了。米契爾接下來要我做的事，倒是出乎意料，而且令我幻滅。他吩咐我把兩袋各九公斤的炭倒在每座烤窯的中央，米契爾居然用市售木炭！就是用鋸木屑和其他天知道啥玩意壓縮製成、狀似小枕頭的那種長方形黑炭。**這個**，正宗嗎？米契爾解釋說，這種炭燒得久，燒得慢，

9 單是這店名便已對什麼才是BBQ燒烤小小地議論一番：BBQ燒烤特指豬肉，這一點無需贅言，但是肋排和雞肉可不能援用此一名稱。肋排和雞肉要怎麼稱呼無所謂，就是不能叫做BBQ，起碼在北卡州雷辛頓以東這一帶不准。

「讓我晚上能睡一點覺」。可是，這種炭沒有味道！沒有木柴燻香怎麼辦？「到時候就知道啦。」

我把小木炭堆在每座烤窯中央，之後奧布雷在炭上噴灑不少打火機油，等油都被炭吸收了，這才擦火柴，火舌立刻奔竄而出。這可算不上是我來此尋覓的原始火焰，比較像是我兒時在郊區住家的後院露天烤肉的那種火。看來，人人都會因為方便行事或成本考量而採取折衷之舉，然而人人都看不慣別人的折衷之舉。雖然我發覺瓊斯家族和米契爾兄弟互敬互重，但是前者認為後者採用木炭，令人惋惜，並不可取，後者卻對瓊斯家用商用豬肉不以為然（「依我看，他們只做到了八十分。」米契爾對我說）。

在等待炭火自猛轉弱的時候，米契爾帶我參觀這幢樓房。這屋子有一大堆房間，是依著最早的老式雜貨店一間間逐漸加蓋而成，看來毫無章法，其中有一部分空間已租給一位女士開自助簡餐館。原始的店面如今坐落在正中間，沒有窗，相對狹小，用煤渣磚砌成的房間就以此為中心，四面八方延伸出去，連成一幢。米契爾得意地帶我到處參觀。樓上有一間教室，他原本打算在此開課，傳授有志者燒烤之道。屋子裡設有「豬仔酒吧」，客人可在此邊喝酒邊欣賞米氏兄弟剁肉。餐室牆上畫滿了壁畫，描繪ＢＢＱ燒烤在南方歷史的角色。這是頗富雄心的民間藝術，至少有十五公尺長，一位在廚房當洗碗工的自閉症者花了數年時間才完成（我不知多久才明白過來，米契爾說的是自閉症者autistic man，不是藝術家artistic man，這其實一望即知）。米契爾告訴我：「他自告奮勇，只收十美元工錢，我覺得這樣不公道，就給他二十美元，替他買顏料。」

米契爾要我仔細瞧瞧每一幕場景，壁畫描繪出ＢＢＱ燒烤乃起源自菸草收割傳統的民間傳說，主題則是社群。畫面上看得見手推車上堆滿菸草，男人忙著剁大菸葉，女人忙著把菸葉綁在竿上，再將菸葉竿交給男人運至菸倉曬乾。菸倉裡生起柴火烤菸葉，男人在屋外宰豬，把屠體吊掛在樹梢。女人灌香腸，用豬油做肥皂，男人挖著看起來像新墳墓的烤肉火坑，一邊傳遞私釀酒。接著場面達到高潮：一幢白色大宅前寬闊的草坪上，一棵巨大的櫟木樹蔭下擺放著一張長得不可思議的桌子。慶功盛宴就在這裡舉行，收割季結束了。

「瞧瞧桌旁眾人的臉孔：有黑有白，齊集一堂。那時，只有這個時候才會黑白同聚一地。雖然事後大家又分開來，各過各的，但是我們互相需要，人人心知肚明。採棉花也好，收菸葉也好，大家都合力工作，一起慶賀，分享烤肉。」

米契爾講起採收菸葉的情景，彷彿在描述自己的童年，可是他那脈脈鄉愁追懷的卻是他兒時便早已消逝的世界（他的父母早在一九四六年，亦即他出生那一年，便已離開菸田）。不過，這樣的回憶即使不屬於我們，也形塑了我們的生活。對米契爾而言，壁畫強調了ＢＢＱ燒烤在他心目中最有意義的一點：凝聚社群，雖然只是暫時，仍超越了種族。就他所知，至今依然。

「不知怎的，烹調一整條牲口給大夥幸福的感覺。通常都在特殊場合，逢年過節什麼的，且從來不教人失望。ＢＢＱ燒烤讓大夥齊集一堂，過去一直是這樣，未來也永遠會是這樣。就算在種族運動風起雲湧的六〇年代，ＢＢＱ燒烤也還是能夠舒緩緊張的情勢。在燒烤會上，你是何方神聖根本就不重要。

「根據個人經驗，只有兩件事具有超越種族的力量：越戰和ＢＢＱ燒烤。沒有其他菜餚有如此強大的力量，別問我原因，我也不知道。」

米契爾領著我上上下下各處參觀，漸漸憂悒起來，這房子有許多地方給人一夕間人去樓空的感覺。我請他說一說失去「米氏肋排、雞肉和ＢＢＱ燒烤」的來龍去脈。

儘管米契爾並無證據，但他深信是自己對企業化養豬業直言無諱惹來的禍端。

「我二〇〇四年在威爾森這裡開記者會，艾吉擔任講者，我們一同宣布農工大學和農民合作的計畫，還有我打算重新採用自然豬的事。當時我並沒多想，不過有兩個我不認識的人站了起來，很不客氣地問我：『你是不是想興風作浪？』

「『我並不想興風作浪。』

「『你就是想，你準備叫大家別買我的產品，這可不行。』」

米契爾所謂的「一番經過精心安排的騷動」時期於焉展開。他宣稱，在記者會過後數星期，州方先是查帳，很快又轉為調查。接著，銀行突然通知要沒收他的抵押。不久之後，他就被控以侵吞公款罪名。米契爾的確延期支付州方和銀行帳款，但銀行和州方的速度之快，罪名之嚴重，在在顯得可疑。

「在我開記者會不到三十天後，不但生意沒了，還背負侵吞公款的罪名。我被控告的事情登上電視和報紙，我只能認為有人精心策劃，想要徹底破壞米契爾的名聲，因為眼看著我就快成為另一類產品的代言人。」米契爾不但對北卡州勢力龐大的養豬企業形成威脅，也對北卡州深以為榮的ＢＢＱ燒烤全豬傳統提出難以面對的問題，也就是質疑正宗性。

然而，實情果真如此嗎？我在羅里請教了並不同意米氏說法的人士，他們認為他不過就是因為經營不善，才陷入困境。有些人則不敢斷言，艾吉自己則認為，有人處心積慮要抹黑污衊米契爾的說法完全可信。「居然有個黑人在北卡州告訴大家，他的ＢＢＱ燒烤全州最好，還推廣不同於商業豬肉的另類產品。我確信北卡州有人覺得米契爾太囂張，需要一點教訓。」

自那番波折以後，米契爾提到商業豬肉時用字遣詞就特別溫和。他多談掌廚者對於豬肉的「個人喜好」，少談農業綜合企業的弊端。不過，他也爭回部分的公道：有位法官判決銀行不當沒收米契爾的抵押，手段「並不清白」。然而，判決來得太晚，幫不上忙，米氏肋排、雞肉和BBQ燒烤餐館已關門大吉。燒烤始終能把眾人凝聚起來，米契爾的這一番辛苦或許是這美好常態的例外吧。

我們回到廚房時，炭已燒得通紅，並出現白色灰燼——炭火已就緒。米契爾把鏟子遞給我，解說如何堆炭：沿著豬身線條，大致圍成約十五公分寬的一圈，但頭尾部位，也就是臀部和肩部底下的炭堆必須寬一點，大約三十公分，因為這兩個部位較厚，需要較強的火力。米契爾隨即拿了一段浸過醋的櫟木，扔進炭堆裡，這一段木材提供烤豬所需的煙燻味。我和奧布雷一前一後，將龐大的烤架放在烤窯火坑上，然後將剖開攤平的豬屠體抬至烤架上，豬皮朝上，明早再翻面。我正打算蓋上罩子，米契爾示意我停下動作。

「每到這個時候我都會停下來，向豬致意一番。牠們作出最大的犧牲，讓人們有東西吃，我們好歹得對此表示感謝。」他溫柔地拍了拍每隻豬的大腿，有點像是運動員互相親熱地拍臀打氣，接著降下鋼罩，關閉通風口。就這樣，今晚收工了。

在我們對話的過程中，米契爾反覆談到技藝中相對困難和奧祕的部分。他不只一次為難地暗示那是「商業機密」，有時卻又表示，根本就沒有什麼不傳之祕，而此刻正是那樣的時刻：「就是認真工作，烹製美味的BBQ燒烤其實沒有那麼複雜。」這說不定正是最諱莫高深的機密。

咱們仨第二天早上七點回廚房開工時，我馬上就察覺有什麼東西不一樣了。打火機油的化學氣味不見了，取而代之的是烤肉的誘人香味，那些不鏽鋼罩子底下有好事正在醞釀，我打開其中一個，訝然見到底下的變化：原本四肢攤平的白色屠體這會兒縮小很多，色澤變為深豔，瘦肉變得較緊實。豬皮漂亮極了，亮褐如濃茶。整頭動物按下去仍很強韌，不過肉質已如熟肉般硬實。肉尚未烤好，但我迫不及待想嚐嚐看。

這一夜到底發生了什麼事，竟把一大塊沒什麼氣味、鬆軟的豬肉，轉化成味道及顏色都引人垂涎的烤肉？燃燒的木炭和一段櫟木，是如何把你絕不會想吃的死豬變成你迫不及待想大快朵頤的美食？

其實，這一夜發生了很多很多事，既有物理變化，也有化學變化。熱逼走肉中大量水分，改變肉的質地，讓風味變濃厚。熱也熬出豬皮底下厚厚的油脂。部分油脂滴到熱炭上，變成油煙，將各種芳香化合物帶回肉的表面，增添風味。然而，由於烤肉的溫度很低，背脂多半慢慢地融進肉中，有助於保持肉的濕潤，而且為原本不含脂肪而相對無味的瘦肉增添油脂的濃香風味。瘦肉的纖維也發生變化，熱破壞了連結纖維的膠原蛋白，將之轉化為膠質，使肉變軟，並進一步滋潤肉質。

在化學上，火的作用是把簡單變為繁複。我請教一位風味化學家，得知用煙燻和火加熱肉中的蛋白質、糖和脂肪，可以製造出三千至四千種全新的化合物，這些都是由糖和胺基酸的簡單建構單元所組成的分子，既複雜且往往帶有香味。「那些還只是我們列舉得出的化合物，我們無法辨識的，大概還有成百上千。」由此看來，烹飪容或始於破壞，卻從較簡單的形態中建立複雜的新分子結構，與熵完全對立。

促成新化合物產生的化學反應有好幾種，其中有一種特別重要，名為梅納反應，得名自一九一二年發現此反應的法國化學家梅納。梅納發現當胺基酸和糖一起加熱發生反應時，會產生成百上千個新分子，讓食物具有獨特的色澤與氣味。烘焙過的咖啡、麵皮包、巧克力、啤酒、醬油和炸肉的風味都得力於梅納反應——些許胺基酸和糖就能創造無數複雜的化合物，更遑論這過程所帶來的愉悅了。

在夜裡，對豬肉發揮作用的第二項重要反應就是焦糖化。無氣味的蔗糖受熱褐變的過程會產生一百多種化合物，其風味不只令人想到焦糖，還有堅果、水果、酒精、綠葉、雪莉酒和醋。

這兩項反應一起製造出繁多的氣味和風味。接下來的問題是，我們為什麼偏愛複雜的滋味甚於生肉那相形之下顯得單一的風味？藍翰會說，在演化的擇汰下，喜歡熟食繁複味道的人類勝出了，這些人吃下更多食物，產下較多後代。食物科學作家馬基在他一九九〇年的著作《好奇的廚師》中提出了另一套有趣的論述。馬基指出，這兩種褐變反應製造的芳香化合物，有許多不是近似植物界的化合物，就是一模一樣，好比堅果、綠葉、泥土、蔬菜、花或果等香調。我們或可預見，糖經焦糖化後，會產生成熟水果中的某些化合物，因為水果含有糖分。然而，奇妙的是，在烤肉中居然找得到這麼多植物化學物質（植物化合物）。

馬基寫道：「動物與植物、生食與熟食混為一體，看來或是美妙的巧合。」善哉斯言。我們會為這一串香氣所動，卻很合理，因為我們早在學會用火烹飪前，便已在日常生活中接觸到這些可食植物的香氣。在那茹毛飲血的世界中，這一串芳香化合物等同於某種普世的跨物種語言，是動植物之間溝通交流的主要系統。因為早已熟悉，我們很容易注意到這些植物的香氣和風味，在它們的引領下找到適合的食物，避開不好的東西。

植物在不得不然的情況下，成為自然界的生化大師。植物在地裡生根，演化出製造這些芳香化合物的能力，因為化學可以替植物完成動物靠移動、發聲和知覺做到的事。植物製造某些分子來警告、驅趕和毒殺若干生物，也製造另一些分子來吸引其他生物，比方因傳遞花粉而有助於植物繁殖的昆蟲，或將植物種籽帶至別處的哺乳類動物和鳥類。當植物的種籽已經可以運送出去時，成熟的果實會發出濃郁的氣味和滋味，召來哺乳動物，而我們對這方面的感官語言也特別敏銳，因為這些語言告訴了我們，眼前出現了食物能量（亦即糖）和維他命C等我們所需的植物化學物質。植物所創造的這個化學環境充斥著各種資訊，不過，所有動物都曉得該如何在其中行動。在農業時代來臨以前，我們的食物並不僅限於少數幾種馴化物種，那時對於人類而言，通曉植物的分子語言特別重要。當我們仍食用成千上百種植物時，就必須仰仗我們的嗅覺和味覺去探索那個遠比今日複雜的食物風景。

難怪某些烹法（好比在火上烤肉）能令人食指大動，那些烹法製造出的香氣和風味借用自植物界廣博的化學詞彙（從成熟水果豐饒的方言借來的說不定特別多），讓我們回想起農業發明前的時代，當時我們的飲食不單更多樣，也更有趣、更健康。

「我們對（這些）氣味產生的強烈反應，有部分或是古代遺物。在史前時代，氣味對動物極為重要，動物靠著經驗，利用氣味去記憶並學習。」馬基如是寫道。這些植物的香氣和風味會勾起食欲，並非偶然。在他看來，烹熟的食物徹頭徹尾呼應法國文豪普魯斯特之說：熟食是個寶庫，藏有召喚感官記憶的力量，可以帶著我們穿越時光的界限，將我們拋回過去，不單是我們自己的過去，可能也有人類物種的過去。「一口咖啡或一塊脆豬皮中，迴盪著花朵、綠葉、水果和泥土香，重現動植物之間漫長對話中的某一刻。」人類身為雜食者，需要進食許多不同的物質才能保持健康，這或也使得我們容易接受食物複雜的氣味和味道，那標示出生化多樣性。

也可能並非由於某種食物令我們想到另一種，而就是煮熟的食物所帶有的暗示令我們動心，一如我們著迷於詩、音樂和藝術的隱喻。情況似乎是，我們被錯綜複雜的事物和隱喻所吸引，而將肉置於火上或讓水果與穀物發酵，我們既能得到更絕對的感官資訊，更特別的是，也能得到像隱喻那樣讓我們脫離此時此地的感官資訊。這樣的感官隱喻（這個象徵那個）是烹飪在轉化自然這件事上所能達到的重要成果。一塊酥脆的豬皮從而成為一首風味寫成的詩，充滿濃烈的暗示：咖啡和巧克力、煙燻、蘇格蘭威士忌、過熟的水果，還有我兒時至愛的培根肉裡那種又甜又鹹並帶著木香的楓糖蜜滋味。就像人類對許多事物的態度，我們對食物的喜好似乎也由多種主觀因素決定。

不過，眼前的這些豬多少仍處於未定狀態，按計畫，應送到市區歌舞劇院對面的停車場，在BBQ燒烤大會上完成最後的烹調。這次活動的目的就是為劇院募款。我和奧布雷將豬滾進大烤盤中——由於許多水分都已蒸發，油脂也被逼出，豬這會兒輕多了。之後把豬搬上屋外的平台貨車中。平台上有三具用鐵鏈捆住的大型烤豬爐，也就是當年在密西西比州牛津遭其他燒烤師傅好一番嘲弄的同一種工具，那其實就是把容量一千公升出頭的鋼製油桶橫放並切成兩半，然後裝上絞鍊。烤爐頂有根突出的短煙囪，底部有一頭焊上兩輪車軸，另一頭有拖車鉤，以便將烤爐拖著走。

威爾森市中心的商業區並不大，呈井字形，美輪美奐的街道兩旁聳立著幾幢修復一新的學院派風格樓房。這些堂皇的石灰岩銀行和辦公室大樓均建於二十世紀初期，那正是本城的全盛時代。威爾森曾是此地區首屈一指的菸草市場，可是市中心如今看來有些空盪，至少就星期六來說並不算熱鬧，我們在此BBQ燒烤並不會造成他人的不便。空無一車的停車場已架好白色大帳篷，我們將烤爐滾下車，放在場地的一側。

我訝然見到拖車鉤上放了丙烷桶，米契爾點燃丙烷，我們把豬抬上烤爐做最後燒烤。丙烷似乎一夕翻身，從燒烤禁忌行變成烤肉利器。我問起箇中緣由，米契爾以多少帶點辯解的口氣解釋說，他不是用瓦斯來烤豬，而是用來保溫。

豬尚需烤上好幾個小時，可是巨大的烤爐和烤豬香噴噴的氣味幾乎立刻就引來人潮，那些人看起來就像從天而降。顯然單只是看到米契爾和冒著白煙的烤爐，就已經讓威爾森市民心情異常愉快。今天是星期六，而且BBQ燒烤大會即將登場。

其實，今天將有兩場燒烤會，一場午餐，一場晚餐。花十五美元就可買到烤肉、包心菜沙拉、麵包和甜茶。還不到中午，就聚集了約兩百人，他們是第一輪的客人。當滿到不能再滿的客人都已就座時，我和奧布雷打開烤爐，兩人戴著黑色的防火厚手套，將第一頭烤豬搬到肉案。米契爾那時正在和圍攏的群眾閒聊，我們將當眾下廚。

奧布雷將烤豬的前半部交給我負責，他自己處理後半部。第一個步驟是將肉和皮分開，稍後再將豬皮放回爐上烤脆。手套的五指部位肥厚，我們只能使出蠻勁，靠著雙手硬幹：從骨頭和肩胛扯下大塊的肉，挖出軟骨，用力抽出肋骨，去除肉中各種管狀結構和奇怪的組織。雖然手套又大又厚，熱得冒煙的肉還是燙到不行，我不時得脫下手套，冷卻一下雙手。大部分的肉都不難剝下，沒過多久，我們眼前就出現一座小山，堆著腿肉、里肌肉、梅花肉和五花肉等各部位的豬肉。

奧布雷剁肉的時刻到了。他兩手各持一把大刀，鋼刀剁在砧板上的聲響引來更多圍觀的人潮。每當奧布雷覺得正在剁的那堆肉看起來太乾了，他就會請我扔點梅花肉或五花肉進去；要是肉堆看起來太肥了，他就要我加點腿肉或里肌肉，直到那堆肉看來穠纖合度。接下來就是給肉調味。奧布雷繼續用戴著手套的手把肉混合起來，我則按他的吩咐加佐料。先是約三公升半的蘋果醋，跟著加了幾大把的糖、鹽、紅椒和黑胡椒。我按照米契爾教我的手法，運用腕部的力量，輕輕地將乾調味料均勻撒在肉上，那動作就像在播種。奧布雷將佐料揉進肉堆中，前後揉搓了一會兒，最後對我點頭示意，要我試試味道。嘗起來有點油膩，這表示得多加點醋，我添了一公升左右，還多撒了一把紅椒片，我想這應該無妨，因為我知道米契爾喜歡帶點辛香味的烤肉。果然味道變好了。

米契爾接著教我如何把皮烤脆。豬皮這時有一面已烤成漂亮的褐色，但口感軟軟的，像橡皮，另一面則仍是白色，帶著脂肪疙瘩。我在肥的那一面撒上幾把鹽，將豬皮拋到烤架上，米契爾則加大烤爐火力，警告說：「要不停翻面，不然會焦掉。一等皮硬了，不會再彎曲，而且表面開始起泡時，就表示烤好了。」我拿著長柄鉗，這裡翻一下，那裡翻一下，不斷給大片的豬皮翻面。如是好一會兒，愈來愈覺得熾熱難耐，除了天氣熱以外，每一回我打開烤爐的罩子，那迎面撲來的熱氣更是燙到不行。接著，豬皮突然就變硬了，像玻璃。脆皮出爐了！

我將皮送至砧板上，稍微冷卻後，拿出剁刀。這會兒，我們周遭人潮洶湧，他們都明白脆皮之妙，迫不及待要一嘗美味。「請給我一點皮好嗎？」是接下來的熱門問題，我們聽了上百次，直到豬皮一掃而空。「馬上來，放心，馬上來。」剁刀才剛輕觸表面，脆皮就顫巍巍地震動起來，我把幾把脆皮碎屑加進肉裡，又試吃了一口，好吃極了！奧布雷也有同感，BBQ烤肉大功告成！

那會兒，我已大汗淋漓，說實話，當時我只顧著別讓眉毛上的汗珠滴到肉裡，然而腎上腺素這一陣狂飆其實非常好玩。不單是米契爾，我們三人在群眾簇擁下也儼如搖滾明星。他們**真的**愛吃BBQ烤肉，我們有烤肉（外加珍貴的脆皮），我們能夠提供他們渴求的東西。在火與獸、獸與食獸者之間斡旋調停的那人，散發著某種原始的力量——這是人類學基本知識，可是這會兒我親身體會到了，感覺真好。

前一晚在假日酒店的房間中，我臨睡前看了法國和比利時古典學者寫的一本書，書名為《希臘人的祭祀菜》。書中從頭到尾沒出現ＢＢＱ燒烤這幾個字，但是我讀著有關古希臘祭禮盛宴的點點滴滴，愈讀似乎愈了解米契爾所謂的「這道菜的力量」。我逐漸相信，即便到了現代，ＢＢＱ燒烤上仍繚繞著獻祭的白煙，每當我們在火上烤起一塊肉，那煙再怎麼稀薄，也仍籠罩著我們。

閣下如何，我不得而知，但我每次一讀到荷馬史詩中大吃大喝的段落，就會跳過不看，甚至沒有停下來想想吃喝場景何以如此之多，也沒想一下荷馬為何不辭辛苦地刻劃那麼多看來瑣碎的事：屠宰的種種細節（「他們剝掉畜體的皮……大塊大塊支解」）、火力的控制（「火滅了以後，帕特羅克洛斯攤開餘燼，將剖開攤平的肉架在上面」）、分配烤肉（「阿基里斯把肉端上」）、餐桌禮儀（「他和貴賓奧德賽面對面而坐……請他的朋友將祭品獻給神明」）等等。然而，《希臘人的祭祀菜》表示，荷馬如此鉅細靡遺地描述祭品，自有其道理。分享熟肉在古希臘時代乃是凝聚社群的舉動，在那之前之後的許多文化中，此舉都有同樣的功能，而且必須費心才能做好。祭禮除了精神上的崇高意義外，還有三項世俗目的，在ＢＢＱ烤肉會上掌廚過的人，應不感到陌生：

規範具有潛在野蠻意味的食肉行為，
把社群眾人集合在一起，
支持並提升主事祭司的地位。

至少對人類而言，吃獸肉往往茲事體大。肉令人垂涎，又不易取得，自然就和地位及尊榮連結在一起。又由於吃肉必得殺生，吃肉一事因此在倫理道德上出現歧義，烹肉又讓事情更顯複雜。在人類還不會用火烹調前，世上八成並沒有我們所謂的「正餐」，因為人應該就跟動物一樣，一找到牛的食物，便會獨自當場吃將起來。如果有多餘的食物，或會與他人共享，可是誰找到就歸誰，餓了就吃。然而，炊火改變了一切。

法國考古學家裴雷說：「烹調行為從一開始就是計畫工程，烹調終結了個體的自給自足。」烹調首先就需要群策群力，單單不讓火熄滅便得集眾人之力。人受到炊火吸引而聚攏，也帶來了一同進食這項前所未見且複雜的社交和政治行為。人類進食時，克己的程度亦是前所未有：耐心等候食物烹熟，分配熟食時互助合作。爭食的行為則必須小心管控。

這或可說明在古希臘和舊約聖經時代，人們為何只在規範嚴明的宗教儀式中吃肉，不是把肉當作祭禮，就是食用正餐多吃堅果和漿果。雖然儀禮規範因文化而不同，甚至因場合而不同，有一項規範卻是普世皆然。那就是，熟肉和吃肉必須受到規範，最好是一整套的規範。規範就像鹽，是肉的好搭檔，因為吃肉這件事始終籠罩著陰影，那是一幅動物吃動物的恐怖景象：無法無天、貪得無厭、野蠻凶殘，而且最令人毛骨悚然的，就是人吃人。

哲學家醫師卡斯在著述中論及猶太教的飲食教規，他指出：「雖然並不是每種肉都不准吃，不准吃的卻都是肉食。」教規中詳列哪種動物的肉禁止食用，可以食用的動物又有哪些部位禁食，可以食用的部位又不得與什麼東西一起吃。猶太教的飲食教規中對於植物類食物誠然亦有規範，但是沒有一樣植物是徹底禁止食用。古希臘人吃肉也同樣有嚴明的規範：只有家畜家禽可以當祭品，禁止飲血（猶太教規亦然），明文詳列不同部位該如何分配。

管理宗教祭品的規則，不但可防範各種野蠻凶殘的行為，也用來凝聚社群。《希臘人的祭祀菜》寫道，古希臘儀禮乃「共餐」行為：大家按照群體共識烹調一頭動物，一同享用，使群體更加團結。[10] 祭禮的核心意義就在於分享，而大部分形式的烹飪也是如此。

現代的聖經評注者在談到舊約中猶太教飲食的種種戒律時，就算不是絕大多數，也是多半認為這些規定多少過於專斷，大部分的人類學家也都作如是想。迥異於我兒時所受的教誨，吃豬肉並不比吃其他肉危險。可是，這些規定不論有多麼專斷，仍保有結合群體的力量，有助於建構集體認同：**我們是不吃豬肉的人**。《利未記》中有關祭品的種種規範如果不以「凝聚社會的膠合體」這個觀點加以理解，根本就沒有道理。舉例來說，按照規定，有一種祭品的肉必須在第二天結束前全部吃完，這一項訓諭是為了確保肉能分給團體中每位成員，而不會被任何人獨吞囤積。

若要理解南方ＢＢＱ燒烤各流派何以拘泥於種種錯綜複雜的規矩，這或也是最好的觀點，因為這些規矩左右著「共餐行為」，而後者又有助於界定並強化社群。燒烤全豬是格外強而有力的共餐形式，豬肉根據極為民主的禮俗，平分給眾人食用。每人都嘗到各部位的烤肉，吃的不但是同一頭動物，而且是這頭動物的每一個部位，有精有粗。不過，說到底，各種規範著哪種動物、哪一部位可食或不可食，以及醬料、燃料和火等等的規矩，都如同猶太教飲食戒律一般武斷，為了規定而規定，除了藉著強調某一社群與其他社群的不同之處，從而界定社群外，並無理性目的。**我們只用山胡桃木烤豬肩肉，而且烤肉醬要加芥末**。禁令就如野草蔓生般，漫山遍野地生長。**不准用丙烷，不准用木炭，不加番茄，不用肋排，不用雞肉，不用牛肉**。

「所以ＢＢＱ燒烤基本上就像非猶太人的飲食規範。」在我努力說明南方燒烤不同流派微妙的差異後，我的一位朋友如是表示。從南北卡羅萊納州到德州、田納西州，接受我訪談的眾家燒烤師傅最常說的一句話，就是他們提起其他流派的烤肉時總愛講的這一句：「好吧，但那可不是ＢＢＱ燒烤。」不論烹調的是什麼食物，只要不符合他們那一派的傳統規矩，就非真貨。

祭禮的第三項功能，是提升並扶持負責執行禮儀的祭司或貴族階級。在這一點上，這項儀式與其他政治制度並沒有什麼不同，最在意的就是自身的權力能否永垂不朽。負責主持祭禮、宰牲、分切、烹調並分配肉的人，因之獲得威望。在古希臘時代，操持日常廚事的多半是婦女和奴隸，可是碰到需要烹調禮儀餐點的場合，不論是軍事行動開始或結束時、貴客大駕光臨時，還是其他意義重大的日子，就改由男性享有下廚之殊榮。奧德賽、帕特羅克洛斯乃至阿基里斯，都親身照料廚火，像這樣為慶典而下廚不但無損威望，反而更令人景仰。《利未記》中種種規矩旨在增添主祭祭司的權威，條文中格外用心明列哪一部位的肉須保留給祭司。根據注釋者的看法，食肉行為之所以成為儀式，是為了確保社群藉著餵飽祭司，來扶持祭司階級。

燒烤師傅在砧板祭壇上給肉調味（甚至還有在後院指揮烤肉的丈夫），就用上了此一殘餘的古老文化資本。這樣的資本竟流傳了兩千多年，不但令我驚異不已，也讓我覺得有點荒謬。正因如此，我們真該將這資本交給當今掌握火、煙、烤肉和社群的大師。ＢＢＱ燒烤師傅著實好樣，讓這齣老戲繼續上演。

10 基督徒的聖餐大致亦然，領受聖餐者象徵性地飲食基督的血和肉。

那天晚上，我在威爾森燒烤舞台的第二回合用餐時光唱起了獨腳戲。奥布雷只拿了十二小時一班的酬勞，一到傍晚六點就不見人影，我連一聲再見也沒機會跟他說。由於這場烤肉大會有一項賣點，就是本地英雄米契爾將舉行燒烤講座和示範表演，這表示他手拿麥克風時，我得在砧板邊自力更生。情況演變至此，米契爾看來卻出奇地鎮定冷靜。因為之前並沒有人通知我奥布雷下班了，我也就沒什麼時間緊張。

在我看來，在做正宗的燒烤全豬（請恕我用此名詞）時，你可不會想要按時計酬。說實在的，這種烹調方法耗時的成分大過費力，難以想像它會在以雇傭勞動為常態的社會生根。BBQ燒烤的節奏比較適合由佃農或奴隸組成的前現代經濟體。這樣的經濟體加上燒烤的火力，在在促使「慢」（豬肉也好，木材燃燒的煙也好）成為南方燒烤的關鍵材料，更廣泛來看，亦是南方文化的重要成分。阿拉巴馬的燒烤師傅厄爾斯金對記者說：「眾所周知，南方人做某些事情時有慢條斯理的傳統，在烹飪時也是這派作風。他們坐下來，好整以暇，讓肉自然變熟，不會急急忙忙燒菜，這是南方才有的傳統。」

我這下明白他的意思了。米契爾和我共度的那一個下午，懶洋洋和遊手好閒的程度，就我記憶所及，真是數一數二。我們在爐旁或站或坐，表面上仍在「烹飪」，卻幾近無所事事。我們就只是用文火慢慢地「讓肉自然變熟」，在這過程中真的沒什麼事好做。

然而這會兒客人來了，米契爾也上了講台，一切加速進行，說實在的，變得有點慌張起來。我跟前的砧板上有熱騰騰的半條烤豬。米契爾在台上對觀眾解說流程，不時講起他和電視名廚費雷在《食物頻道》節目中對決的故事，為他的講座添油加醋。我則戴著滑稽的黑丙烯手套，忙著剔除肋骨和其他骨頭，還要把肉從一大片豬皮上剝下來。接著，我雙手各持一把肉刀，開始剁那一堆各部位都有的烤肉，將之大致剁碎，堆成一座肉山。我保留一部分五花肉沒剁，以便隨時調節烤肉的油潤程度。菜刀拿起來比看起來沉重，持續反覆剁肉的動作，使得我前臂痠痛無力。奧布雷剁的肉像肉末，較碎且大小一致，我則決定剁得粗一點，部分是因為我比較喜歡這種口感，另一部分原因則是，我的手快斷掉了。米契爾對群眾講解我正在做什麼，我就在眾目睽睽之下為這一大座肉山調味，先加了大約三公升半的醋，然後像播種似的，將幾把糖、鹽、紅椒和黑胡椒撒在這一大攤肉上。

群眾當中有人喊：「可別忘了皮！」接著又有另一位說：「對，給我們好吃的脆豬皮吧！」幸好米契爾上台前已將一大塊豬側的皮烤脆，因為從群眾的鼓譟聲聽來，這群飢餓的人可是等不及我現在才動手烤脆皮。我拿刀將脆皮剁碎，抓了好幾大把摻進肉山中，再把剩餘的脆皮堆在托盤上，由服務人員輪流端到各桌。這些紅褐色的豬皮一出來，大夥似乎都瘋了，反倒沒怎麼留心滿場的啤酒和紅酒。我真不願意揣想，萬一我忘了加脆皮，又或者——天啊，千萬不可——把皮烤焦了，會惹出何等事端。

VI　紐約市曼哈頓

我在威爾森突然當上明星之後，過了數星期就有機會參與ＢＢＱ燒烤巡迴表演，這是最後一回，舞台大多了。米契爾、奧布雷和烤窯餐館的人馬將開車北上曼哈頓，參加第八屆一年一度的「大蘋果ＢＢＱ燒烤街區派對」，米契爾邀我前往紐約幫點忙。比起北卡州威爾森，這聽來就像參加百老匯的首演。曼哈頓從來就不怎麼熱愛ＢＢＱ燒烤，餐飲業者梅爾在曼哈頓擁有多家生意興隆的餐廳，他在這陣容中加入了一家名為「藍煙」的高檔燒烤館後不久，便明白了這一點。紐約人就是不懂得ＢＢＱ燒烤，對ＢＢＱ燒烤真正有所了解的人又懷疑這樣的館子怎麼可能道地。梅爾和藍煙的行政主廚卡拉漢於是有了構想，要在六月的一個週末，邀請美國的頂尖燒烤師傅來紐約市，藉以教導紐約客什麼是「正宗ＢＢＱ燒烤」。就人均而言，紐約人擁有的烤架數量在美國是最少的。活動的另一目的，就是要介紹藍煙自己的燒烤師傅，還有阿拉巴馬州的李利、南卡州的海古德、德州的鄧肯、密蘇里州的史提爾以及北卡州的米契爾等燒烤界名廚。按照他們的構想，藍煙可因此沾點光，從這些燒烤大師身上擷取一點正宗色彩。客座的大師則可售出成噸烤肉，並在全國媒體曝光。經過七年的努力，紐約市顯然已發現ＢＢＱ燒烤的美味。這一屆預計會有十二萬五千人來到麥迪遜廣場參加兩天的盛會，圍在烤爐四周，以每份三明治八美元的代價，品嘗烤肉之味。

我在星期六一大早現身，此時米契爾已率領手下，在鄰近第五大道的第二十六街南側架好了帳篷、烤爐和砧板。一輛十八輪的白色大拖車停在第五大道口附近，占去幾近半個街區，車身上漆著米契爾微笑的臉龐，有公路廣告牌那麼大。前一晚，車裡吐出了八具容量逾一千公升的烤爐、十六頭豬、數張桌子和砧板、菜刀、鏟子、一袋又一袋的長方形木炭，還有數不清（事先調好）的烤肉醬。米契爾和奧布雷前晚六點便將豬送上烤架，兩名餐廳員工整夜沒睡，負責看守。麥迪遜廣場公園從來就沒有這麼好聞過，在初夏夜的和風中，十五座不同的烤窯冒出煙氣，揉合成誘人的香味。

兩名工作人員各掌管一張砧板，奧布雷請我接管其中一張，跟米契爾的成年兒子雷恩並肩幹活。這時不過上午十一點，人群卻已受到烤肉香和米契爾的大名所吸引，紛紛湧來。自從二〇〇三年首屆大蘋果ＢＢＱ燒烤街區派對舉辦以來，米契爾一直就是盛會最大的賣點。

他是唯一燒烤全豬的師傅，也是活動中僅有的黑人師傅。你簡直可以看到麥迪遜公園的人潮上空彷彿飄浮著一個漫畫對白雲，上頭寫著「正宗」。

這會兒，我自認已夠了解燒烤，就直接上場，動手去剁奧布雷送到我砧板上的那一塊烤得赤褐漂亮的豬肉。在曼哈頓街頭看到燒烤全豬的景象，像是不同的領域或時間產生了碰撞，散發著出奇的魔力。然而，沒有什麼是曼哈頓無法吸納的，過了一會兒，這副景象感覺起來便已差不多正常了。我自命不凡，以為自己學會了幾招，可是過了沒多久，情況就變得明朗，我可不是在北卡州的威爾森。說實在的，我根本招架無力。烤窯餐館的服務人員十一點整開始賣三明治，第一批頃刻間銷售一空，負責做三明治的工作人員開始喊著要更多烤肉，愈喊口氣愈強硬。我竭盡所能盡快剁肉，可是再怎麼加快速度也有限度。我手臂愈來愈疲軟無力不說，還得小心挑出肉山中殘留的小骨頭或細碎的軟骨，這才能把烤肉交給服務人員。萬一有脊椎骨沒挑出，噎到了誰，那可如何是好？就人均而言，曼哈頓的或擁有最少的烤架，可是律師的人數肯定是最多的。三明治料理檯上的人卻不肯停止叫囂，「拜託，再來點豬肉！這裡需要更多的豬肉！」我已經卯足了勁盡快剁肉、往烤肉堆上拚命加醬料，一邊尚需翻揀肉堆，要是有可疑的白色碎屑就得剔除。我一把堆得高高的一大盤烤肉交給三明治檯，奧布雷就將另一頭熱騰騰的烤肉送至我的肉案，整個過程又從頭來一遍。

（那，脆皮呢？您竟然提出這問題，真不好意思。我們的流水線進行速度太快，根本就沒空將皮烤脆加進肉裡。不過，算我們運氣好，群眾當中僅有寥寥數人夠精明，開口索取脆皮，而就算這些人也不願意等候，所以，今天沒有脆皮。）

我難得偷空從砧板上抬頭看一眼，瞧見米契爾那顆圓滾滾且黑白分明的腦袋正在跟群眾閒聊，大夥一臉開心，可是在我看來個個又都一副永不饜足的模樣。沿著第二十六街一路下去的天鵝絨繩後面，想必有數千人等著要吃他們的烤肉三明治，需要餵飽的人數之多，遠遠超過我們的期望。我急匆匆地剁肉，這會兒的節奏簡直就是狂亂到不行（還有別的品質控管問題），衣服上濺滿了熱油。然後，我猛地留意到，我的兩隻腳又濕又燙，低頭一看，烤豬熱燙的油正從砧板往下流淌，淋濕我的運動鞋和腳。奧布雷表示要換班讓我休息時，我鬆了一大口氣。

我感恩地離開炙熱的烤爐，脫離煙火和剁肉時四濺的肉渣，還有飢餓的人群與不時叫嚷的三明治工作人員（「再來烤肉！我們需要更多烤肉！」），讓自己吹吹風、透透氣。我看得見米契爾沉穩地遊走在滿坑滿谷的紐約客之間，不時接受訪問，然而我無法靠過去向他道別。他以拿手絕活迷倒了群眾，在曼哈頓演出的這場好戲，肯定是歷來最亮眼的一次。能在紐約市扮演燒烤搖滾巨星，米契爾顯然無比開懷，我卻發覺這一幕歡樂的景象存有隱憂。烤肉顯然無法供應所有人，我不由得納悶，群眾要是發現沒有烤肉了，在失望之餘不知會有什麼反應。

我後來得知，下午一點烤肉銷售一空，整整八條豬、兩萬份三明治，不到兩小時便一掃而空。米契爾可能對群眾打了包票，明天還會有烤肉，還會有八條豬，而人潮想必就流到其他攤位，吃別攤的三明治。不過那時我早已告退，迫不及待想避開人潮和炎熱。

我繞著麥迪遜廣場公園慢慢走了一圈，察看其他烤肉攤位和師傅。這稱得上烤肉聯合國，重要流派都到齊了：南卡州以芥末打底的獨特醬料、曼斐斯的肋排、德州的烤燻腸和牛胸肉。燒烤大師清一色是男性，個個生意活絡，個個都有光鮮的裝備。不過，最厲害的要屬來自查爾斯頓的海古德，他的家當是一輛車身鮮紅如消防車的雙層巴士，有如行動烤肉館，底下一層是設備齊全的廚房，有六座烤豬的爐子，還有螺旋梯直通上層，那裡布置了餐桌。

我和海古德聊了聊，得知他原在查爾斯頓擔任保險經紀，覺得日子過得無趣，後來發覺自己內心住著一位燒烤師傅。我驚訝他仍未完全擺脫舊日的工作（甚至包括辦公室事務）。他解釋說：「你得努力經營自己的角色，那就叫做行銷。」

海古德這輛燒烤巴士的二樓平台視野很好，可以俯瞰整個活動場地。我坐下來幾分鐘，喝了一點冷飲，喘口氣。BBQ，放眼望去皆是BBQ烤肉，成千上萬的人捧著盛在紙盤上的豬肋排和烤肉三明治，穿梭在山胡桃木繚繞的芬芳煙氣中。曼哈頓有多少年沒見到過這麼多豬了？我猜有三百多頭豬為餵飽這週末的人潮而犧牲生命。又有多久沒見到這麼多的柴火炊煙了？

這年頭，曼哈頓堪稱世界美食首都，這些燒烤師傅的形象卻與典型的紐約大廚判若雲泥。紐約的大廚自認為藝術家，食客也讚賞新奇的滋味和用餐經驗，但燒烤師傅的世界卻有如前現代，直截了當，毫無隱晦或反諷，幾乎有史詩意味。與其崇尚新奇，不如追求純正，這些師傅腦子裡根本沒有求新求變的念頭。你要如何改良BBQ烤肉？他們擁有的是露天且完全客觀具體的世界，每一樣事物都明亮突出，當然有很多煙，卻沒有陰影，沒有微妙含蓄，沒有灰色地帶。燒烤師傅只運用烹飪古老的本色，只有木、火、煙和肉，他們致力追求的不是創舉，甚或不是新動向，而是忠實。

相較於當代大廚，燒烤師傅呈現的形象更像祭司而不像藝術家，且各有擁躉，各有敬拜儀式，按照薪火相傳而非創新的工作方式審慎行事。瓊斯家族的山繆爾在艾登對我說過他心愛的金句：「我們的BBQ燒烤有如欽定版聖經。」有哪位大廚會如此宣稱？燒烤師傅做的工作、烹調的食物和他們那一句句順口溜，都如詩人荷馬，處處遵循公式。他們將自己形塑成特大號的英雄角色，行事有史詩英雄的典型作風，與其說是自我中心，不如說是性好自吹自擂。對他們而言，自吹自擂無妨，因為他們並不是在為自己發言，而是在為典範，或更棒的是，在為部落（燒烤風格相同的族群）發聲。「我是看守火焰的老傢伙，我不想看到有人忘了一件事，就是你可不能從整條豬身上取下香腸，烤了那些香腸，然後稱之為ＢＢＱ燒烤；不能從那條豬身上取下肋排，稱之為ＢＢＱ燒烤；不能取走下肩胛，稱之為ＢＢＱ燒烤。你得先烤好整條豬，一切都來自燒烤整條豬。」米契爾對南方飲食聯盟的口述歷史學家如是表示，箇中帶有不算小的欽定版聖經意味。

這些人簡直就像在小說創作好之前，便已建立自己的角色。所以，除了二十一世紀曼哈頓以外，哪裡還有更好的舞台可以凸顯這些刻劃清晰的角色、上演豬遇見柴火與時光這齣強悍的戲劇？我坐在海古德光鮮亮麗的烤肉巴士二樓，俯視麥迪遜廣場花園另一端，看了米契爾最後一眼，他那顆圓滾滾的腦袋如黑白相間的月亮，浮在人潮之上，照亮紐約的人潮。

VII 加州柏克萊

我直到回到家，進行了幾次實驗，才領悟我在北卡羅萊納究竟學到多少用火烹調的知識。我向認識的愛荷華州豬農貝克訂了豬肩肉，貝克以露天養殖傳統品種，到了秋天再餵食橡實。我也訂了櫟木和杏木柴，著手用這些木柴在我家前院的烤爐烤肉。我用數量多到難以啟齒的木柴生火，因為如今我已明白，用來烤肉的，並不是火，而是餘燼，是悶燒的木炭（雖然米契爾妥協用了商用木炭）。我總算可以把肉擺上烤架時，之前燃燒木頭所製造的煙，八成可以燻製一整倉的菸草。不只是南方的燒烤師傅，還有我在行旅中接觸過的其他用火烹食的廚師，那些在巴塔哥尼亞和巴斯克等遙遠的地方按傳統方式烹飪的人，都教會我一件事：得先燒木頭才能燒菜。

豬肩肉裝在大得驚人的箱子裡運到，完全出乎我的意料。你對肉販說「肩胛肉」，他會切好兩、三公斤的肉包給你，不是從肩膀切下的梅花肉，就是前腿最上方的肉，後面這部位有時又叫做「野餐腿肉」或「波士頓臀肉」，頗令人不解。然而，在批發市場訂肩胛肉，顯然指是豬的一整條前腿，厚厚的豬皮和小巧的豬蹄一樣也不缺，我打開箱子時，這整條腿便映入眼簾。依我看，要烤整條腿也可以，但我膽量不夠大（吃客也太少），於是打電話給一位大廚朋友，請她代勞支解這條豬腿。她向我示範如何剔骨取肉，並將肉切成較易掌握的三大塊。收拾整條腿的好處是，分切下來的每一塊都還連著皮，這表示我能夠試著烤脆皮。我們用利刀在厚豬皮上切菱形紋，這樣更容易逼出油分，將皮烤脆。

我用的是舊的淺球形鐵烤爐，直徑約一百二十公分，聽賣烤爐給我的人說，他是在印度發現當地人都用這器具煮街頭小吃。底部夠寬，可在一側生火，然後把烤架放在另一側，並把燒好的柴鏟到烤架底下。不過，要在這麼大片的區域上加蓋看來相當麻煩。截至目前為止，大夥能想出來的最好辦法做起來並不怎麼優雅：把幾截螺紋鋼筋折彎，塞進形似圓頂帳篷的爐框中，蒙上一般用來包覆熱水爐或汽缸體的銀色絕緣毯。成果看起來像土法煉鋼的火星人太空船，但是拿來烤大塊的肉，的確管用。

我在自家前院燒烤，花了好多時間看火，等著爐火慢慢不再火苗直竄，木頭燒得四分五裂，變成悶燒的木炭，然後將炭鏟到肉底下。盯著一堆燃燒的木頭看，具有催眠的效果，火焰似乎掌握了你的思緒，讓思路朝四面八方散開。與眾不同的法國哲學家巴舍拉表示，哲學本身始於火堆前，衍生自因看火而泉湧且馳騁的靈思。

巴舍拉並未為該說提供任何佐證，可是此說帶有某種詩意的真理，而他感興趣的也只有詩意的真理。他在一九三八年寫了一本既薄又難以理解的怪書，名為《火的精神分析》，用意主要在抗議現代科學對火的了解日愈簡化。[11]科學家和詩人一樣，一度為火而著迷，火似乎是所有轉化現象的關鍵。然而今非昔比，人類有信仰以後，一直相信火具有強大的力量，是構成現實世界的元素，科學家如今卻告訴我們，火不過是附帶現象，是簡單直接的化學程序的可見痕跡，又稱「快速氧化」。

不過，儘管火「再也不是科學的現實」，可是在我們的日常生活經驗和想像中，火仍然如兩千多年前古希臘哲學家恩培多克勒所主張，是和土、風、水一同構成世界的四大元素，既是本有的，也是無法摧毀的。現代科學家早就用一百一十八個化學元素構成的周期表來取代古典四元素，然而，就像文學評論家費萊在巴舍拉著作的序文所寫的：「對詩人來說，土、風、火、水，永遠是四元素。」

不過，無論火是否為構成物理現實的要素，我們都可以說（科學界如今似已可接受），對火的掌控，構成了人類，構成了人性。藍翰在《找著火》中寫道：「動物需要食物、水和庇護。我們人類也需要這種種事物，然而，我們還需要火。」我們是唯一依賴火維持身體熱能的物種，是唯一非得烹煮食物不可的物種。如今，對火的掌控早已植入我們的基因中，不但關乎人類文化，而且關乎我們的生活規律。如果烹飪假說是正確的，火讓食物釋放更多能量，並且在體外替人類代勞一部分的消化功能，從而促使人腦變大許多，那麼，至少就這個角度而言，巴舍拉說火促成哲學的產生，言之有理。說到火促成的事物，他或可再加上音樂、詩歌、數學和書本。

廚火，也就是我在自家前院照料的這一種火，也有助於讓我們成為社會的一份子。歷史學者費南德茲—阿梅斯托就說：「火具有凝聚社會的力量。」火首先讓我們聚集，或許從而改變了人類的演化方向。廚火為人類汰擇，留下可容忍其他個體的個體，他們能夠與別人眼神交會、合作並分享。費南德茲—阿梅斯托寫道：「火與食物一結合，就為社區生活創造了不可抗拒的焦點。」（「焦點focus」的字源，其實就是拉丁文中的「壁爐」。）廚火的社會吸引力似乎永遠不滅，每當我的客人信步走到戶外，看著他們的晚餐在火上滋滋作響，逐漸焦黃時，或鄰居晃進我家院子，想弄清楚到底是什麼那麼香時，我就會想起這一點。

我們的日常生活愈來愈少開伙，廚火凝聚社群的力量卻似乎更形強大。要述說烹飪的歷史，有一個方式就是，講述人類在操控廚火以後，廚火卻逐漸自我們生活中消失的經過。一開始人類堆石成爐，把火帶至室內，跟著用鐵爐和鋼爐生火，到了我這時代，就完全用無形的電流和關在玻璃和塑膠盒中的無線電波取代。在烹飪（與想像）的光譜上，電磁爐完全站在與廚火對立的另一端，發揮某種**抗地心引力**。它那無焰無煙冰冷無感的熱能，讓我們有一點毛骨悚然。微波爐是反社會的，廚火則可凝聚社會。有誰會圍在電磁爐邊呢？那機器呼呼作響的聲音又能勾起什麼奇想呢？除了那在轉盤上慢吞吞旋轉、給單獨用餐的人食用的「一人份」食物外，我們隔著防輻射的雙層玻璃看到的，又有什麼呢？近年來，火烤類的烹飪有復興之勢，這或許是拜了微波爐之賜，因為微波爐驅使我們走回戶外，靠向火邊，再次重聚一堂。

11　巴舍拉在導言中開宗明義地警告我們：「讀者讀完本書時，知識將不會有所增長。」

……不過，話說回那一盆火，正在我家前院燒的火。

我等火苗平息了，木頭燒裂了，才想著要把肉放上去。不論是露天烤肉，還是燜爐慢烤，都得如此。燒柴的煙比燒木頭的煙溫和多了，我愈來愈覺得這種幾乎看不見的煙，是一種「二手煙」，沒有燃燒原木那種帶著焦油氣的嗆味，散發出較雋永細膩的木頭風味。

以BBQ燒烤來講，效果最好的似乎是先在烤窯中生好火，然後把煤鏟進可以蓋起來的圓球形烤爐。我把通風口關上，只留下微乎其微的縫隙，目的是讓溫度保持在大約攝氏九十五至一百五十度之間。溫度若高於此限，肉會烤焦；低於此限，肉就烤不熟。理想的狀況是，不要讓「母火」全滅，因為可能需要再添炭。我先在炭堆鏟出一小塊空間，在那上面擺一張用過即丟的錫箔紙盤，好用來盛接烤肉滴下的油脂，這才把肉放上烤架。我在錫箔烤盤上倒了兩、三公分高的水，以防盤內油脂燃燒，同時保持烤爐內的濕度。

接下來，無所事事的時候到了，而且像這樣除了不時瞄瞄烤肉，什麼也不做的情況，要持續好一陣子（也因此，你得留在家中，不能出門）。這時，如果你是單獨一人，就可以開始做白日夢了；要是有友人為伴，則可以喝酒談天。我每回都必然發覺，到了下午某一刻，火力不是變得太大，就是太小。我所認識的每位燒烤師傅都說，關鍵在於控制，而控制火力比讓火力一直維持不變還要容易。打開通風口再關上，應該就行了。要是不管用，得添加或減少熱炭，就比較麻煩且危險了。

到了這當兒，那些瞧不起別人用瓦斯或木炭烤肉的人，可就要受到考驗了。其實，我得坦白講，我到目前為止用過的辦法，效果最好的要數丙烷。烤豬肩需要至少六小時，最好能再多烤兩三小時，風味才無可挑剔。可是要讓慢火悶燒那麼久，並不容易。因此，與其讓母火持續燃燒，並且舉高火燙的烤架，在下頭添加新炭，我寧可在烤爐內的溫度降到大約攝氏一百〇七度以下時移出烤肉，這時肉大約已吸夠柴煙香，而肉一旦熟了，便無法再吸收這香氣。這會兒，肉只需要慢慢加熱，以攝氏約一百二十至一百五十度再烤兩小時就好。何況，如今我早已從米契爾等諸位師傅那裡學會更有彈性、更圓融地看待「正宗」這個概念。

我把豬肩移到瓦斯烤肉爐上時，肉的內部溫度在攝氏七十度左右，豬皮已與肉分離，裂成小塊，帶著柴香，但摸起來觸感仍如橡皮。如果讓肉保持這溫度，肉質會變柴變老，若這時讓肉出爐，得到的不會是ＢＢＱ烤肉，而是烤得太老的豬肉。

然而，一旦豬肉內部溫度達到大約攝氏九十度，就會發生奇妙的變化。如果你在烤肉時不時戳戳肉，就能感受到其間的轉變。原本戳下去很緊實的瘦肉，突然變鬆了，溫火慢烤使得膠原融化，成為濕潤的膠質，並使肌肉纖維鬆開，肉質變得柔嫩多汁，一拉就散。只要一切按計畫走，豬皮這時應已烤成一塊塊珍貴的脆皮。

好了，接下來只要切肉、調味，足夠正宗的ＢＢＱ烤肉就大功告成了。誠然這並非烤全豬，而僅是豬肩，但豬肩有好幾種瘦肉，還有大量的肥肉，不算冠軍也算亞軍。我頭一回烤出美味、近似正宗且含有脆皮的烤肉時，真想打電話給米契爾，向他報告這個好消息，順便自吹自擂（我眼下就正在吹牛），同時認真考慮參加烤肉比賽。不過，我終究冷靜下來，打電話給幾位朋友，請他們過來吃即興的晚餐，享用我所做過美味程度數一數二的烤肉三明治，而這一回我無疑自豪到無可復加。

VIII 終曲：西班牙阿克斯皮

我還必須談談最後一種廚火。這種火令我覺得，儘管人類使用火已經兩百萬年了，可是用火來烹飪的方法，或許仍有開發的空間。我在西班牙巴斯克地區一個名叫阿克斯皮的小鎮發現這種火。小鎮位於聖塞瓦斯蒂安和畢爾包這兩城之間，坐落在岩石嶙峋的山巔，鎮上的廣場上有一間並不很起眼但古老的石屋，裡面有一位無師自通的大廚，名為阿爾昆索尼茲，其人五十來歲，原是伐木工人兼電工，他一直默默且專注地重新書寫用火烹飪在二十一世紀的定義。

我在曼哈頓和米契爾一同烤肉後不到二十四小時見到阿爾昆索尼茲，這兩人堪稱南轅北轍，分屬的世界也有天壤之別。阿爾昆索尼茲不愛接受訪談，沉默寡言，起碼在烹飪時惜話如金，因為他掌廚時必須全神貫注。那時若到他的廚房參觀，一開始會覺得自己是闖入者，繼而會感到他根本把自己當成隱形人。他為人虛懷若谷，清心寡欲，身材高瘦，肚皮卻頗具分量，頭髮如煙般灰白。他喜歡單獨幹活，難得離開阿克斯皮（他成長的老家既無自來水也沒有電，母親只用木柴起火取暖燒菜），不熱中於發表任何宣言，但或有一句例外，那就是：「木炭是敵人。」他認為烹飪就是犧牲，不過我不久以後明白，他指的是掌廚者的犧牲，而不是他烹烤的活物。

其「新屋燒烤餐館」（Asador Etxebarri，在巴斯克語中意指「新屋」）的廚房有鋥亮的不鏽鋼廚具，方方正正的幾何形狀，六具由他自己設計的烤架沿著牆面一路排開，所用的熱源就只有燃燒木頭的烈火。烤架對面的牆邊有兩座高可及腰的明火烤爐，每座都堆著燃燒的木柴。阿爾昆索尼茲每天早上會和他的二廚海斯提（澳洲人，非常健談，但很維護老闆）在這兩座烤爐中燃燒大量的本地櫟木、柑橘木、橄欖木和葡萄木，製作木炭。阿爾昆尼索茲只用這些木炭烹飪。

他用木頭來替所有的菜色增味，每道菜用上不同種類的木頭，甚至不同種類的餘燼（燒得通紅或灰白，越燒越旺或越燒越弱）。烤牛肉時，他用燒得很熱且芳香的葡萄籐；烤干貝時，用漸熄的櫟木餘燼，如此干貝的風味會更細膩。燃木烤爐上方各有一具活塞突出於牆壁，這讓他可以精準控制氧氣量，從而可控制木炭的溫度和燃燒時間。

廚房後紗門旁邊有一間小披棚，整整齊齊地堆著不同種類的木柴，上方有一箱箱農產品——番茄、韭蔥、洋蔥、蠶豆和朝鮮薊。大多數產於附近山上的菜園，種菜的正是他八十九歲的父親安荷爾，這麼做主要是因為他在市場上找不到值得烹調的食材。（他以略帶不屑的語氣告訴我：「所有東西都濫用化學品。」）廚房外面有個屋子，龍蝦、鰻魚、海參、牡蠣、蚌殼和各種魚類等海鮮就大多養在屋內的海水水族箱中（在山區養水產可真不容易），要到火已備好的那一刻，才撈出生猛海鮮現烤。

我待在阿爾昆索尼茲廚房的那個下午，他穿著黑T恤和寬鬆的灰長褲，沒繫圍裙，衣服卻一塵不染——他烹調時難得用上任何汁液。我本來打算問問能否當幫手，就像在北卡州時那樣，不過很快就領悟，在這裡提出這問題，有如問腦外科醫師能否讓我幫點忙。海斯提明白表示，我能進到廚房，就已夠走運了。

餐廳裡每一道菜都是現點現做，急也急不來。第一張點菜單進來時，我看著阿爾昆索尼茲用一把不鏽鋼小鏟子舀了拳頭大小的悶燒櫟木塊，用來烤海參。海參外形令人想起魷魚，是一種白色帶條紋的海中生物，質地略似橡皮，棲息在海床上。這種動物需高熱快烤，以破壞強韌的外皮。阿爾昆索尼茲先仔細端詳木炭，耐心地等炭燒到夠熱了，才將海參放到烤架上。每具烤架上方有一只不鏽鋼輪子，輪上連著鋼索和砝碼，這使他得以微調食物和火之間的距離。等他判定炭夠熱了（完全靠目測，我從頭到尾都沒看到他把手放到火的上方測溫），就把海參放上去烤，並噴上一層油霧，他認為如此可幫助食物吸收木頭的香氣。然後，他就默默地等候，眼睛盯著海參看，似乎看得入迷了。他在等著海參表面開始出現似有若無、與紋理互成直角的烙痕，這時就得將海參翻面，只翻這麼一次。

接下來，我看著他「烹調」牡蠣。他選了一小塊完美的炭，用鉗子夾，置於那豐滿的鴿灰色橢圓形貝肉下方，就這樣而已。我想起艾登的郝爾如何把冒煙的木炭鏟到烤豬的下面。基本工序是相同的，然而這種烤法能有更大的差異嗎？火看來是千變萬化的，煙亦然。阿爾昆索尼茲其實並不想烹調這顆牡蠣，而只想讓那裊裊的橘色柴煙包住牡蠣，前後不到三十秒。在這一段期間，他彷彿在和牡蠣比賽瞪眼，看誰瞪得較久。他悶聲不響，始終沒動手去碰牡蠣，我只能猜想，他是在觀察牡蠣表面的反射力是否發生變化，亮度一有了某種改變，就表示烤好了，或者該說，可以端上桌了。他隨即將牡蠣傳給海斯提，後者輕輕將貝肉倒回殼中。阿爾昆索尼茲彎腰，在貝肉上撒了一點海鹽和一匙灰白的泡沫，那是方才挖牡蠣時留在殼中的汁液，海斯提已將之打成泡沫。

我品嘗了阿爾昆索尼茲烹飪的十二道菜，每一道菜連同奶油和餐後甜點多少都浸潤過柴煙。食譜聽來容或單調，可是食物一點也不單調，箇中奧祕，令我不解。至於那顆牡蠣？那是我吃過最有牡蠣味的牡蠣。不知怎的，煙香並非融入牡蠣的滋味中，而是相偎共存，形成完美的平衡。煙香使得牡蠣濃郁的海水味更突出，就好像我們原本可能會視而不見的景色，在窗框的襯托下更能贏得我們的讚賞。許多道菜似乎都是這樣，分量和種類都恰恰好的煙氣，凸顯加強了章魚或鮪魚肚的原味，就像小心斟酌加鹽可以帶出食物的各種風味，而不致喧賓奪主。

餐畢，我開始想，阿爾昆索尼茲應已揣摩出如何將煙當成第六味來運用。至不濟，煙也該跟酸甜苦鹹鮮這五味平起平坐。煙或許是味道中最基本、最主要的成分之一，也或許，由於柴煙是熟食最早的風味，因此，起碼可以視為我們首次用火來烤生食時所賦予食物的滋味。總之，我受到阿爾昆索尼茲廚藝的啟發，而作出以上的猜測，他的烹飪是那麼原始又那麼細膩，以至於變成為對烹飪本質的冥想。

我和阿爾昆索尼茲在餐廳外面的野餐桌旁就座，他談起用柴火燒菜是「向生鮮農產致敬的最好方法」。對他而言，火的意義不在於轉化自然，不在於轉化他採用的動植物和蕈類的本質，而是為了達到較近似於突顯自然的作用，讓食物都更像自己，而不是其他東西。

阿爾昆索尼茲解釋道：「烤架要做的事情是，顯現生鮮農產的品質有多麼高超或平庸。」因此他不厭其煩，只想要最新鮮最好的農產。對他來講，烤架是工具，用來探索自然界、海裡和牧草地上的動物（他替我烤得那塊牛排，好得不可思議。肉來自於一頭十四歲的乳牛，他用燃燒葡萄籐的猛火快烤，同時將牛排兩面烤焦），還有木頭，他用來烹飪的各種樹。樹顯然是這位林中之子的初戀情人，他烹飪的每一樣食物都染沾了樹木的風味。不過，阿爾昆索尼茲堅稱煙並不是他的工具，他認為煙的滋味和氣味都太粗糙，他是用木頭的「香氣」或「香味」來給他的食物調味，這令我很意外。不過，難道木香不是經由煙而與食物溝通交流嗎？「不，不是煙。」他堅持表示。這令我大惑不解，不是詞不達意的翻譯，就是燃燒樹木的形而上意義，造成我的困惑。

在他看來，沒有哪一種食物不能用火來增強風味，所憑藉的是火那「並不是煙」的特質，不過到底該如何達到增強作用，並非始終一目了然。「我的烹飪是尚未完工的事業，我還在做實驗。」眼下，他正在探究如何烤蜂蜜。阿爾昆索尼茲身為金屬工匠，打造出帶有不鏽鋼網的鍋子，網眼細密到可以用來「烹調」纖細小巧如魚子醬的食材。海斯提說，他目睹阿爾昆索尼茲用一公斤又一公斤的魚子醬（一公斤三千兩百美元）做實驗，直到這道菜夠格寫上餐館菜單，過程令他心痛不已。為了烹烤淡菜，他打造類似圈形蛋糕模形的鍋子，讓煙可以穿過中間的通風管，不但可以給帶有海水鹹味的淡菜汁增香，而且這汁液一滴都不會蒸發流失。至於奶油和冰淇淋，他將鮮奶油盛在未上釉的陶鍋中，稍微熱一下，讓奶油間接沾染微乎其微的煙香，或者應該說是木頭的香氣。

說實話，我在「新屋」吃的這一餐，從第一道到最後一道都是變種的煙燻鮮奶油，而這就算不是我在探討火烤這整段期間最難忘的味道，也是那天下午最令我永生難忘的滋味。阿爾昆索尼茲自己攪製奶油，端上桌時並不附麵包，而請客人像吃上等乳酪似的，就這麼單吃，而他那以牛奶及羊奶製成的奶油，則在探究自然在將青草轉變為乳脂時發展出的兩種方法之間的對比。不過，那似有若無的煙燻味（或隨你想稱之為什麼），引出奶油中某種無以名之的東西，完全在意料之外，甚至可說濃烈辛辣。

鮮奶油是奶當中最豐腴也最甜的部分，當然也是我們最早接觸的滋味，早在我們吃到熟食的味道前，便已品嘗這生命中的第一口新鮮、純真滋味。而煙（或灰燼，其中一種奶油上撒了少許的灰燼）不正與那份新鮮相反嗎？一匙冰淇淋從而融合了純真和歷練。誰也無法用「陽光男」一詞來形容阿爾昆索尼茲，他推敲出一個辦法，讓享用冰淇淋這份原本簡單的幸福，蒙上一抹一閃而過卻令人涼颼颼的死亡陰影。

你或許會說，那是黑暗甜點，你說得沒錯，然而，發現竟有人可以用這麼少的東西（只用最好的材料和木柴燒的火），達到這麼大的效果，對我而言，是無比快樂又充滿希望的意外。我在阿爾昆索尼茲的廚房中目睹並嘗到完美的火候。在北卡州看來古老的廚火，在西班牙這裡似乎得到新生，生氣蓬勃，充滿潛力。

我當然並未料到會在當代西班牙有此一發現，近年來，西班牙以「分子廚藝」而著稱，這種作法繁複的烹飪仰賴科技的成分遠大於自然，或按廚藝界如今的說法，「農產品」。阿德里亞可能是全球最著名的分子廚藝大廚，他的著名事蹟是以液態氮、黃原膠、合成的風味和質地，以及各種現代食物科技工具作菜。他很欣賞阿爾昆索尼茲的廚藝，經常來「新屋」用晚餐。根據《美食》雜誌報導，阿德里亞曾表示：「要是我當初並沒有那樣做菜，阿爾昆索尼茲說不定就無法像現在這樣做菜。」這話聽來自大得驚人，我唸給阿爾昆索尼茲聽時，他微微發火，然後輕輕揮揮手，像趕蒼蠅似的。

他告訴我：「阿德里亞為未來而烹飪，我對回到過去比較感興趣。不過，我們往回走得越遠，往前就也可以走得更遠。」

「眼下，還有人想完全不用農產品來烹飪。」完全不用從自然界得來的材料，他相信那會是死路一條，「你騙得過味蕾，卻騙不了胃。」

然而，就某方面來講，阿德里亞將自己的烹飪方式置於阿爾昆索尼茲之前，說不定也言之有理：要不是我們的文化始終在追求超越，除了分子廚藝之外，還有人造風味和色素、各種合成食物的經驗，甚至包括微波爐，凡此種種都為我們作好準備，使得我們得以嘗到阿爾昆索尼茲的廚藝，能夠欣賞他稍微有點瘋狂、如此鑽牛角尖地探索木材、火和食物的本質。不論在何處，如今都是味蕾疲乏的時代，人們愈發渴求下一種新的味道、下一種新奇的快感、形形色色的中介型經驗。我們會追索到什麼地步，何時會興味索然，仍是未知之事，可是，我們漂流在這片發明和奇想的大海上，難道不是一遇上迷航的絕大風險，就划回大自然這堅實的海岸嗎？雖然我們返抵的海岸，未必是我們啟程的地方，然而，海岸始終不會辜負我們。

「這種烹法和人類一樣古老。」阿爾昆索尼茲如此回答我的提問。我的問題是，為什麼直到今日，在火上烹烤仍具有教人入迷的力量。事情並不複雜。「我們的基因中就帶著燒烤。你走進屋內，那也可以是林中空地，你聞到木頭燃燒的煙味，這件事帶有莫大的力量。你問說，在煮什麼？你的感官知覺頓時就打開了！」

PART II
WATER
A Recipe in Seven Steps

第二章

水 七道步驟的食譜

「鼎中之變，精妙微纖，口弗能言。」——伊尹

「水是氧化氫，兩份氫，一份氧，尚有第三者讓這變成水，究竟是何物，無人知曉。」

——D．H．勞倫斯，《三色堇》

I 第一步：把洋蔥切成小丁

有沒有哪位活著的人，真心喜歡切洋蔥的？唔，大概有些佛教徒會一秉「切洋蔥時，好好地切洋蔥」的原則，流淚奉獻自我，換言之，既不抗拒也不怨聲載道，就只是埋首苦幹。然而我們大多數人都不是這麼有禪意，我們一邊切洋蔥，一邊罵罵咧咧。如今有那麼多便宜又省事的辦法，可以把包括切洋蔥在內的廚務外包出去，怪不得日常家庭烹飪正面臨難關。如果要從無到有地給自己做一頓飯，第一步驟往往是切洋蔥，而洋蔥也往往不會輕易就範。

說實在的，我們吃的食物中，能像洋蔥這樣有效採取自衛手段的，寥寥無幾。從洋蔥的觀點來看，你手上的那把刀大概就像齧齒目動物的前齒，生命遭受威脅時，洋蔥受激發而產生化學反應，用意顯然是為了嚇阻行將攻擊的敵人。我希望切洋蔥就算不是人生樂事，至少能變得有趣一點，於是研究起洋蔥的策略，訝然發覺，這種植物要到牙齒或刀刺穿細胞膜時，才起身抵抗。

如果你可以把自己縮成粒線體或細胞核的大小，在完整無缺的洋蔥細胞中游來游去，會

發覺那裡的環境出奇地親和友善，周遭的汁液味道甘美，肯定不會讓人流淚。雖然有四種不同的防衛分子在你四周漂浮，但你八成不會留心。你可能會注意到周圍有些液泡，那是氣球形的儲存結構，內藏的酵素具有扳機的功能。當刀子或牙齒破壞其中一個液泡時，酵素便流出，找到一個防衛分子，將之一分為二。新產生的揮發性物質使得生洋蔥帶有強烈且嗆鼻的硫磺氣味。揮發性最強的物質中，有一種叫做「催淚瓦斯」的，堪稱實至名歸。「催淚瓦斯」從被破壞的細胞逸失到空氣裡，對哺乳動物眼睛和鼻管的末梢神經進行攻擊，然後分裂成混有二氧化硫、硫化氫和硫酸的難聞物質。「非常有效的分子炸彈！」馬基如是形容。誠然，請想像有一種「可食植物」以硫酸和催淚瓦斯來問候吃它的人，那就是洋蔥。

近來，我常常練習切洋蔥，因為我時常耗在廚房中學做鍋菜，湯、燉或煨等。這些鍋菜不論出自哪一菜系，第一步幾乎都是切一兩顆甚或六顆洋蔥。用火烹飪和用水或任何一種液體烹飪，有不少差異，這是其中一項：鍋菜用上更多植物，好比蔬菜、烹調香草和香料，而且風味通常取決於各種食材同置一鍋後，植物與植物、植物與肉類在熱燙液體介質中結合所產生的反應。這類鍋菜的基底食材往往有洋蔥，一般會混入少量其他蔬菜，都很辛香，但同樣其貌不揚，比方胡蘿蔔、芹菜、胡椒或蒜頭。確實，鍋菜的長處在於家常，重點是要將許多平凡的食材結合在一起，而非提升某一種不凡的食材。

說實在的，正是這些切塊剁碎的植物混合後的滋味，讓鍋菜有其獨特風味和文化認同。只要你開始將洋蔥、胡蘿蔔和芹菜切成小丁，用奶油煎（有時用的是橄欖油），那麼你已經在做法式湯底（mirepoix），會讓你的菜餚帶有法國風味。不過，假如你是用橄欖油煎切碎的洋蔥、胡蘿蔔和西洋芹菜（或許還會加一點蒜頭、球莖茴香或歐芹），那麼你做的是義式湯底（soffritto），那是義大利菜的招牌特色。拼法大同小異的sofrito，代表的卻是西班牙湯底——切丁的洋蔥煎蒜頭和番茄，不加西洋芹菜，而這麼一來，做出來的就是西班牙菜了（開郡菜[1]的湯底則是洋蔥、蒜頭和鐘形甜椒的「三位一體」）。如果食譜中注明要先切青蔥、蒜和薑，那你已離開西方，做的是許多遠東菜色的基底，有時被稱為「亞洲湯底」。在印度，做鍋菜時，一開始需用清澄奶油煎洋蔥和香料，做成印式湯底。雖然我們並不熟悉這些專門名詞和煮法，可是這些切碎的植物做成的湯底香味，立刻就會告訴我們正身處哪一烹飪國度。

然而，不論想走到何方，都必須先切菜才能到達彼方。從正面角度看，切菜讓你有很多時間可以反省、思考，而我在切菜時常常在想的（說來也不算不恰當），就是日常烹飪誠然是沉悶單調的「苦差事」。怪的是，從未聽過有人在燒烤時如此抱怨。男人通常只在特別的日子和場合才會到戶外生火燒烤，因此烤肉的定義不會是「苦差事」。燒烤本身也並不平凡，沒那麼講究細節（不需要食譜），卻較有社交意味、較公開，比較像是表演。火啊！煙啊！動物啊！儼如一場戲，毫不單調沉悶，掌廚者無需切剁，也不必做精細的手工。說實在的，負責烤肉的男性或燒烤師傅只有在劇終那一刻才需要動刀，將烤好的動物切塊或剁碎，而那也是儀式。

在廚房料理檯上切蔬菜，在鍋中慢煎，加一點液體，其後數小時則需看管好這一鍋加蓋燉煮的菜，凡此種種都不具儀式意味。別的先不說，這過程根本就沒有什麼「好看」的（拜託別盯著看，連試都不要試，因為俗語說得好：心急水不沸）。另外，這類烹飪是在室內進行，侷限於平凡無趣的廚房裡。這可是如假包換的廚務。

所以，如果沒有必要，你也好，任何人也好，何必做這事？既然可以出門吃、叫外送，或從冷凍庫中取出「家常菜替代品」放進微波爐，幹嘛做這事？當然，眼下自己動手做菜的人已愈來愈少。烹飪再也不是非做不可的事，從而改變人類的歷史，而我們才剛開始思索箇中的所有意涵。再也沒有人必須切洋蔥，連窮人也不必。企業樂於替我們代勞，索價往往低廉。從很多方面來看，這算是福祉，特別是對婦女來說。自有史以來，在大多數的文化和絕大部分的歲月中，切洋蔥的多半是婦女。典型的美國人如今花在準備食物上的時間，一天只有二十七分鐘，另花四分鐘清理善後。比起一九六五年我還是小孩時，眼下人們烹飪和清理加起來的時間，還不到當時的一半。按照市場調查，現下美國人吃的晚餐有一半以上還是「在家烹飪」。聽來不算少，直到你發覺「烹飪」這個動詞的定義近年來愈趨寬鬆。

告訴我這件事的，是一位老資格的食品業市調專家，名為巴瑟。我花了好幾個鐘頭請教這位直率的芝加哥老兄，討論烹飪的未來，雖然茅塞頓開，卻也難免感到洩氣。巴瑟調查研究美國人的飲食習慣已三十多年，自一九七八年以來即效力於市調機構NPD集團。此機構從兩千本食物日誌收集資料，追蹤美國人的飲食習慣。數年前，巴瑟注意到回應調查的人對烹飪的定義已寬鬆到不具任何意義。

「現在人們所謂的『烹飪』，如果讓他們九泉底下的老祖母聽到，在墳墓裡也要翻個身。」他解釋說，「好比說，把罐頭食品熱一下，或把冷凍披薩放進微波爐。」因此，

1 開郡菜即Cajun cooking，是加拿大和美國南方的法裔移民發展出的混血烹飪，運用本土食材，原始手法基本承自法國農村菜，但可見到義、葡、西、非洲和加勒比海各族裔的影子。（譯注）

NPD決定稍微縮小烹飪的定義範圍，以便查知美國廚房的實況。他們規定，「從頭開始」烹飪意指準備主菜時，必須包括「裝配組合食材」的步驟。因此，用微波爐加熱披薩不算烹飪，但是清洗萵苣生菜，將現成瓶裝的沙拉醬澆在生菜上，可算是烹飪。在如此寬鬆的規定下（無需切菜），只是給麵包塗抹美乃滋，在上面加幾片冷肉或漢堡肉，就稱得上烹飪了（不論是在家裡還是外食，美國如今最普遍的餐食就是三明治）。起碼就巴瑟不怎麼嚴厲的標準來看，美國人仍然在廚房中大顯身手：有五十八％的晚餐符合自炊的資格，即便如此，自八〇年代以來，這數字也是逐漸減少。

巴瑟一如大多數研究消費行為的專家，對於人性抱持著犬儒的觀點。根據他的調查，人愈來愈受到省時或省錢的欲望驅使，可能的話，最好既省時又省錢。他的說法不那麼委婉，「面對現實吧，我們基本上小氣又懶惰。」我和他談過好幾次，期間不時問他，根據他的研究，我所謂的「從頭開始的真烹飪」，亦即從切洋蔥開始的烹飪方式有多盛行，但他連這個詞都不肯說。原因何在？顯然是因為這件事已如鳳毛麟角般稀奇，他的測量方法根本就無從查起。

巴瑟說：「打個比方，一百年前，晚餐吃雞肉，意味著你得走出家門去抓雞、宰雞、拔雞毛、把內臟掏乾淨。你認得有人還這麼做嗎？別人會覺得這樣做是發神經！嗯，這會是你的孫兒輩對烹飪的觀感，就像縫衣補襪——以前的人別無選擇，非得自己來不可。算了吧。」

也許真該算了吧，可是在放棄以前，有個詭論值得花一點時間想想：像切洋蔥這樣乏味的事，一旦不做也行，居然就變得較有趣，也較能帶給人懸念。當烹飪變得可做可不做時，一個人大可選擇不做，這反映其人的價值觀，或單純只是想將時間花在其他事情上。不過，對於相信家常烹飪仍有其價值的人來說，烹飪變成可有可無的這種新狀態也引發了衝突，讓兩種欲望互相抗衡，而在一家人若要吃飯就得有人燒飯的時代，不可能出現這樣的衝突。我們一旦能夠選擇如何運用自己的時間，可運用的時間就突然變少了。不論以現實或佛家的眼光來看，待在廚房裡變成很不容易的事。捷徑的吸引力瞬間變大了（**我可以買一瓶蒜末，或一袋切好的湯料**），因為你可以去做別的事，更緊急或更有趣的事。這當然就是我在切洋蔥時常有的感想。

不過，出於同樣的原因，多了不烹飪的選項（拜食品製造業者和速食餐廳之賜），意味著人們破天荒頭一遭也能夠純粹只為享受烹飪之樂而下廚。「工作」如今可以是「休閒活動」。可是巴瑟不肯把這樣的選擇認真地當一回事，要麼是因為他認為我們太懶了，凡是非必要的事都不做，要不就是由於他從事的行業終究是在幫食品公司，讓後者因日常烹飪逐漸式微而得利。然而，原因也可能不過就是，他贊同現代專業分工消費文化普遍存有的觀念，認為「休閒活動」應包含消費行為，凡是涉及生產的活動就是與休閒對立的工作。換句話說，休閒活動是你無法付費請別人代勞的活動（比方說看電視、看書或玩拼字遊戲），其他事情，也就是市場已研究出如何為我們代勞的任何事，就成為各種工作。神智清楚的人只要負擔得起，想必就會交由他人代勞。

起碼經濟學家似乎是如此看待工作與休閒：一如生產與消費是完全對立的類別，工作和休閒也是對立名詞。不過，說不定此一觀點較能說明這四個名詞和消費資本主義，而較無法說出我們的心聲。因為今日的烹飪（非必須的烹飪）有一點非常有趣，就是讓工作與休閒、生產與消費之間的分野變模糊了。說到切洋蔥，佛家或許說對了，重點在於你選擇怎麼去看、怎麼去體驗，是要當成讓人抗拒的苦差，還是一條道路，甚或一種修行。同一項活動因來龍去脈不同，可以具有截然不同的意義。是否正如一九六〇年代許多女性主義者所言，烹飪是一種壓迫形式？（容我說一句，這看法不是完全沒道理。）一九七〇年代，肯德基有一款廣告，圖案是家庭號的桶裝炸雞，廣告文案為「婦女解放」。說不定當時是這樣沒錯，甚至到今日對不少婦女而言仍然如此，尤其是跟另一半一樣也有職業的婦女。然而，即便有種種需求，如今卻有愈來愈多人認為，在家烹飪（甚至自己養雞、殺雞）是讓我們的生活和文化不致受到肯德基等企業左右的方法。這從而引發一個有趣的問題：若將之視為政治問題，那麼，如今把時間花在下廚，究竟是反動的，抑或進步的？

眼下，一切都唾手可得，我也因此想花些時間待在廚房裡，學做某幾種可以突顯這類問題的菜色。這種菜有時叫做「老祖母菜」，原本平實無奇（如今則很「特別」），而且往往從切洋蔥開始，要煮超過二十分鐘。我嚴重懷疑自己能否達到頓悟成佛的境界，因為我在切洋蔥時，就只是切洋蔥而已。（如果接下來的篇章都是空白的頁面，那就表示我頓悟了。噢，我看是不可能。）不過，說不定我至少可以在廚房中如魚得水，而且不論在「烹飪終點」的另一邊有些什麼，都會變得一目了然。

我學到的第一件事如下：如果隔著夠遠的距離來看，在鍋中加水煮食的整個過程，就跟在火上燒烤的程序一樣，可縮減為一個基本作法（動物加柴火和時間）。翻閱你想像得到的各種菜系烹飪書，各式各樣的食譜似乎沒完沒了，雖然燉、煨和湯的作法有一百萬種，如果追究這些菜餚的基本結構，亦即煮法，卻幾近普世皆然。且讓我針對那結構，提出完全簡化的版本，這或可成為以水元素為本的各種菜餚的樣板或萬用食譜：

把芳香植物切成小丁
用一些油脂，煎炒辛香植物
把肉塊（或其他主材料）煎至焦黃
所有材料置於一鍋
加一點水（或高湯、葡萄酒、牛奶等等）
細火慢燉

起碼對我來講，在實務上，此一基本食譜有一項優點，就是使烹飪這類菜餚變得不那麼令人卻步——我碰到步驟太多的食譜時，往往就卻步不前。一旦熟悉了基本主題，要掌握後面各式各樣的變化作法就容易多了。

把這一整個類型的食譜種種複雜的細枝末節修剪掉，有一附帶好處，就是有助於讓人看清楚，這一種將自然物質轉變為餐食的烹飪方法，是如何呈現出我們，還有我們所處世界的面貌。只要常常做，就會逐漸看出，對於自然界和社會的關係，火烤和水煮所暗示的是截然不同的故事。火烤說的是社群的故事，說不定也和我們在宇宙萬物秩序中的容身之處有關。就像從烤窯冉冉升上青天的白煙，故事沿著垂直的軸線展開，其中包含各式各樣的英雄事蹟（至不濟也是仿諷英雄事蹟），或多或少有祭司，也有儀式，甚至有某種祭壇，與死亡對峙，並把火這元素掌控於手中。

從陽光燦爛的荷馬世界走進廚房，裡面有蓋上鍋蓋、文火慢燉的鍋菜，感覺上像是走出史詩，邁入小說中。如果說每道食譜都在說故事，那麼用水這元素來烹飪，說的是什麼樣的故事？

II 第二步：煎洋蔥和其他辛香蔬菜

我知道自己在廚房中需要有高手指點迷津，我找到了。她是本地的年輕廚師，名叫莎敏．諾斯拉，碰巧是我以前的學生。我在五年前認識莎敏，當時我在柏克萊加州大學教授飲食寫作，她問我能否讓她旁聽。她從這所大學畢業已有數年，在本地一家餐廳掌廚，但有志於寫作。莎敏很有主見，在班上很快便嶄露頭角，常與同學分享她對食物和烹飪的深厚知識。班上學生每一週會輪流帶點心，或是兒時最愛吃的餅乾，或是在農民市場買到的罕見傳統品種，並分享相關的故事。輪到莎敏帶點心的那一週，她帶了好幾大盆熱呼呼的焗烤義大利千層麵，番茄醬汁和麵皮都是從頭開始手工自製，她還準備了瓷器、銀器和布質餐巾讓大家使用。莎敏跟我們講的是她學烹飪的故事，最早是在帕妮絲之家打工，從端菜收盤做起，一直到升為備料廚師，然後去了托斯卡尼兩年，在那兒學做新鮮的義大利麵，學宰肉，並且學會了她最愛的「老祖母菜」。莎敏的千層麵可能是那一學期最教人懷念的事物。

就我記憶所及，那是我頭一回聽到「老祖母菜」這個名詞，對莎敏來講，指的就是從她母親的廚房端出來的傳統食物。她母親的廚房在聖地牙哥，可是就各方面來看（尤其是味道和香氣），那廚房其實在德黑蘭。她的雙親在伊朗爆發革命的三年前，亦即一九七六年，自伊朗移民至美國。她的父親是巴哈伊信徒，害怕會受到勢力坐大的伊斯蘭教什葉派迫害。莎敏一九七九年生於聖地牙哥，然而她的父母夢想著有朝一日能夠重返故國，因此把自家打造成無上的伊朗國土。一家人在家講波斯語，她母親只煮波斯菜。莎敏記得兒時母親總對她說：「放學回家一跨進門檻，妳就回到伊朗了。」

有些移民的孩子會為母親準備的便當盡是家鄉菜而感到難為情，莎敏肯定不會。相反的，她很愛吃波斯菜：香噴噴的米食、烤肉串，還有加了香料、堅果和石榴的菜餚。「有一次學校有人嘲笑我的午餐好詭異，可是我的午餐比他們的好吃多了！我才不會忍氣吞聲！」她那宛若「女中豪傑」的母親會駕車逛遍南加州，只為尋覓某種家鄉味：做某道菜需用到的某種少見的甜萊姆，或與季節大餐有關的某種酸櫻桃。莎敏在成長過程中不太關心廚事，雖然母親偶爾會吩咐孩子擠檸檬或剝蠶豆，「但我對吃很感興趣，我很愛吃我媽做的菜。」

她是在柏克萊讀大學時，才開始萌生以烹飪為職志的念頭。起因是有一回，她在帕妮絲之家吃到難忘的一餐。有天下午，我在我家廚房中島切菜時，她對我講起這個故事。我先前問過她願不願意教我做菜，之後她每個月會指點我一兩次，每次課程四、五個小時。每堂課都是從這中島開始，兩人一邊在砧板上切菜一邊談話，我很快便明白過來，要讓切洋蔥變得不那麼無聊，談天是最好的辦法。

莎敏總是在腰間繫著白圍裙，一頭濃密的黑髮有一部分挽在腦後，身材修長結實，五官輪廓很深，眉毛濃黑，膚色淺褐。如果非得選一個形容詞來描述她不可，那就是「幹勁十足」。莎敏善用驚嘆號，講話如連珠砲，笑聲不斷，那對生動的深邃眸子老是在籌畫什麼。

「我根本就沒聽說過帕妮絲之家！說實話，『名店』這概念壓根就沒在我腦海出現過，因為我們家從來不上高級館子。不過我大學男友在舊金山長大，當他把愛莉絲．華特斯[2]

2 Alice Waters，美國名廚，七〇年代在柏克萊創辦名餐廳帕妮絲之家。她鼓吹使用小農的新鮮農產，帶動北加州的有機農業。華特斯在美國中小學校園中推廣種菜、烹飪，並推動簡單新鮮的飲食，其飲食態度和烹飪技術，深深地影響了美國人。（譯注）

和帕妮絲之家的林林總總講給我聽時，我的反應是，哇，我們**一定**要去吃！我們在鞋盒裡存了一整個學期的錢，無論自助洗衣找回的零錢，或兩人打賭的錢，總之一有零錢就扔進盒中，等存到了剛好夠在餐廳樓下吃套餐的兩百美元，我們設好星期六早上的鬧鐘，確保餐廳開始接聽電話的**那一刻**，我們就可以通上話，訂好整整一個月後那個星期六晚上的位子。

「那一回的體驗真是不可思議，餐室溫暖又燦爛輝煌，服務無微不至，而我們不過是兩個小鬼！他們端來加了法國風味燻肉的捲葉萵苣沙拉，記得當時我心想，這是什麼玩意？第二道菜是清湯扁鱈，我以前沒吃過扁鱈，所以那道菜讓我很緊張。不過，最令我記憶猶新的，是甜點，巧克力舒芙蕾佐覆盆子醬。侍者教我們在圓頂上戳一個洞，把醬汁澆進去。真的很好吃，可是我當時想，如果能配上牛奶會更好，就點了一杯，女侍卻笑了起來！這會兒我曉得，配牛奶根本是大錯特錯，應該要配上一杯飯後喝的甜葡萄酒才對。不過女侍人很好，送了一杯牛奶過來，然後端來一杯甜葡萄酒，不收錢，餐廳請客！

「餐點好吃極了，不過我想是那晚受到全心全意款待的經驗，讓我愛上這家餐廳。我當下便決定，有朝一日要來帕妮絲之家工作，這份工作感覺上比一般工作特別多了。還有就是，隨時都可以吃到這麼可口的食物。

「於是我寫了一封很長的信給經理，說那一餐如何改變了我的生命，千拜託萬拜託，請對方讓我端盤子。僥倖的是，他們居然打電話請我過去談一談，當場雇用了我。」

莎敏重新排了課表，以便一週可在餐廳輪幾次班。她清楚記得頭一回打工的情景，「他們帶我在廚房裡走了一遍，每個人都穿著潔白的外衣，烹製最美妙的食物。有人告訴我老式吸塵器放在哪裡，我就開始吸餐室的地板，記得那時我心想，『真不敢相信他們居然讓我吸帕妮絲之家樓下的地板！』我覺得好榮幸，我在那兒上班的每一天，都懷抱著這樣的心情。

「我想你大概注意到了，我多少有點強迫症，那是我這輩子頭一回置身於每個人似乎都跟我一樣有強迫症的地方。那裡的人不分職務，綁牢垃圾袋也好，盡力做好最美味的舒芙蕾也好，把銀器擦亮也好，統統追求完美。我看得出每一項工作不管有多瑣碎，都是做到極致。從那時起，我便如魚得水，覺得十分自在。

「頭一回學著操作送菜的升降機，我特別有感觸。把菜裝進送菜梯中需有方法，熱菜不擺在沙拉旁邊，空間運用必須非常有效率，排列碗盤時應小心，盡量不讓瓷器彼此碰撞發出噪音。餐廳設在搖搖欲墜的老房子裡，空間又小，每天卻要餵飽五百人，還需盡力給他們美好的經驗，因此多年下來，**每件**事物都經過縝密且周到的思考，發展出一套體系。這代表，倘若你取巧走捷徑，就會影響到其他人的工作。

「後來，我終於開始掌廚，這整套方法又被我原封不動地轉移到處理食物上。對我來講，烹飪要追求的是，不管我做什麼菜，都必須把風味發揮到淋漓盡致。一塊漂亮的鮭魚也好，一顆擺了一段時日的平凡洋蔥也好，都得充分萃出每樣食材的風味。我對食物的這種思考方式，始於我學著如何把菜裝進帕妮絲之家的送菜梯的那一天。」

我通常在星期天跟莎敏學做菜，每一回的開場都一樣，下午三點左右，她衝進廚房，啪嗒一聲把兩只裝著菜的棉布袋放在廚房中島上，從袋中取出捲在布質刀套中的刀子、她的圍裙，還有做當天菜色需要用的一大堆各種香料，在那當中有一罐咖啡罐大小的番紅花尤其顯眼。她母親寄給她分量如此驚人的番紅花，只要作法中需要用到，莎敏總是撒鹽般毫不吝惜地加進菜中。

「好興奮啊！」她總是一邊在腰間繫圍裙，一邊以歌唱般的語調劈頭就說，「今天，你要學如何將肉煎黃。」或做湯底、將雞對中剖開攤平如蝴蝶、煮魚高湯。最瑣碎的廚務也能讓莎敏激動，然而她的熱切是有傳染性的，我後來逐漸覺得這股狂熱幾乎含有道德意味。即便是把肉煎黃這樣不算平凡無奇也不怎麼值得一提的工作，也該賦予無上的呵護和關注，還有熱情。重點在於帶給食客的體驗。另外，還得顧及犧牲生命的動物，為表示敬意，你必須盡可能做好這道菜。莎敏務求每堂課都有主題：（把肉煎黃時的）梅納反應、雞蛋與其種種奇妙特性、神奇的乳化作用，等等。我們在一年間做了各式各樣的主菜，還有不同的沙拉、配菜和甜點。然而，我們做的主菜似乎總是會變成鍋菜，文火煨煮應該占了最大比例。

煨煮的作法很像燉煮，也以液體為介質，以文火慢煮肉和蔬菜，或兩者任一。不過燉煮時，主要食材通常會切成一口大小，汁液也需蓋過食材表面。煨煮時，主要食材或不切成小塊，或切得稍大一點（肉最好不去骨），而且不會整個浸泡在汁液中。如此一來，就可以燉煮底下的肉，上層未浸在汁中的肉則變得焦黃，使得整道菜滋味更濃厚複雜，醬汁更濃稠，品相更好看。

我和莎敏煨了鴨腿、雞腿、公雞、兔肉、各種切得不怎麼好看的豬肉、牛肉、小羊膝、小羊頸肉、火雞腿，以及許多不同的蔬菜。每一道菜都需加上某種汁液煨煮，我們什麼汁液都用，紅酒、白酒、白蘭地、啤酒、各種高湯（雞、豬、牛、魚）、牛奶、茶、石榴汁、日式柴魚昆布高湯、浸泡過蕈菇和豆子的水，還有自來水。我們也做了以技術而言不算燉煮或煨煮的菜餚，但是食材的組合原則相同，包括義式醬汁或肉醬、地中海魚羹、義式燉飯和西班牙鍋飯。

按一般原則，做這類菜餚往往得加切丁的洋蔥和其他辛香蔬菜，我會在莎敏來我家以前就準備好。而她往往會朝著我切好堆在砧板上的洋蔥、胡蘿蔔和芹菜（每堆菜的高度比例是二比一比一，呼應指定的比例）看一眼，然後請我重切，因為我切得不夠細。

「有些菜色，切這麼粗是可以的。」我盡量一笑置之，但我真不覺得我切的那些秀氣的小丁太「粗」。她解釋說：「在這道菜中，你並不需要真的看到一塊塊湯底，要讓菜丁都溶於無形，成為一層看不見的美味。所以……繼續切吧！」我只好遵命，按照她的示範，拿著大刀，以來回滾動的方式切菜，一邊切一邊翻，直到切成細末。

至於煎炒洋蔥，我也誤以為是相當簡單直接的步驟。莎敏自有明確的主張，「大多數人煎炒洋蔥的時間不夠長，火不夠小，匆匆忙忙只想快一點完成。」這顯然是她完全無法忍受的事，「洋蔥必須煎炒到每一塊都變軟，而且完全透明。把火關小，至少煎炒半小時。」莎敏曾在本地一間義大利餐廳當副主廚，手下有十六名年輕的男性部屬。「我經常一路巡視，一路把他們的火關小，他們老是開最大火。我猜男人大概都喜歡把火開到最大吧，然而不管是法式湯底還是義式湯底，都必須**溫柔**地煎炒。」

莎敏說明，以小火將洋蔥煎炒出水分以及用較大的火煎炒至焦黃，會使得製好的菜餚呈現完全不同的風味。有關此事，她奉貝妮黛如．魏塔利的看法為圭臬，她曾在佛羅倫斯效力於這位名廚旗下。魏塔利寫過一本只講義式湯底的專著，書名呢？當然就叫《義式湯底》。「貝妮黛如視菜色需要，製作三款不同的湯底，每一款都從洋蔥、胡蘿蔔和芹菜做起。不過，有的需把顏色煎炒到較深、焦糖化的程度較高，有的煎炒得顏色較淡、菜味較重，一切全靠火力以及煎的速度。」（其實，義式湯底Soffritto這個字本身就已有重要烹調指示，指「不煸透」。）

花上半個小時看著洋蔥慢慢煸出水分，你要麼會為其一步步發生變化的過程驚嘆不已

（從不透明轉為透明，從散發出硫臭味變成香氣襲人，從脆變軟），要不就是不耐煩到發狂，而這正是莎敏想要傳授的課程。

「出色的烹飪有三個心法，就是保持耐心、用心專注當下，還要時常費心練習。」她有一回如此對我說。莎敏也勤練瑜伽，她發覺這兩項修行所需的心態有重要的共通點。要培養那樣的心態，處理洋蔥似乎也是好辦法——剁切的練習，嫩煎所需的耐心，還要時時用心注意鍋中洋蔥狀況，以免萬一電話鈴響，你稍一不注意，洋蔥就焦掉了。」

可惜，對我來講，這三心沒有一心是容易的。我經常沒有耐心，特別是處理現實事務時。我往往一心多用，直到目前，還是很難讓自己只專注於當下，未來條件式才是符合我天性的動詞時態，而慢慢煎熬的莫名憂慮則是常見的條件。要是我的生活有賴靜坐，我就無法靜坐（相信我，我非常清楚，像這樣還想進入靜坐，可是大錯特錯）。雖然我很欣賞「神馳」這個概念，即精神完全投注在某一活動上，渾然忘了時間的流逝，但我很少有這種經驗。我的神馳一路上有不少巨石擋道，不但使得心智之流不很清澈，而且製造許多擾人的噪音。偶爾，當我在寫作時，會有那麼一時半刻進入神馳狀態，有時在閱讀時亦有這種情形。當然，還有在睡眠時，不過我想睡覺大概不算數。可是，在廚房裡？看洋蔥慢慢煎出水分？這件事沒那麼費神，無法獨占注意力，於是我一路神遊太虛，心思怎麼也無法專注於一事。

在我們把胡蘿蔔和西洋芹菜加進鍋中以前，我看著洋蔥時，是有一個念頭，那是一個顯而易見的疑問。為什麼有那麼多鍋菜都需要加洋蔥？除了鹽以外，我想不出有哪樣材料像洋蔥這樣常見於烹飪中。洋蔥是全球第二重要的蔬菜作物（僅次於番茄），世界各國只要有耕地，幾乎都有種植。那麼，洋蔥對菜餚有什麼功效？莎敏認為，洋蔥和其他常見的辛香蔬菜之所以被廣泛採用，是因為這些食材賦予菜餚甜味，而且價格低廉又容易取得。我委婉地追問更翔實的解說，她表示：「這是化學反應。」我很快便發覺，只要問題有關廚房科學，她就這麼回答。還有一個答覆則是：「我們來問哈洛德吧。」她指的是廚房科學作家馬基，雖然莎敏從未和他見過面，在她個人的小宇宙中，卻把他奉為神明。

可是，是哪種化學反應？原來，世人尚未對湯底進行過充分的科學研究。我寫信請教馬基，竟然連他也對此一課題語焉不詳。有個明顯但並不正確的答案是：洋蔥和胡蘿蔔中的糖分在煎鍋中變成焦糖，因此賦予菜餚各種風味。然而莎敏及其他大多數權威人士都建議掌廚者要麼用小火，要不就加鹽，好讓蔬菜出水，以免產生褐變反應，總之要下點工夫，別把湯底煎成焦黃。焦糖化理論也不適用於西洋芹菜，西洋芹菜也是法式和義式湯底的重要成分，但甜味並不特別顯著，能提供的似乎就是水和纖維素。凡此種種都顯示，除了把糖變成焦糖（或引發梅納反應）以外，在煎炒辛香蔬菜時，必定還有其他反應。菜餚因這道程序而更具風味，可是我們仍不了解原因何在。

有一天下午我正小火慢煎湯底時，冒著毀掉一鍋菜的危險，上網作了一點研究，看看我那口鍋中此時正發生什麼事。我知道我一心多用，完全違背「用心專注當下」的心法，可能也違反「耐心」的心法。我發現網上有關此一主題的資訊一片混亂，不盡然可靠，不過我找到的線索，足可得出一個即便不是大有可能，也貌似有理的結論：長時間小火加熱，可切斷蔬菜的蛋白質長鏈，使其瓦解為胺基酸，已知這些胺基酸中有一些（比方麩胺酸）可賦予食物「鮮味」，也就是日語中的umami（旨味）。一般人如今都接受鮮味為酸甜苦鹹之外的第五味，一如另外四味，人的舌頭上也有特定的感受體可察覺到鮮味。

至於表面上看來並不重要的西洋芹菜，不單給湯底提供不少澱粉細胞壁和水分，或許也替鍋菜增添了鮮味。我在網路上搜尋了一番，終於在《農業與食品化學期刊》（Journal of

Agricultural and Food Chemistry）上找到一篇文章，撰文者為數位日本食品科學家，篇名非常吸引我，就叫做〈水煮芹菜成分對雞湯的增味作用〉。這幾位食品科學家在報告中指出，西洋芹菜有一組名為苯酞的揮發性物質，本身毫無味道，一加進雞湯中卻讓人更能嘗出湯的甜味和鮮味。西洋芹菜，好樣的。

我這人雖然常常心不在焉，這會兒有了理論佐助，耐心地煎湯底就變得有意思多了，好歹可以忍受。眼下，我明白關鍵所在，遂格外注意那聽了教人心滿意足的滋滋聲，這證明植物組織正不斷出水。滋滋聲消失時，蔬菜就變軟了，表示如鷹架般支撐細胞壁的碳水化合物已逐漸分解為醣，而我須小心不能煎焦。這會兒我明白了，雖然我還沒有把肉或汁液加進鍋中，這一鍋慢慢煎著的洋蔥、胡蘿蔔和西洋芹菜的風味是否均衡，已可左右煨菜的味道深度，決定菜餚是否可口。

另有一個科學事實，令我更加激賞湯底，尤其是當中的洋蔥，而單是這一點，就使得切洋蔥不那麼令人討厭。在食物中添加洋蔥，特別是在肉類中加洋蔥，讓菜餚吃來更加安全。就像大多數常用的香料，洋蔥（還有蒜頭）中含有強大、耐煮的抗菌化合物。微生物學家認為洋蔥、蒜頭和香料可以抵抗肉中滋生的危險細菌，保護我們。這或可解釋為何越靠近赤道的國度越愛在菜餚中添加香料：天氣越炎熱，越難以保持肉類不腐敗。在冷藏技術尚未問世時，食品受細菌污染的問題，對人類健康構成嚴重的威脅，肉類食品為害尤甚（在印度菜中，蔬菜用的香料一般來說少於肉類菜色）。我們的先人純粹透過一再嘗試和犯錯，偶然發覺某些植物成分可以防治疾病，而洋蔥湊巧是最有效的抗菌食用植物。我們覺得這些植物「好吃」，說不定僅僅是由於我們經由學習而偏好有助我們存活的分子之味。

這表示，烹煮這些辛香植物或許不單是要壓制植物本身的防衛機制，使得我們能取得其他動物得不到的熱量來源，箇中尚有其他更巧妙的緣由。用洋蔥、蒜頭和其他香料來烹調，是一種生化柔道，第一招先擒伏植物的防衛機制，讓我們得以食用，第二招則是利用這防衛機制來對抗其他物種，從而防護我們。

我愈來愈能體會動植物透過液體的穿針引線而締結良緣一事的價值，這比將兩者分別在火上烹烤有更多的好處。如此一來，廚師就能融入洋蔥、蒜頭和香料等辛香植物的風味（和抗菌力），讓肉更美味，直接用火燒烤要辦到這件事，就算不是毫無可能，也是困難重重。蔬菜和肉可以在小火慢煮的汁液中交換分子與味道，在這過程中創造出各種新產品，往往優於其原本低微的出身。其中一項新產品是醬汁，這應該是鍋菜最豐厚的一筆紅利。

鍋菜的重點在於經濟，烤肉時流失的肉汁和肉脂，涓滴都保存了下來，植物的所有營養成分亦然。在鍋中燉煨讓你可以用三流或品質已走下坡的肉做出佳餚，而且少量的肉因為加了蔬菜和醬汁同煮，菜餚的分量變大，足供更多的人食用。同一塊肉要是單吃的話，可沒法給這麼多人食用。鍋菜也可以索性一塊肉也不放，或者只加一點當做調味。

有一天下午我們正在收拾一塊筋膜特別多的羊肩肉時，莎敏指出：「這是沒錢時吃的東西。燉煨真的很棒，可以用相對廉價的食材做出香濃美味的食物。」說實在的，最好吃的燉煨菜餚用的是「最差」的肉。愈老的牲口肉味愈足。此外，質地較韌的肉來自運動最多的肌肉，含有最多的結締組織，這些組織經小火慢燉後會化為多汁的膠質。

加蓋的鍋子（蓋上鍋蓋是為了長時間保存水氣與溫度）象徵著這種煮法含蓄且經濟。相形之下，在火上烤一大塊肉（荷馬式的烹法）就顯得奢侈浪費，炫示了個人的財富、慷慨或狩獵技術。起碼在以前，肉品還不像我們的時代這樣便宜到奢侈的地步時，情況確實如此。英國人以善於烹製大得讓人眼前一亮的烤肉而出名，一度看不起法國人「寒傖的鍋菜」，鍋中只見粗鄙的肉塊躲在可疑的醬汁底下。拜牛羊一年四季皆有優質牧草可食之賜，英國人擁有僅需火烤便無比美味的高品質肉品。法國沒那麼豐饒，糧食也沒那麼豐富，在廚房只好多花點腦筋，從而發展出一套技術，盡量利用雜碎肉品和根莖蔬菜，還有手邊張羅得到的任何汁液。

如今，在我們眼中，農村粗菜搖身一變，成為時髦或精美的佳餚，把高價腓力扔在烤架上炙烤卻成為大眾化的簡單食物，這代表歷史情境已整個翻轉過來。在廚房中用的時間、技巧和生食材的品質之間一直是此消彼長的關係。要烹製美味，食材愈好，就愈不需依靠時間和技巧。反之亦然。食材再粗鄙，只要在廚房中用一點點技巧，加上多一點點時間，便可烹製出最美味的佳餚。這個禁得起考驗的公式顯示出，如果不想花很多錢就能吃得好，那麼學習廚藝，了解如何利用粗硬肉塊、湯底，如何烹製樸實的鍋菜，或許仍是個好辦法。這些技巧讓我們獲得幾分獨立。

不過，如何吃動物這件事帶有道德意涵，也引起一些環境問題。我們倘若只吃幼畜身上的上等肉，就得飼養並屠宰更多牲畜。說實在的，這已成為慣例，並給動物和大地帶來災禍。眼下，下蛋用的老母雞沒有市場，因為會烹調的人寥寥無幾，老母雞的肉於是被製成寵物食品或丟到垃圾場。如果我們要吃動物，就應該善加利用，盡量不浪費，而不起眼的燉煨菜色就讓我們得以物盡其用。

III 第三步 用鹽醃肉，然後煎黃

星期天，莎敏尚未抵達前，我通常還會設法完成另一樁工作，就是用鹽醃好我們打算烹飪的肉。在莎敏看來，這可是攸關緊要的一道工序，她敦促我早一點處理，而且用鹽的分量之多，簡直嚇人。「鹽的用量是你覺得該撒的至少三倍。」她提點我。（我請教的另一位權威人士也有同樣的想法，但鹽量提高到五倍）。莎敏跟不少廚師一樣，認為烹飪的精髓就在於精熟用鹽之道，像我這樣的門外漢往往過度望鹽生畏。

人類尚未學會用鍋子來烹煮食物時，用不著去想在食物中加鹽一事。動物的肉裡已經含有人體所需的鹽，火烤能夠保存肉中大部分的鹽。直到文明走入農業時代，人們才開始以穀物和其他植物為食，而大多數食物都是煮熟食用，這過程會過濾掉食物原有的鹽分，缺乏鈉從而形成問題。這時，鹽這人類唯一會刻意攝取的礦物質，就成為珍貴的商品。然而，現在的飲食中，鹽分徹底飽和，鈉不足並不是問題，那麼我們為什麼需要用鹽醃肉，而且還加這麼多？

莎敏為此舉提出辯護，在一開始就指出，我們加進菜餚中的鹽，只占日常飲食攝取量的極小部分。我們吃下去的鹽多半來自加工食品，一般美國人每日攝取的鈉有八成來自這裡。「所以，只要你沒吃很多加工食品，就不必擔心。這表示，千萬別害怕鹽！」

根據莎敏的說明，鹽只要用得審慎，可以帶出許多食物本身既有的味道，並可改善食物的質地和外觀。不過，攸關緊要的，不單是鹽的用量而已，加鹽的時機亦很重要。有些菜餚（好比肉）應提早加鹽，有的適合煮到一半加，有的則是起鍋端上桌前才能加，還有些需逐

步添加。以燉煨的肉而言，加得早、加得多，就不會出錯。一天前加很好，兩三天前就醃起來更佳。

可是，加鹽不是會讓肉變乾嗎？沒錯，加鹽的時機不夠早就會如此。鹽分一開始會吸走肌肉細胞的汁液，因此你要麼一早就加鹽醃過，要不就索性不加。不過，由於鹽分會讓肉的水分流失，肉的細胞就會形成某種滲透性真空狀態。等肉流出的水稀釋了鹽，鹹汁（連同其中的香料、調味料）會倒流回細胞中，大大增添肉的美味。簡單講，早一點加鹽能幫助肉吸收各種風味，而這不僅限於鹹味。

我花了一段時間，總算能安心按照莎敏極度自由心證的作法來給肉加鹽。根據她的教導，「撒鹽」根本不夠，「倒鹽」則過猶不及。她教我把手當成吊車，五根指頭統統伸進鹽罐，撈取粗鹽，然後拇指以某種韻律摩擦另外四指（有一點像是在播很細的種籽）。我發覺我可以把鹽均勻撒在整塊肉上，每個縫隙和小孔都照顧到。我必須承認，加這麼多鹽感覺不太好，可是當我發現煮好的肉並不特別鹹時，我心悅誠服了。如今，我也是深感自豪的食鹽愛用者。

在把所有材料加進鍋子以前，還有最後一個重要步驟，就是用一點油煎肉。這麼做有兩個理由：將梅納反應和焦糖化反應所產生的成百上千種可口的化合物結合起來，為菜餚增添另一層次的風味，也讓菜餚色澤誘人，因為焦黃的肉看起來比灰白的肉好吃。莎敏解釋說，少了這程序，肉色暗淡，肉味也較差。

問題在於，以水為主的汁液怎麼也不能將肉煎黃，肉需要達到一定溫度（至少攝氏一百二十一度）才會產生梅納反應，水卻永遠也達不到如此高溫，水溫不可能超過攝氏一百度的沸點，而要讓肉中的醣變成焦糖，所需溫度更高，得達到攝氏一百六十五度。由於油可以達到的溫度高於水，在鍋中用一點油將肉煎黃是最好的辦法（也可以利用高溫烤箱將肉烤黃，餐廳往往如此，不過這樣做有將肉烤乾的風險）。

不少食譜建議把肉表面拍乾，讓肉更易焦黃。有些食譜特別注明應該用什麼油來煎肉，茱莉亞．柴爾德喜用培根油脂，這讓菜餚又多了一個層次的風味。我和莎敏有時會將湯底和肉放在不同的鍋子煎，有時則會先煎肉，這樣鍋子裡會有辛香的油脂和煎黃的肉渣，煎出的湯底風味更豐富。

以下是莎敏的煎肉要訣：大塊的肉優於小塊，帶骨優於去骨。油量只要能讓鍋面都能沾到油，火力均勻。太多油就變成油炸，太小則鍋面會有部位沒有油，太乾，容易把肉煎焦。最好用鑄鐵鍋。注意看鍋裡，以免肉一不小心焦掉，如此一來，整鍋菜就會帶苦味。包括側邊在內，肉的每一面都必須煎黃。花一點時間，把事情做得徹底一點。肉一煎出漂亮的顏色就停止。

總之，又是一項簡單直接，可以靠著耐心和毅力達到更好效果的廚務。

煎的是鴨腿、羊頸也好，是豬肩肉也好，廚房到了這一關頭就會飄起褐變反應帶來的陣陣香氣，引人垂涎。不但有鹹鹹的肉香，也有土香、花香和甜香，各種香氣如何組合、比例多少，全看煎的是哪種肉。把肉煎黃表面上看來相當簡單，可是從分子層面來看，卻讓菜色變得豐富複雜多了，成百上千的新分子湧出，使得整體風味多了一個層次。另外，還可再加一道層次：肉起鍋後，用一點葡萄酒溶化鍋巴，酒精蒸發後，用鍋鏟刮起黏在鍋底的褐渣。這汁液最後也會進到燉鍋中，除了原有的湯底和梅納反應所造就的風味外，又增添了「微微的另一層美味」。我逐漸了解莎敏的意思，她說，我們從最不起眼的食材中萃取最香濃豐厚的風味，以此來「建構」一道簡單菜餚的風味。而這時我們還沒有將材料放進鍋裡呢。

IV 第四步：將所有材料放進加蓋的鍋中

德國藝術史專家兼老饕盧莫男爵，在一八八二年出版《烹調的精髓》，寫作目的包括提升庶民雜燴鍋的地位。盧莫認為，鍋菜是人類史上具有革命意義的發展。「足矣，莫再言必稱火。」男爵如是宣稱。他寫道：「湯鍋的發明使人類得以食用無數自然產物。」在他看來，這種烹調方法比火更高度進化、更變化多端。「人類終於學會煮、燉的技術，終於能將動物肉品和植物王國中營養又辛香的產物結合在一起，創造出新成品。破天荒頭一遭，烹調藝術得以全面發展。」

也許是因為說到美食，德國人看來並不像法國人那麼可信，因此盧莫今日並不像同時代作風較張揚的布里亞—薩瓦蘭那麼出名，著作流傳得也不那麼廣泛。不過，在某些方面，《烹調的精髓》比《味覺的生理學》更足為典範，後者有很多科學和歷史的篇章純粹是異想天開。盧莫男爵比布里亞—薩瓦蘭腳踏實地，或可說是，腳踏在日常家庭廚房的地板上，在那裡，水和火平起平坐。其實，他為烹飪下定義時就已將水納入：「在火、水和鹽的協助下，從適於滋養、修復人類的自然物質中，發揚營養、提振精神的特性，和美味的品質。」盧莫撰寫《烹調的精髓》，是因為他感到烹飪這件事已淪落至「過度講求精緻、過於誇飾的狀態」，希望此書能使烹調回歸基本，而還有什麼比燉鍋更能夠象徵這種簡單直接、誠正無欺的烹調？

用鍋具烹飪的歷史遠遠晚於火烤，因為人類直到開發出防水又耐火的容器後，才能用鍋子煮菜。不過，鍋具究竟出現於何時並無法確定。有些考古學家認為早在兩萬年前，亞洲即有陶器。七千至一萬年前，包括尼羅河三角洲、地中海東部島嶼和沿岸地區、中美洲在內，世上有許多地方開始使用烹飪器皿。這些年代比人類懂得用火晚了幾十萬年。一般認為，直到新石器時代，人類的生活型態改以農業為重心，用器皿烹飪才變得普及。農藝和製陶技術以不同的方式利用泥土和火，但兩者原來竟有緊密的關連。

不過，我們有理由相信在鍋具發明以前人類就已用水來煮食。考古學家在世上不少古代遺址挖掘出火燒過的石頭和黏土丸，其用途為何，多年來一直是個謎。九〇年代，美洲原住民裔考古學家阿妲雷在九萬五千年歷史的加泰土丘工作，這個位於土耳其的城市遺址，年代之古遠在出土遺址中數一數二。她在那裡發現成千上萬個黏土丸，大小如拳頭。她百思不得其解，就拿了兩個去請教她在歐吉威部落的長老，希望他認得那是什麼。長老看了一眼，對她說：「用不著拿博士學位，也知道這些是烹石。」

考古學家認為，先人先將土丸烤熱了，然後扔進盛水的動物皮或不會漏水的簍筐中，火燙的土丸讓人得以把水煮滾，水中食物又不致承受火烤。早在鍋具發明以前，人類便用這個方法來將種籽、穀物和堅果煮軟，把很多有毒或味道苦澀的植物轉變成食物。有些原住民部落至今仍採用此法。

水煮為我們大幅拓展食物的地平線，尤其是植物領域。形形色色原本不堪食用的種籽、根莖植物、豆類和堅果，這會兒煮軟後都可以食用無虞，成為專屬於智人的營養資產。後來，熱石水煮法式微，人們改用土鍋，阿妲雷也將此一變革記錄於加泰土丘遺址的文獻中。耐火又防水的鍋子使得煮食變得安全又容易許多，這項發明是第二次烹飪革命。第一次是人類學會用火烹飪，而第二次革命就只缺普羅米修斯這樣的神話人物。不過說不定事情就該如此，因為在一般人的心目中，這種烹飪法帶有的是家常氣氛，而非英雄氣息。

然而要是沒有鍋子，農業能進展到什麼地步呢？人類耕作的重要作物中，有不少必須用水煮（或起碼用水浸泡）才能供人食用，特別是豆類和穀物。鍋子有點像是人的第二個胃，體外的消化器官，使得我們能夠攝食無法生食或生食難以消化的植物。這些具有輔助功能的土胃使人類得以食用乾穀存糧，維繫生命，而人也因積糧而得以致富，促成勞動分工以及文明誕生。一般常將凡此種種的發展歸功於農業興起，此說言之有理，不過鍋子的功勞就和犁的功勞一樣大。

用鍋子煮食也有助於人口成長，因為老人和幼子就無需咀嚼便可食用鍋煮的軟質食品和滋養湯品，兒童可提早斷奶（因而提高人的繁殖力），人的壽命也變長。（所以，鍋子也可算是體外口腔）。鍋子讓水元素為人所用，如此一來，我們也得以捨棄狩獵生活，安居一地。歷史學家費南德茲—阿梅斯托認為，在發明微波爐以前，湯鍋（還有由其衍生的煎鍋）是烹飪史上最新的創舉。

李維—史陀在火烤及水煮這兩大烹飪形式之間畫下清楚的界限，將兩者分門別類：烤屬於「外部烹飪」，煮則是「內部烹飪」。他希望我們從字義上也從象徵上去理解這兩個名詞，因為他認為這兩種方法烹調出來的，不只是一頓飯而已。兩者各自針對我們與自然的關係，還有我們與他人的關係，述說不同的故事。因此，火烤在兩層意義上是「外部烹飪」，不僅是在開放空間中，讓肉暴露於火焰上，由外部將食物烤熟，而且烹飪過程本身也暴露於更大的社會世界——烤是由男性執行的公開儀式，對外界開放。相較之下，「內部烹飪」局限在封閉的鍋子中，而且經常是在家居私人空間。鍋子盛裝著食物，外人看不見內容，象徵著住家和家庭，鍋蓋則有點像是居家空間的屋頂，主事者則是女性。根據李維—史陀描述，有些新世界部落「男性絕不用水煮任何食物」，有些部落則認為水煮可鞏固家庭關係，火烤則會削弱家庭關係，因為他們往往會邀請賓客一起烤肉，包括陌生人在內。

煮的食物也比烤的食物更進一步割除人類不文明的天性。燒烤除了火元素外不需要其他東西（也許還要一根棒子）。水煮不僅需要火力，尚需仰賴鍋子這項人造物，捲入食物和火之間的中介物質，並不只一項，而是黏土和水這兩項。鍋子也更能充分烹煮食物，亞里斯多德因而認為水煮比火烤更「高等」、更文明，因為煮比烤更能有效地把肉烹熟（他顯然並不熟悉美國南方的慢火燒烤）。如果說所有的烹飪都是將自然物質轉化為文化的過程，那麼水煮藉著完全消除被吃的動物肉裡的一切血跡，更徹底地轉化了動物。

李維—史陀指出，用餐後，人們會把烹煮的器具仔細地清洗乾淨，妥善收藏，而按傳統作法，慶典過後，用來烤肉的木架則須銷毀。這是為什麼？因為害怕復仇心切的動物會以牙還牙，拿木架來烤人肉。這個迷信述說了一件事：燒烤和暴力與危險之間的關聯較緊密。這或可說明何以許多文化禁止女性烤肉，女性的傳統身分是賜予生命而非取走性命的人。李維—史陀寫道：「煮是生，烤是死。」他表示，在全球各地無數民間傳說中都可找到「永生不死之鍋」，卻沒有任何「永生不死之烤叉」。

有沒有人會像對待舊砂鍋或兒時用的湯匙那樣，特別費心去清理、保養烤架或炙烤器具？其中牽涉的不單只是戶外烤架和煮鍋哪種較易毀壞，當日積月累的油垢變得太厚時，前者扔掉就好，後者卻成為家傳珍寶。

在成長過程中家母的廚房是何模樣，我的記憶並不很清晰，可是有個影像我卻歷歷在目，就是一只海藍色燉鍋，她總是從那鍋中舀出燉牛肉或雞湯。那鍋子是「丹斯克」牌，北歐設計，樣子好看、鍋壁薄，不過超乎意料地沉重，透露出那海水藍的搪瓷底下其實是鋼。那鍋子附有鍋蓋，可用纖細的十字形把手掀開，把手設計精巧，鍋蓋倒過來便可充當腳架。那鮮豔的琺瑯上每一塊斑駁和摩擦的痕跡，都深深刻劃在我的記憶中，我敢說，即便到了今天，如果把看來一模一樣的這種鍋子排成一列，我仍然挑得出哪一口是我母親的。

鍋中傳出誘人的香味，始終許諾著可口又飽足的美味。晚餐時分將近時，我們受到滿室飄散的香氣引誘，紛紛走出各自的房間，走向廚房。在我家那現代化、充斥電氣設備的六〇年代廚房中，那口凝聚向心力的鍋子是家中最近似於壁爐的物件，溫暖而辛香，象徵著美好的家居生活。

說實在的，事隔五十年，我設法在回憶中重組那間廚房時，第一個浮上心頭的畫面就是爐台上那口海藍色的鍋子。我從那裡逐漸拾起記憶，看到黃色的瓷水槽、角落那張長方形美耐板桌子和帶有未來主義風格的曲線形椅子、牆上棕褐色的轉盤式電話、（很不智地）掛在電話旁邊的鳥籠，還有一大扇觀景窗，俯視著前院那棵護衛著我家、樹幹分岔為二的大櫟木。晚上開飯時，我母親會將燉鍋從爐頭直接端上桌，穩當地置於腳架中心，掀開藍綠色的鍋蓋，從那香噴噴又熱氣氤氳的鍋裡舀出菜來，依序分給我們。

那口宜人的老鍋子盛裝著熱呼呼、表面還嘟嘟冒泡的濃郁燉菜，有一點像是具體而微的廚房——一方封閉空間，各式各樣冷冰冰的食材在裡頭轉化為熱騰騰的食物，供一家人食用。夫復何求？一如廚房，這口鍋子也承載著在那裡面燉煮過的所有餐食的痕跡，據說（就算只是迷信）過往的那些菜餚多少會提點並改善眼下正在鍋中烹煮的菜色。好鍋留住回憶。

好鍋也留住我們，至少我們懷著這樣的希望。吃著同一口鍋子煮出來的東西，我們分享的不只是一頓飯菜而已。對古希臘人而言，「同吃一鍋」比喻著分擔共同命運——我們都在同一條船上。燉鍋以同樣方式結合許多不同的材料，烹製出同一種令人難忘的滋味，也團結了一家人（起碼一度如此，直到我的妹妹宣稱自己吃素，才把這「家庭共享鍋」拆成幾道主菜）。我這樣講聽來容或太濫情又太過於個人，不過請試著比較這種大鍋菜和典型的微波爐餐。後者是一道又一道單人份的食物，每一道冒充不同風格的菜色，想吸引不同的人，卻從來沒有哪張餐桌會同時放著兩道微波爐餐供家人一同用餐。如果說人類的第一次美食革命打著社群的旗號，讓人圍攏在烤肉的火堆邊上，第二次則打著家庭旗號，讓一家人圍坐於燉鍋旁，目前正在進行中的第三次革命則似乎獨尊個人：你想怎樣就怎樣。然而每一口大鍋上都飄著一句格言，正是一美元硬幣上銘刻的那句：「**合眾為一**」。

鍋子的象徵力量（團結、和諧）或許始自家庭，然而並不僅限於家中，而遠及政治領域。古代中國人認為治國如「鼎鼐調和」，高明的大廚兼宰相將各種彼此衝突的利益同置大鼎中，運用廚技調和成一道美味。就近看看美國，「民族大熔爐」從社會角度尋求相似的成果，想將來自各方的移民史風味融為一鍋美國菜。同吃一鍋菜始終會推擠到個人的口味主權，這說不定有助於解釋何以鍋菜逐漸式微，而微波爐逐漸當道。

但是，我們也不該無視鍋菜較黑暗的一面。古希臘另有諺語說「同煮於一釜」，指出有難也得同當。還有女巫的大釜，雖然掌管這口鍋子的也是女性，煮出來的卻是與療癒食物迥然不同的事物。誰曉得那口駭人的鍋中煮的是什麼玩意？在那咕嚕咕嚕冒著泡、烏漆抹黑的醬汁底下會不會有蠑螈眼或老鼠尾巴？所有的鍋菜都多少有些神祕，看不出來裡頭到底有哪些食材，孩子們稱之為「神祕的肉」，誠然如此。

有鑒於一位古典學者曾表示「荷馬史詩視形體不明的事物如洪水猛獸」，燒烤是荷馬唯一寫到的烹調方法，也就不足為奇。加蓋又濃稠的鍋菜完全不像剖開的動物那樣一目了然，缺乏阿波羅太陽神式的明晰。鍋菜將明亮、輪廓清楚的物件與易於辨認的世界，轉換為比較幽暗、不固定、成形中的事物。從各種鍋子中盛出來的食物好聞卻不中看，是原始的「酒神之湯」[3]，但又反向而行，是在瓦解形式而非創造形式。食用鍋中食物，始終像是淺探未知的水域。

可惜，我並沒有大釜，但我家的確有兩口厚重的鑄鐵鍋（有藍色琺瑯塗層），還有一只紅色塔吉鍋，就是那種鍋蓋有煙囪、外觀像錐形帽子的摩洛哥鍋。最近，我買了兩口土鍋，一口是哥倫比亞手工製作的拉強巴未上釉黑土鍋，另一口是托斯卡尼的寬口赤砂鍋，上了冬麥色的釉彩。我喜歡想像這兩口新鍋子將是未來的傳家寶，不過在它們有機會變成稀世之珍前，我可不能弄出裂口或砸到地上。這種鍋子一開始容或只是尋常商品，但假以時日，留存下來的鍋子累積了豐富的家族歷史，便成為我們的無價之寶。

這些器皿的重量和厚度非常適宜以細火慢慢燉煨，也適合熬湯、煮豆子。這些鍋子加熱慢，散熱均勻，可使鍋中菜餚充分受熱，讓各種味道徐徐混合。鍋子不會有任何一個部位太熱，不致造成部分食材太快變熟或燒焦。相較之下，鑄鐵鍋的長處是可以直接置於爐火上，用來煎肉或煸湯底。大多數土鍋只能在烤箱中使用，表示你燒一道菜需用兩口鍋子。不過砂鍋是最溫和的烹飪用具，也是最能保存熱和記憶的鍋具——不少廚師都說，砂鍋經過長久使用，會逐漸累積美味，經年累月以後，不論用來煮什麼都比較好吃。砂鍋亦可直接端上桌，讓賓客從頭到尾都可吃到熱騰騰的食物。

烹飪時，蔬菜先下鍋。將湯底（或其他蔬菜，或兩者一起，依食譜而定）均勻鋪在鍋底，上面再放其他較大塊的食材。你可不想讓肉直接接觸熱燙的鍋底，使肉沾鍋或燒焦，味道從而較無法與其他材料融合。必須等到肉安穩地躺在蔬菜上，才能加進汁液，也就是結合食材風味最重要的媒介。這汁液慢慢地也會青出於藍而更勝於藍，變得遠比其本尊和所連結的各種食材加起來都還要美妙的東西，也就是醬汁！

V　第五步：將煮汁澆在材料上

看食譜、菜系或廚師個人喜好而定，「煮汁」也許是葡萄酒、高湯、果菜泥、果菜汁、牛奶、啤酒、昆布柴魚清湯，或就只是自來水。然而說實在的，這些汁液不過是加強版的水罷了，充當化學家所謂的「連續相」，讓其他分子擴散至其中，形成美妙的風味。

3　希臘神話中，年輕的酒神戴奧尼索斯遭巨人族拐騙後殺害。巨人族將戴奧尼索斯支解、分食，唯獨心臟被雅典娜搶救下來。宙斯從雅典娜手中取回心臟後將之烹煮成湯，讓戴奧尼索斯的生母瑟蜜蕾服下，瑟蜜蕾於是再度懷孕生下戴奧尼索斯。（編注）

說到燉煮，鍋子是舞台，水是英雄（或說非人類英雄），是促成人物具有一貫性，推動戲劇進行的要角。的確有一些煨菜不需要加汁液，但在密閉的鍋中慢慢烹煮時，食材很快便會滲出汁液，無論是肉汁或是菜汁，這些液體也都能勝任水的角色。

水在烹調中宛若千面人，既創造又破壞，最終則轉化事物。已馴化、裝進鍋裡的水，看來容或不像可以侵蝕雕刻峽谷、海岸的洪水激流那般猛烈強悍，然而其力量之強大，同樣令人刮目相看。讓我們想一想，在鍋中加了水，然後將鍋子置於爐火上，這時水可以成就什麼事物。

首先，水可以導熱，將鍋壁的熱均勻並有效地傳到鍋中食物的各個部位。如果鍋中有乾種籽，水可令其起死回生——有時真如字面意義，可讓種籽發芽，有時則是象徵意義，可讓種籽變軟、變豐滿，足以入口。不過，水經充分加熱後，也有殺傷力，能殺死食物中的細菌。水可給肉消毒，化解植物和蕈類的毒性。水可以濾掉鹽分和苦味。鍋中的水能夠連結不同類別的物種，結合動、植物和蕈菇，讓食材交流，交換味道，轉變質地。只要時間夠長，熱能也適量，水就能夠破壞動植物最強韌的纖維，將之轉化為食物。如果煮得更久一點，則可將這食物煮爛成濃糊，最終成為美味又營養的汁液，成為「連續相」中擴散的一部分。水一面破壞，一面重建。

水從一項材料中萃出分子並散布出去，好讓這些分子接觸另一材料的分子，產生反應。水瓦解若干化學鍵，塑造新鍵，這可能形成香氣、風味或營養成分。鍋中的水是味道的媒介，也是熱能的媒介，使香料和其他調味料得以遍布鍋中，讓人品嘗得出來。最辛辣的香料（如辣椒）一碰到水，威力也會稀釋，變得較易入口。只要有足夠的熱能和時間，水就有軟化、調合、平衡、協調以及媒合的能力。

水如此多才多藝，你會以為用清水當煮汁綽綽有餘，有時誠然如此。說實話，莎敏就認為自來水是被低估的煮汁，而大多數廚房不可少的雞高湯則過度濫用。

「除非你煨的是雞肉，否則我真不明白為什麼有人不管煨什麼菜，都要嘗來像雞肉。」有一天下午我們正準備把摩洛哥燉羔羊肉放進烤箱中時，莎敏如是表示。這道菜滋味豐富，除了湯底和蒜頭，我們還加了一把烘過的摩洛哥香料，跟著添了一點橙皮、乾杏桃、芫荽梗，然後把煎到焦黃的羔羊肉放在這一層辛香的材料上。我們沒加高湯，而改加了水和一點白葡萄酒。「那汁液終究會變得香濃美味，而且也用不著嘗來像雞肉！」

水作為我們這道燉羔羊肉的連續相，功能是要調合並平衡一些頗具野性的味道，揉合成人們熟悉的滋味：摩洛哥菜的風味。我們當中大部分的人馬上便可辨識出摩洛哥菜的基本風味，並從這風味得知自己正在吃什麼，從而感到安心。如果說雜食者的兩難，就是要從大自然給予我們偶爾帶有風險的無數選擇中，判斷出哪些是安全無虞的好食物，那麼熟悉的風味便是很有用的嚮導，是禁得起考驗的知覺信號。世上的多數物種在選擇食物時都受天生偏嗜的口味引導，而這些熟悉的混合風味在一定程度上取代了這種偏嗜——這些物種有本能作為嚮導，我們則有不同的菜系。

這至少是食譜作家伊莉莎白．羅辛與其前夫社會心理學家保羅．羅辛共同提出的烹飪調味理論。她在其著作《民族烹飪：食譜的調味原則》中表示：「舉例來講，一道菜用醬油來調味，我們便幾乎是自動地將這菜畫分為東方菜。」可是醬油這東方帝國無遠弗屆，疆域遍及許多國度。她指出：「在基本的醬油中加進蒜頭、糖蜜、碎花生和辣椒，就會烹製出印尼風味。」如果改成加魚露和椰奶，就成為寮國菜。羅辛女士認為，每一菜系都有其獨特的「調味原則」。比方說，希臘有番茄、檸檬、奧勒岡香草，墨西哥有萊姆、辣椒，匈牙利有洋蔥、豬油、紅椒粉，莎敏的摩洛哥菜則是孜然、芫荽、肉桂、薑、洋蔥、水果（美國呢？嗯，我們有亨氏番茄醬，小孩或家長就用這瓶裝的調味原則，來馴化各種你想像得到的食物。我們如今也擁有熟悉的速食鹹鮮味，我猜基本上應是鹽、大豆油和味精組成）。我們一接觸到熟悉的調味原則，就明白自己吃的是什麼，從而感到安心，因為我們知道這食物是按照一套歷久彌新的規矩來烹調，因此大概不會害死我們或使我們生病。

這些調味原則總是結合至少兩種芳香植物，通常更多。這或許是因為沒有任何單一的調味料足以標明某食物已完成必要的旅程，從危險的生食領域進入安全的熟食文化。唯有智人才會長年實驗，從大自然就地取材調製出混合的風味，而這種風味似乎很吸引我們。就好像花瓶或歌曲等文明產物，這些結合物在達到某種平衡或對稱時最吸引人。以風味而言，就是在甜與酸或苦與鹹之間達到平衡。

水這項元素在調味較繁複的菜餚時（好比我們的這一鍋摩洛哥燉肉），尤其像大指揮家，指揮調度調味原則，將不同顏色的滋味絲線交織成一面熟悉的圖案，合為一體。烹調用油也可達成相似的效果（食用油常也是調味原則的重要元素），但是水是主要的味覺介質。確實，分子必須先溶入水中，舌頭才嘗得出來。（嚴格說來，「滋味」侷限於舌頭所能察知的五種味覺：甜、鹹、酸、苦、鮮。「風味」範圍較廣，涵括氣味和滋味，因此我們對風味的反應主要視我們的經驗而定，與基因的關連較小。）

不過，倘若普通的清水便足以替燉肉、湯或醬汁增添風味，為什麼有那麼多菜系往往偏愛以動物增味的水（也就是高湯或清湯）？廚師會告訴你，高湯令燉菜、煨菜或醬汁更濃郁美味，更具「深度」，令鹹味的菜餚吃來更鮮美。高湯也可以給菜餚添加「厚度」，讓味道更扎實。「高湯是烹飪的一切的一切，少了高湯，什麼也做不成。」法國廚藝大師艾斯科菲耶的名言如是有云。因此，不少好餐廳都設有「醬汁師傅」一職，專門負責烹煮高湯。想要購買這麼基本的材料，根本是不可能的事。

說來有趣，菜餚中含有的這一項材料其實是**另一道**菜，有自己的食譜、自己的鍋子、自己的汁液和自己的辛香蔬菜基底，包括我們早已熟悉的洋蔥、胡蘿蔔和西洋芹菜。莎敏和我曾多次烹煮要加進燉鍋或醬汁中的高湯，這項廚事做起來給人沒完沒了、一直在走回頭路的感覺，我們不得不一而再、再而三地切洋蔥、煎肉和添加汁液。然而食物最深刻、最純粹的風味，似乎就是在這個重複濃縮的過程中（把東西加進水中熬煮，提煉精華，然後又再煮，再濃縮），慢慢成形的。

那麼，高湯中究竟有什麼，使得這項材料如此不可或缺？高湯確實能賦予一鍋菜或醬汁「厚度」或「深度」，還有讓食物嘗來更鮮美，但這究竟是什麼意思？換句話說，我們稱之為高湯的這種汁液，到底有何特別之處？

依我看，應該不僅是高湯基底中的肉味或菜味使然。莎敏對雞肉高湯的看法正顯示出，雞肉味不見得有加分作用，而且做好的菜色中常也嘗不出雞湯味。廚師之所以常用雞肉高湯和小牛肉高湯，原因之一就是這兩種高湯「缺乏」特殊風味，至少跟牛肉或豬骨高湯相比確實如此。另一個理由是，雞和小牛的骨頭較不老，相對能釋放較多膠質至菜餚或醬汁中，從而增添菜餚的風味厚度。然而，箇中必然還有其他緣故。我花了一點時間做了功課，研究肉高湯的化學和人類味覺的生理學，事情就逐漸（恕我如此形容）如清澄高湯一般清澈了：慢火熬成的高湯對菜餚的最大貢獻，是那既誘人卻又多少仍令人費解的第五味——鮮味。

日本自一九〇八年以來即認可鮮味是一種成熟的滋味，那一年有位名為池田菊苗的化學家發現，日本人千年以來用來煮湯和高湯的乾海帶，上面的白色結晶體含有大量的麩胺酸，而此一分子的滋味自成一類，不甜、不酸、不苦、不鹹，池田決定稱之為「旨」味，在日文中的意思是可口。眼下，我們大多數人接觸到的麩胺酸是形狀如鹽、成分表上叫做麩胺酸鈉的味精。[4]

直到二〇〇一年前，第五味的概念在西方仍備受爭議，美國科學家在那一年確認人的舌頭有專門的麩胺酸受體。如今咸認鮮味是與另四味不同的滋味，其實，除了麩胺酸外，至少還有兩種分子可以令人嘗到鮮味，一是（在魚肉中找得到的）肉苷核苷酸，另一為（蕈菇中含有的）鳥苷。這些化合物結合起來似乎有協同作用，能大大增強鮮味。

正如同哺乳動物已確知擁有的四種味覺，鮮味也是一種細膩的知覺。我們天生就有這五味的受體，連向腦部不同區域，啟動時會各自產生反應。因此，沒有人需要「學習」品嘗或認出甜味，那是與生俱來的知覺。嗅覺則大不同，人類可以嗅到約一萬種氣味，而我們對各別氣味的反應多半是學習而來，有個人的學習也有文化的學習。某一文化甘之如飴的氣味，另一文化卻是避之唯恐不及，好比我在中國有人請我吃的臭豆腐。天生的滋味和後天學習的氣味之間的區別，藏在我們語言的字裡行間，氣味顯然比滋味更富聯想，亦即有較多隱喻：我們說某物聞起來「像」另一事物，卻說某物是甜的、苦的等等，而不用明喻。

五味中，每一味皆依其生存值[5]而經過演化汰擇，要麼能夠引導我們趨向求生必須攝取的養分，要不就能阻止我們食用會造成危害的東西。舉例來講，甜的味覺把我們帶到環境中能量資源密集的地方，而糖正是這樣的資源。我們生來就喜愛鹽這重要的養分，而許多有毒植物的味道則正巧是苦的，這或可說明何以嬰兒一嘗到苦味，便本能地皺起眉頭（還有為什麼女性懷孕時特別怕苦味）。酸味也會勾起本能的負面反應，這說不定是由於食物腐敗時，通常會發酸，而腐壞的食物一般帶有風險（臭豆腐除外）。然而，即便味覺是與生俱來，我們對酸味及苦味的反應卻是可以「翻轉」的：我們當中有不少人就愛吃酸或愛吃苦。

那麼，鮮味又如何呢？一如鹹、甜的滋味，人們對鮮味普遍有正面反應。此外，就像甜味和鹹味，鮮味也是食物含有重要養分的信號，那養分就是蛋白質。有趣的是，我們已發現不只舌頭，人的胃中也有鮮味的受體。一般推測，這是為了讓身體作好消化肉類的準備，提醒胃分泌必要的酵素、荷爾蒙和消化酸。已知能夠刺激鮮味受體 的化合物，最重要就是胺基酸麩胺酸、肉苷核苷酸和鳥苷，這些都是蛋白質分解的副產品。

文火慢熬的高湯就是如此：肉的蛋白質長鏈分解成不同的胺基酸建構組元，主要是麩胺酸。雞肉高湯裡其實有大量麩胺酸，不僅來自富含蛋白質的肉，慢煮的辛香蔬菜也有功勞。肉湯中尚有肌苷酸，與麩胺酸結合後，製造出的鮮味遠強於兩種化合物相加的總合。

不過，鮮味固然可讓食物嘗來有「肉味」，肉卻只是麩胺酸的眾多來源之一而已（因此，把旨味譯成「鮮味」，應比譯成「肉味」或「湯味」好）。成熟的番茄、乾蕈菇、帕馬森乳酪、鹹鯷魚和許多發酵食物（包括醬油和味噌）的麩胺酸含量都很高，加進食物中均可增添鮮味。成熟的番茄具有這個優點，足以說明我和莎敏合作燉煨的菜餚中，為何有那麼多道除了高湯或葡萄酒以外，尚需添加罐頭番茄或番茄糊等「番茄製品」。偶爾我們也會扔進

4 味精是一種食品添加劑，由微生物合成不同自然物質而製成。麩胺酸在食品成份表上還有其他名字，如「脫水蔬菜蛋白質」、「分離蛋白質」、「酵母精華」和「自解酵母」。

5 影響個體能否生存、繁衍的特性及能力。（編注）

一塊帕馬森乳酪皮、一點乾牛肝菇或少許鯷魚糊（至於我們為何有時師法柴爾德女士，用培根油煎肉呢？因為培根簡直是鮮味炸彈，含有截至目前為止辨識得出的各種鮮味化合物）。我和莎敏當時都只知其然不知其所以然，但是這些添加物都可以增加菜餚鮮味。我們之所以添加一種以上（番茄加帕馬森乳酪，或高湯加乾菇），無疑是因為我們想探討這種滋味的協同作用。我發覺，鮮味幾乎可說是每一道燉煨菜色和湯品的祕密核心與靈魂。

我用「祕密」來形容，是因為鮮味的運作方式多少有點神祕，起碼與甜、鹹、苦相較確實如此。空口吃純味精（麩胺酸）並不美味，有種說不上是什麼的味道。鮮味必須有其他材料輔佐，才能發揮神奇的力量。麩胺酸有一點像鹽，有提味的作用，可是又跟鹽不一樣，自身並無立即便可辨識的滋味。

鮮味還有一個神祕之處，就是除了可以改變食物的滋味外，還可改變許多食物的質地，更精確地說，是我們所感知的質地。在湯中加進增鮮物質，喝湯的人會覺得湯不但味道變「濃」了，也變稠了。鮮味似乎能引聯覺共感，讓液體較不像水，而比較像食物，由此看來，鮮味化合物啟動的可能不光是口腔中的味覺，還可以欺騙觸覺，製造「厚度」的錯覺。

我認識到鮮味具有這些特性後，很想用日式高湯「出汁」來進行一些實驗。如果說鍋菜的美味主要取決於鮮味，那麼用日式高湯來做鍋菜，看來頗值一試。日式高湯在不經意間被製作成鮮味物質多到不行的，其他物質卻少到不行的煮汁。在我看來，這似乎是萬能煮汁，自然想煮上一鍋。

尚未了解鮮味的科學原理前，日式高湯看來就像難以置信的概念：用乾海帶、柴魚片做成的高湯，至於乾香菇，可加，也可不加。不過，這些材料正巧各自含有三大鮮味化合物中的一種，統統加進水中，引發協同作用，就達到極大的鮮味效果。日本人煮出汁的歷史已逾千年，是烹飪智慧的經典實例：傳統文化單純靠著嘗試與錯誤，給食物創造完美的化學變化，人們只知其然，直到千百年以後方知其所以然。

我的日式高湯實驗大膽走出莎敏的烹飪天地，她對東方飲食並沒有多少經驗，不過可以指點我到何方請教高明：年輕日裔美籍廚師三島．布雷克特。我發電子郵件給他，說我有意學習煮出汁，於是他邀我到他家後面那由車庫改裝而成的小廚房，那裡除了一個電爐外，別無多少設備。

不過，他有一樣在美國難尋的東西，那就是鰹節，也就是一整塊柴魚，是他前不久從日本帶回美國的。鰹節外觀像用胡桃木之類的硬木雕成的潛水艇，質地之硬和紋路之細也宛若胡桃木，只有木工刨刀才削得動。其實，日本傳統上就是用刨刀來削柴魚片。

布雷克特在日本時曾造訪鰹節工廠，向我描述的鰹節製法費工得離譜。鰹魚首先去骨剔刺，片成四塊魚柳，放進水中慢煮兩小時，然後置於室內架上，每天用櫟木柴火燻燒一段時間，如是至少十天。接下來，刮去乾魚塊焦黑的外層，曝曬在陽光下，並施以米麴菌，然後置於「霉室」中十天。刮去焦黑表層、日曬、施菌這一串過程須重複三次，這一塊徹底脫水、堅硬如石的鰹節才算大功告成。這是個極端的例子：鍋菜的一項食材本身就是複雜的菜色，食譜如此繁複，所用材料的作法又複雜到不可思議的地步。

布雷克特用磨刀石來磨利他的刨刀，讓我削柴魚片。鰹節其實比木頭還硬，需要費好一番工夫才能刨出一小堆柴魚片。刨刀刨出來的一片片柴魚紋路呈鮭紅色，非常好看，我邊刨邊想，魚肉和木頭的結構如此相像，是什麼緣故？在這同時，布雷克特打開電爐，燒起一鍋水，還放了一片約三十分公分長的昆布在水中。昆布即為風乾的海帶，是麩胺酸含量極高的自然物質，自包裝袋中取出時，表面有一層白色的鹽霜，基本上就是麩胺酸鈉（味精）。布雷克特說，（你知道嗎？）最上等的昆布來自北海道的一個海濱地帶。他也提到，如果想盡可能擷取食材精華，最好用軟水，而出汁兩字其實就意味著提取精華。

出汁材料的幕後故事複雜，其食譜卻簡單直接，而且以高湯而言，作法簡單快速，從頭到尾用不到十分鐘。布雷克特扔了一片昆布到一鍋冷水中，煮至將沸不沸時，用料理鉗夾出這會兒已變綠又變軟的昆布。他解釋說，如果讓昆布碰到煮沸的水，高湯會變苦。湯煮至這時，只有隱約的鹹味。柴魚片則不同於昆布，必須煮沸才能釋放美味，因此當鍋中的水開始滾了，布雷克特便撒了一大把柴魚片下鍋。粉紅的薄片在水面瘋狂地舞動，一吸飽水分，便開始往下沉。布雷克特讓柴魚在鍋中煮了五、六分鐘就倒出高湯，用棉布濾出柴魚片，丟棄不用。濾好的湯汁似淡茶，呈幾近清澈透明的淡金黃色。湯汁變涼了以後，你可以選擇加入乾香菇，但也可以不加，就這樣。

我彎腰低頭去聞煮好的出汁，那氣味令我聯想到潮水退去露出的水窪，似有若無的腐爛氣味如退潮的海灘。我伸出指頭蘸了一點正逐漸變涼的湯汁，沒有多少可以述說的味道，有點鹹，又不大鹹——有點像是海水，卻是淡的。微鹹。和一般肉高湯相較之下，日式高湯可說是平淡無味，你不會想當成湯來喝。可是這淡色的湯汁包含大量的三種主要鮮味化合物，有昆布的麩胺酸、柴魚的肌苷酸和香菇的鳥苷，每一種都溶進水中。

布雷克特拿了一些柴魚片和昆布，讓我帶回家，接下來好幾天，我自己煮了日式高湯來實驗。我首先試做了蘸汁，在一小碗出汁中加了醬油、味醂、米醋各一匙，還有少許蔥花和薑末。好極了——雞胸肉、蕎麥麵、豬肉，不論是什麼，只要一蘸上這醬汁，就好吃得不可思議，而且不知為何，更嘗得出本身的原味（也更有日本味）。接下來，我試著用出汁來燉煮，先燉了牛肋排，然後是豬里肌肉，一樣加了醬油、味醂、醋和清酒，還有一點味噌。兩道菜都很香濃，令人滿意，而且不像莎敏和我合作的燉煨菜色那麼油，卻一樣風味十足。我並未用出汁試做非亞洲菜，覺得那樣或許不太對勁，我也說不上來，要是我建議那麼做，莎敏八成會翻臉吧。不過，出汁本身並不盡然是調味原則，比較像是用來提味，說不定可用於其他菜系。只嘗出汁時，你無法想像出汁會怎麼呼應搭配其他風味。我漸漸覺得出汁是神奇之水：結合氫、氧、胺基酸和某種不明的事物。

我在研究鮮味的過程中，發現一件頗堪玩味的事，就是母乳富含麩胺酸，鮮味很濃。母乳的麩胺酸含量湊巧就和出汁差不多。母乳含有什麼物質，理當關乎進化，因為其中任何一種化合物都是母體用化謝換來的，因此，自然擇汰會立即捨去乳汁中對嬰兒並無益處的任何成分。那麼，麩胺酸又有什麼益處呢？

或許有兩個解釋。戴維斯加州大學的食品化學家哲曼為了更加了解人體所需的養分，而分析母乳的成分。他認為麩胺酸對成長中的嬰兒是相當重要的營養成分。麩胺酸不但是一種味道，也是成長中嬰兒胃腸所需的細胞能源和分子建構組元。葡萄糖是腦部的理想食品，麩胺酸則是腸胃的完美養分，這容或適足說明我們的胃部何以天生就有可以感知鮮味的味蕾。

母乳中的麩胺酸可能還造成其他影響：使得嬰兒喜愛鮮味。嬰兒透過喝母乳，最早大量接觸的滋味就是鮮味（還有甜味）。此一偏嗜正中智人的下懷，因為人類必須攝食大量蛋白質，而鮮味幫助我們辨識並找到蛋白質。

然而，我們喜歡鮮味食物這件事，有沒有可能富含普魯斯特的意味？因為鮮味令我們想起人生最早的糧食，追憶起再幽渺也不過的往事？我們腦海中許多所謂的「療癒食物」——

從冰淇淋到雞湯等各式各樣食物，往往不是甜的，就是含有鮮味，也就是我們透過母乳接觸到的兩大滋味，這只是湊巧嗎？

前不久，我和莎敏共度星期天下午時，就不斷思考這件事。那天我們做的是名為「牛奶燉豬肉」的羅馬菜。我對這道菜有所疑慮，不僅是因為太不合猶太教飲食戒律——我吃豬肉，這件事早已名聲在外，可是用牛乳來煮豬肉對我來說還是有點怪異，我不由得納悶，舊約聖經明文禁止混食乳和肉，箇中會不會有什麼務實的理由。可是，顯然沒有，猶太教規解說專家表示，此一禁忌被畫入並無明顯原因的「法令」類別。

我怎麼想呢？猶太教飲食戒律無非是要斬釘截鐵、清楚地畫分各個領域的界線，而還有什麼界線能比生死之隔更決絕呢？可不能將動物血肉這樣的死亡象徵，和母乳這般強烈的生命象徵混在一起。再者，用乳汁來煮肉，將狩獵的雄性領域與滋養生息的雌性領域混雜在一起，在不少文化中都是禁忌。人類學家瑪麗．道格拉斯曾寫道，禁止混合乳和肉是為了「對生殖功能表示尊重」。

嗯，這一天可沒這回事。我向莎敏表達我的疑慮時，她表示：「這是我向來特別愛吃的一道菜，我曉得聽來真的怪怪的，我先得讓你有個心理準備：煮菜的時候，看起來有點噁心。可是我敢打包票，這會是你這輩子吃過最美味、最多汁的療癒食物。」

用牛奶當煮汁，手續特別麻煩。我們做過的鍋菜中，就屬這一道烹煮時最需要密切注意，不可讓牛奶中的糖分沉到鍋底燒焦了。然而**牛奶燉豬肉**在我們做過的菜色中，作法又是數一數二的簡單。說實在的，幾句話便可交代食譜作法：用奶油煎黃豬肉塊，加牛奶、幾瓣蒜頭、一點鼠尾草葉、一顆檸檬的汁（和檸檬皮絲），慢火燉煮數小時。就這樣，沒別的了。不要**湯底**嗎？我問莎敏，不要**洋蔥末**嗎？

「不要，我知道這很奇怪。不過我想這道菜的歷史想必比湯底還要古老，說不定可以追溯回義大利先民伊特魯里亞[6]年代。」

最大的挑戰是要讓牛奶保持在沸點底下慢煮，如法國俗語所說的，煮汁只可「微笑」，不能冒泡泡。因此，我們利用「心急水不沸」這顛撲不破的事實，時不時就去察看鍋裡。（這大概是因為要察看鍋裡，就得掀開鍋蓋，鍋裡溫度由是降低）。過了一會兒，牛奶開始變得有點黃而且凝結成塊，非常像嬰兒吐出來的奶汁，熱奶水遇酸凝結看來就是這模樣。大鍋有如體外消化器官這個古老的比喻，在此再恰當不過，鍋內這時的狀況當然也正是如此，牛奶中的蛋白質遇酸開始分解、重組。

「我知道，看來有點噁心。可是，我們要的就是這個。你等一下就會明白，這些奶塊好吃到不行。」莎敏說。

果然好吃極了。經過數小時燉煮，煮汁變成好看的黃褐色，金黃的凝乳看來不再像是錯誤。加了檸檬汁的牛奶對肉中的蛋白質發揮了分解作用，肉燉得極爛，叉子一撥即分開。如莎敏所保證，燉肉美味多汁，綿滑濃郁的燉汁尤其好吃到不可思議的地步，鮮香甘美。說真的，那滑潤的醬汁五味齊備：除了肉的鮮味、鹹味和牛奶的甜味外，還有來自檸檬皮和鼠尾草的一絲絲酸味和苦味，五種滋味和諧地融進奶汁當中。豬肉、蒜頭、檸檬、鼠尾草和牛

6 公元前十二世紀至前一世紀間，存在於義大利半島與柯西嘉島的文明

奶，就這麼幾樣尋常的食材，竟可烹製出滋味如此豐富的菜餚，彷彿神奇的聖餐變體。

「鼎中之變，精妙微纖，口弗能言。」中國名廚伊尹在公元前二三九年如是有云[7]，他顯然有相似的美食體驗。

巴舍拉這位多少令人難以理解的法國元素說哲學家，在一本名為《水與夢》的著作中嘗試對水和其他液體作「心理分析」。他也曾用同樣方式嘗試對火作心理分析。「對想像力而言，凡是會流動的，都是水。」巴舍拉在〈母性的水與陰柔的水〉這一章中如是寫道。他聲稱，人總想像水是陰柔的，火則相反，是陽剛的。不過，他進而主張說，在想像中，「一切的水都是某種乳汁」，但是稍後他又說，僅限於我們喜歡的各種水，「更精確的講，每一種宜人的飲料都是母乳」，而後，又更進一步地表示，「水一經熱烈頌揚，就成為乳汁。」

巴舍拉舉海洋乃「滋養之水」的意象為例，棲身於大海的魚群彷彿悠游在羊水中，毫不費力便可攝食散布在海水中的脂肪與其他養分的微粒。「對物質想像而言，水一如乳汁，是完整的食物。」

有關食物，巴舍拉在《水與夢》中並未多寫其他內容，對於燉菜和湯，更是隻字未提。不過依我看，這些食物應該都符合他想像中的「乳汁」——一如滋養生息的大海，是種生活環境，魚在大海中就像母親懷中的嬰兒，所需或所欲者一應俱全，無所匱乏。在鍋中成形的滋養之液，一開始是稀薄又透明的水，當物質和風味被吸收並擴散後，汁液變混濁，顏色也變了，最終成為多少算完整且肖似乳汁的食物。至少在想像當中，這樣的烹調有如物質的聖餐變體，只是這一回並非將水變成葡萄酒，而是變成同樣神奇的事物：乳。

「石頭湯」是將水變成食物此一日常奇蹟的古代道德寓言，在許多不同的文化中流傳了千百年（有時是「釘子湯」、「鈕扣湯」或「斧頭湯」）。故事中說，有一貧窮又飢餓的陌生人來到一個村莊，隨身除了一口空鍋外，什麼也沒有。村民不肯給他食物，陌生人便在鍋中裝水，扔了一塊石頭進鍋裡，在廣場上煮起這鍋水，這勾起村民的好奇心，遂問陌生人在煮什麼。

陌生人說，「石頭湯。很好喝，您馬上就會看到，不過假如您分一點點配菜給湯增添味道，會更好喝。」有位村民於是給了他一枝香菜，接著，另一位村民想起來，她家中有馬鈴薯皮，就去取來，丟進鍋中。還有一位扔進一顆洋蔥和一根胡蘿蔔，跟著又來一位村民提供了一根骨頭。這鍋東西就這樣煮著，村民輪流前來，扔進這個那個，直到這鍋湯變濃，營養又美味。村民和陌生人不分彼此，統統坐下來，一同享用美食。

村中一位長老宣稱：「你送給了我們一樣最好的禮物，那就是，用石頭烹煮好湯的祕訣。」

7 應是作者弄錯年代，伊尹是夏末商初的名相，曾為廚師，其事蹟見於公元前二三九年編成的《呂氏春秋》（編注）

VI 第六步：小火慢煨，不可煮沸

煨（braise）這個字本身就給人慢的感覺，最後那個Z的發音不是戛然而止，而帶有緩慢悠然的意味。說實話，燉煨的菜餚要做得成功，最重要的一點就是慢慢來。從許多方面來看，文火燜煮的階段是最容易的一個步驟，因為廚師除了保持耐心以外，不需要做別的。有本食譜書提出明智忠告，做燉煨的菜餚時，「如果你在納悶到底煮好了沒有，那就是還沒有。」

大多數食譜卻想加快這過程，打包票說這道菜在兩個小時之內就可煮好端上桌。眼下，為配合「我們忙碌的生活」，食譜中充斥著普遍想省時的觀念，因此往往一心求快。如果做的是燉煨菜色，為求快就將烹調溫度調高為攝氏一百六十五度或一百七十五度左右。老實講，這可不是件好事，根本就不算燉煨了。用這樣的溫度煨煮，只有最肥的肉才不致變乾變柴，而許多讓慢煮菜色變得簡單又美味的特性，好比逐漸發展轉化現象、各種味道慢慢調合、食物產生化學變化、滋味產生協同作用，就根本沒有機會發生。做這類菜色，時間就是一切，大部分情況下，燉煮的時間越長越好（Braise這個字來自brazier，火盆，這是一種金屬鍋具，類似可烤可燉肉的鑄鐵鍋，因為熱源來自於盆上或盆下的幾塊炭，所以溫度絕不會變得很高）。

馬基建議，燉煮的溫度絕不可超過水的沸點（攝氏一百度）。即便只有攝氏一百五十度，加蓋鍋中的汁液仍會沸騰，從而有可能壞了一鍋肉。應該讓煮汁「微笑」，偶爾這裡那裡冒出一個小泡泡，卻不致沸騰。馬基甚且建議開始燉煮時不加鍋蓋，以攝氏九十三度左右加溫，這樣可將汁液煮至攝氏五十度左右，溫度不比熱水浴高多少。不過以此溫度燉煮兩小時「等同於加速熟成」，使酵素得以分解結締組織，軟化肌肉（如此亦可使肉煮熟以後仍然保留天然的紅色——我接觸過的燒烤師傅都很看重這種天然顏色，稱之為低溫慢烤的證據）。接著，需蓋上鍋蓋，將溫度調高為一百二十度左右，保持這溫度燉煨，直到肉達到約八十二度。到達這個程度需要三、四小時，這時膠原蛋白已融成汁，若用叉子碰肉，肉應會顫巍巍地搖晃。

我頭一回問莎敏我們正煮的那道菜需燉多久，她只給了我帶點格言意味的答案：「直到肉放輕鬆。」在這一點上，慢煮和慢烤都具有同樣的效果。「烹調肌肉時（肉基本上就是肌肉），肌肉起先會變得緊張，像這樣。」她聳起肩頭，屏息，扮鬼臉，「可是到了某一刻，會突然放鬆。」她放鬆肩膀，恢復呼吸，「所以當你碰一碰肉，覺得肉放輕鬆時，慢煮的肉就大功告成了。」

在我們的食譜中，還有在我們的生活中，都未提及時間這個成分。我不想假裝我在這裡描述的「燉菜」，一如時下食譜盛行用語，僅花二十分鐘「積極的烹飪時間」即可完成。至少需三十分鐘（切洋蔥、煸炒湯底、煎肉等），倘若你按理想狀況，盡量慢慢地炒洋蔥，或許需時更久。另一方面來看，一旦完成這些工作，便可開始以文火慢燉（或把所有東西扔進慢燉鍋中），整個下午就去做別的事，烹調配菜和甜點、查看電子郵件、出門散步，鍋子自會悠然地醞釀魔法。不過，除非你是用慢鍋燉菜（這始終是個選項），不然就得守在附近，隨時留點神，而對我們大多數人來講，這並不容易，起碼在非週末假日很難。一般雙薪家庭若想將這類烹調融入非假日的生活節奏中，就算並非不可能，也是難以辦到的事。

然而即便在週末，我們大多數人的步調依然太快，無法慢慢做菜，就算是不必特意照料的慢燉菜色亦然。因此，如果我們要下廚燒菜，也是剪下報刊上的十分鐘或二十分鐘食譜，將昂貴的腓力牛排扔到炙烤盤上。我和內人茱迪絲就多半如此，我花了好一陣子才逐漸習慣週末期間在廚房裡待上數小時。每一回走進廚房，我都有種自我分裂之感，因為總有別的更急迫的事情待辦——居家雜務、運動、閱讀、看電視。但是知道莎敏將來我家做菜四小時，我發覺自己（就像我們燉煮的肉那樣）慢慢地能夠放輕鬆了，腦中不再有此起彼落的雜念，全心貫注於手頭的工作。切洋蔥時，只管切洋蔥。這變成一段奢侈的時光，我也正從那時起，衷心享受烹飪。

你可以提出異議說，這種烹飪是特例，誠然如此。我們這樣烹飪，並非不得不然，而是自願如此，這便已算奢侈。我們不是天天這樣燒菜，也並非單獨一人下廚，我愈來愈覺得獨自悶著頭做菜是使得下廚變得「沉悶無趣」的主因，這也造成我們當中有不少人在有選擇的情況下，樂得能不下廚就不下廚。如果家中有一人被認定該擔當所有的炊事，那麼烹飪可能會令人感到孤立，尤其是小家庭中的婦女。不過我們應該記住，從歷史角度看，獨自烹飪乃是例外情況。在歷史上，直到二次世界大戰結束，烹飪的社交活動性質始終遠大於現在。許多人在戰後遷居郊區，核心家庭的婦女不出外工作形成常態。

戰前，數代同堂的大家庭婦女常常會聚在一起做菜。工業大革命後，男性開始離家出外上班掙錢，在那之前，都是家中男女一起幹活，好讓食物上桌（各司其職，誠然）。市場和社會分工興起前，家庭是較能夠自給自足的單位。再把時光倒退得更遠一點，傳統小社會中的婦女集體準備食物，在人類學家所謂的「談天圈」中磨穀粒或做麵包。即便今日，地中海一帶仍可看到不少村莊有公共烤窯，民眾會帶著自家發好的麵團、烤肉和燉菜來到窯邊，放進窯中，一面談天說地，一面等著菜出窯。我和莎敏共度的週日多少有同樣的意思。或早或晚，茱迪絲和我們的兒子艾撒克會晃進廚房，拾起刀子幫忙幹活，廚房中飄揚著令人安心又自成節奏的煮炊聲，相伴而來的還有大家鮮少停歇的家常談話。

這確是心甘情願的下廚，然而時下有哪種烹飪不是如此呢？到處都有平價的速食和方便取得的食品，即便對窮人而言，下廚也已不再是不能不做的事。我們都可以決定要不要烹飪，而且愈來愈常選擇不要。原因何在？有人說，因為覺得烹飪很無趣或令人卻步。不過，人們最常提出的理由是，沒有空。

我們當中不少人的確沒有空，長期以來，美國人工作時間愈來愈長，在家的時間愈來愈短。自一九六七年以來，我們增加一百六十七個小時的年工作時數，等於一個月的全職工時。在如今已占絕大多數的雙薪家庭中，增加的總工時在四百小時左右。美國人目前工時比任何工業國家都多，一年多了兩個星期左右。這八成是由於美國勞工運動傳統上爭的是工資，而歐洲的勞工運動更積極為工時抗爭，他們要更少的工時，更多的休假。不令人意外地，在依然重視家庭烹飪的國度，比方歐洲大多數國家，人們也有更多的時間可用來烹飪。

一般認為女性進入職場導致家庭烹飪崩落，可是事情並沒有這麼簡單，而是更複雜並令人擔憂。誠然，職業婦女花在烹飪上的時間比較少，可是**沒有**工作的婦女也一樣。美國非職業婦女花在廚事上的時間和職業婦女一樣，都以急遽的速率下降，自一九六五年以來，兩個族群烹飪時間都減少約四成。[8] 一般說來，收入愈高，在餐館用餐和外帶食物的花費就愈

8 不過已婚的非職業婦女花在廚房的時間長了許多，每天的下廚時間為五十八分鐘，已婚的職業婦女則是三十六分鐘。

多。雙薪家庭本來就有較多的錢可以請企業代勞煮炊，然而如今所有的美國家庭只要可以，就讓企業代勞烹飪。反諷的是，許多拿廚房烹飪時間來交換在職場工作時間的婦女，卻任職於食品服務業，幫忙製造食物，供再也沒有空下廚的家庭食用。誠然，這些婦女靠廚事賺到錢，可是工資中有相當一部分卻給了為其家人烹飪的企業。

眼下，每當有人（尤其是男人）對家庭烹飪式微表示不滿，就會有兩個潛藏的假設如惱人的烏雲籠罩在此番言談之上。第一個假設是，烹飪式微要「歸咎於」女性，因為（接下來是第二個假設）家裡再也沒有人燒飯做菜是女性的責任。不難理出這些假設的基礎建立在何方：傳統上多半由婦女操持家中廚事，因此捍衛烹飪自動等同於捍衛傳統角色分工。不過時至今日，在強調烹飪很重要的同時，不去捍衛傳統的家庭分工作法，應非不可能的事。說實在的，想要闡述烹飪之重要性，勢必得去挑戰傳統的家庭分工，並且應讓男性和兒童也在廚房中占有一席之地。

即便如此，烹飪的式微仍是令人憂心忡忡的課題，有不少人認為男性沒有資格談論此事。然而此一課題最棘手的地方，也恰恰是這整件事的重點。當婦女離開家門出外工作時，有個難題油然而生：誰來做家務？婦女運動將這個難題啪答一聲攤在全球各地的餐桌上。指望職業婦女繼續照顧孩子、清理打掃家裡、將飯菜端上桌，公平嗎？（八〇年代時，一位社會學家如此計算：如果將職場工作和家務相加，職業婦女一星期的工作時數比男性多了十五小時。）很顯然，重新商議家庭分工的時候到了。

商議的過程肯定艱難且讓人不舒服，沒有人迫不及待想討論。接著，我們找到了避談此事的辦法，其實是幾項辦法。荷包較豐的夫婦可以聘用其他婦女來打掃屋子、照顧孩子，從而化解矛盾。夫婦不必再爭論誰該做晚餐，要怎麼分工才公平，因為食品產業介入衝突，提出不分男女、不論貧富，人人皆無法抗拒的建議：何不讓我們來為閣下燒飯做菜？

其實，早在婦女大量進入職場工作前，食品製造業便已致力於勸說我們讓他們來烹飪。二次世界大戰後，食品業煞費周章，想將自己發明來供應軍隊的神奇加工食品，好比罐頭餐、冷凍乾燥食品、脫水馬鈴薯、橙汁粉、咖啡粉等各式各樣立即可食且超便利的飲食，賣給美國人，特別是美國婦女。夏琵若在她的社會史著作《烤箱食物：在五〇年代美國重新創造食物》中寫道，食品業當時努力「說服成百萬上千萬美國人，對像極了戰地軍糧的餐食培養長期的胃口」。這套和平時期的轉變曾促成農業工業化，給我們帶來用軍火改造而成的人工合成肥料、用神經瓦斯製成的殺蟲劑，也促成食品工業化。

夏琵若讓我們看到，工業化烹飪趨勢的產生，並不是婦女進入職場所使然，甚且不是由於女性主義者渴望逃避單調沉悶的廚務，而主要是一種供應驅動的現象。食品加工獲利驚人，利潤遠高於種植作物、飼養畜禽或販售完整食材。因此食品產業早在許多婦女紛紛走出廚房以前，便已定好策略要走進我們的廚房。

然而美國女性不論是不是職業婦女，有很多年極力抗拒加工食品，認為吃這種食物不啻於怠忽職守，未履行「烹飪的道德義務」。在她們看來，這既是和照顧孩子同等重要的責任，也是養兒育女之責的一部分。雖然第二波女性主義作家如傅瑞丹將一切家事視為壓迫的形式，許多婦女卻將烹飪與其他家務事區別開來，常對食品業研究人員表示喜愛下廚。營養學家兼作家賈索說過：「食品加工業者聲稱，他們將婦女從烹飪的苦差事解放出來，可是絕對沒有證據顯示婦女痛恨烹飪，不論是過去或現在。」儘管婦女並不痛恨烹飪，可是在時間變少而家務又太沉重的情況下，也確實早早就把烹飪交給市場處理。

事實上，第二波女性主義者對於烹飪的性別政治懷著矛盾的情緒。西蒙·波娃在《第二性》中寫道，下廚固然可能是不得不然的苦工，卻也可能是「表現和創作」的形式，「女性可以在烤得很成功的蛋糕或一張酥皮中找到特殊的滿足感，因為不是人人都有這手藝，得有天分才行。」我們可以將這一段文字當成烹飪藝術的特例（且非常法國），或視之為若干美國女性主義者在急著把婦女拉出廚房時未思及的小小洞見。但這種矛盾的情緒也透露了一個有趣的問題：我們的文化之所以貶抑廚務，是因為烹飪在本質上不能使人滿足，還是由於這事傳統上是女人的活兒？

不論如何，食品產業以及美國家庭工資總合下降對烹飪式微的影響，看起來似乎比女性主義言論還要大，從七〇年代起，大多數美國婦女是因家庭總收入減少而投入職場。女性主義言論並非毫無貢獻，隨著女權思潮興起，相關話語確實幫了食品產業一把，食品行銷人員開始採用這些說法，巧妙地將之與自家產品還有利益連結在一起。許諾要「解放女性」，讓女性不必再下廚的速食業者，並不單只有肯德基炸雞這一家。只要能幫助食品產業滲透廚房，登上餐桌，食品業者樂於披上女性主義意識型態的外衣。

然而，藏在食品業女性主義表層底下的，卻是意在言外的反女性主義訊息。從過去到現在，袋裝食品的廣告主要針對的客層幾乎全是女性，從而加強餵飽一家人乃母親職責這個倒退的想法。這新奇又巧妙的產品能助她一臂之力，做好她需獨力完成的本分。這些廣告也有助於製造時間恐慌，將一家人描繪成一大早需匆忙趕時間，根本沒空做早餐，連把牛奶倒在一碗穀物上也辦不到，唯一的辦法就是在公車或汽車上吞下穀物條（上面有人工合成的「牛奶」糖霜）。（請告訴我，這些匆忙到不行的家庭為什麼不能把鬧鐘調早十分鐘呢？）一如許多現在的廣告，便利食品的廣告影片在助長焦慮的同時也承諾要解除焦慮。食品工業的行銷訊息還有一個附加的好處，就是讓男性完全置身事外。傅瑞丹在《女性的奧祕》中提出一個難以答覆卻又不能不問的尖銳問題，就是到底誰該留在廚房中。食品產業到末了替我們作了回答：誰也不必待在廚房裡！一切就讓我們代勞！於是我們歡迎食品工業進入我們的廚房，如此一來就可化解爸爸和媽媽之間逐漸醞釀的衝突了。

可是行銷人員如此機巧又鍥而不捨地努力了很久，才終於打動不少婦女，讓她們不再抗拒將炊事交給企業處理。食品工業可真費了不少力氣。首先須說服她們，打開罐頭或用預拌粉烘焙真的**是**在烹飪。坦白講，食品工業可真費了不少力氣。五〇年代時，只需加水的蛋糕預拌粉在超市始終博取不了青睞，直到行銷人員發覺，應該要留**一點事情**給「烘焙者」做，尤其是把一枚真雞蛋打破這樣的事，讓她取得蛋糕的所有權，覺得自己履行了烹飪的道德義務。可是自此以後，食品科學家愈來愈善於擬真，讓食物看來美味又貌似新鮮，逐漸瓦解了我們抗拒的心理。在此同時，微波爐快速普及，一九七八年美國僅八%家庭有微波爐，如今則有九成家庭擁有。微波爐大幅縮短「烹煮」食物的時間，為家庭替代餐食開闢出新天地。

烹飪是家長神聖義務的觀念並未消逝無蹤，然而正如巴瑟的研究指出，企業在重新定義烹調和為家人燒飯做菜這件事大獲成功，連業界本身都始料未及。人們覺得給孩子買冷凍花生醬和果醬三明治當午餐，並沒有什麼不對。巴瑟發現，現成包裝食品和冷凍食品堂而皇之地進入我們的食櫥和冷凍櫃，也使得我們不再樂意購買新鮮食材，以免我們不得不在食材腐敗之前趕緊想辦法處理掉，從而又構成時間上的壓力。巴瑟說，看著青花菜在冰箱中枯黃「令人心懷罪惡感」，冷凍菜餚卻無限期給我們支援。「新鮮貨很麻煩。」

「我們擁有袋裝食品已經一百年了，接下來一百年我們會有袋裝全餐。」巴瑟對我表示。眼下，在家進食的支出已有八成並非歸農民所有，這表示，錢付給了工業烹飪、包裝和行銷。我們有一半以上的餐費花在外人調理的食物上，巴瑟自己對此並不覺得感傷，他其實正期盼晚餐工業革命邁入新的領域。

「我們都盼望別人替我們烹飪，美國下一位廚師將是超市，未來將是超市外帶食物的天下，我們目前需要的，就只是得來速超市。」到頭來，女性的確把男性請進廚房了，只是請來的並不是她們的丈夫，而是掌理「通用磨坊」、「卡夫」、「完整食物」和「喬氏超市」等食品公司或超市的男性。

食品工業如此慷慨大方送給我們時間，可是想一想我們拿這一天多出的半小時做了什麼，整件事看來就不大一樣了。有一部分人把時間拿去工作，有些人則花更多的時間在通勤的車輛上。我們也花更多時間購物，採買外帶食物等等物品（我們忘了，不就只為了避免燒飯做菜，我們得花多少時間，而這些時間都花在開車去餐館，或等候上菜，卻都沒被算成「準備食物」的時間）。不過，我們從不下廚省下的半小時，多半都花在螢幕前了：看電視（平均一週近三十五小時）、上網（一週約十三個小時），還有用智慧型手機玩電子遊戲。過去這幾十年來，我們竟然有辦法每天勉強從忙碌的生活中挪出近兩個小時打電腦。一天依然只有二十四小時，我們是打哪兒找到這時間啊？

我想，我們如今是更善於一心多用，同時處理多重任務了，這種現象使得評估該如何分配時間這件事變得更棘手。這也造成我們更不願花時間烹飪，因為邊切洋蔥邊看電子郵件，可比邊上網購物邊吃東西來得困難。然而，我們為何不能把這個「困擾」當成是烹飪的莫大好處？

隨著烹飪式微，有一項多重任務活動大幅增長，那就是一種新的人類行為，叫做「次要進食」。有人問美國農業部經濟專家哈芮克，美國人如何利用工業化烹飪為他們省下來的時間，她說：「人們花更多時間吃東西，邊看電視邊吃，邊開車邊吃，邊穿衣服邊吃，幾乎是一邊做任何事都一邊吃東西。」哈芮克為農業部撰寫的報告中指出，美國人如今一天花七十八分鐘進行次要飲食，亦即，一邊做別的事情，一邊吃喝。[9]這時間多於他們花在「主要進食」，也就是正餐上的時間。誰能預料到減少下廚其實導致我們吃得更多？可是事實就是如此。

「次要進食」增多一事清楚顯示，不烹飪在不知不覺中或將危害我們的健康。我們有理由相信，把烹調食物的活兒交給企業和負責煎漢堡的十六歲孩子，不利於我們的身心。這不僅是食品企業和連鎖速食店的食物不好吃的緣故（雖說是真的不好吃），更重要的原因是，人們以前用於下廚的時間，對於自己與家人進食的方式，有著無形卻重大，且往往是正面的影響。

起碼在晚近以來一些有關烹飪時間與飲食保健關連的有趣研究，都得出上述結論。由卡

9　摘自研究報告：在二〇〇六至二〇〇八年間，十五歲以上的美國人平均一天花七十八分鐘進行次要飲食，亦即，他們一邊從事自己認定是主要活動的事情，一邊吃喝。在所有四百多項經詳細說明的活動中，除了睡覺和從事主要飲食以外，皆可見到次要飲食活動。伴隨次要飲食而來的兩項最普遍的活動，是看電視與從事有酬工作。和工作、購物有關的旅行，也是常見伴隨著次要飲食的活動。（《美國人花多少時間在吃食物上？》，EIB-86，2011.11）

特勒領導的一隊哈佛大學經濟學家[10]，二〇〇三年提出報告說，過去數十年以來美國人肥胖的現象，多半與非家庭烹飪興起有關。大量生產使得許多食物取得成本下降，不僅是售價變低，或許更重要的是，取得食物所需的時間也減少了。

想一想炸薯條，在食品業替我們省卻油炸馬鈴薯所需要的可觀時間、力氣和麻煩以前，炸薯條並不是美國最受歡迎的「蔬菜」。相似的狀況還有奶油蛋糕、炸雞翅、炸墨西哥捲、異國口味的脆片和蘸醬或精製麵粉做的芝多司，因為大量生產的緣故，這些很難在家裡製作的食品，轉而變為我們在加油站花不到一美元就能隨手買到的日常貨色。假如我們要自製這些食品，勢必得做些準備，並等上一段時間才能吃到，然而如今這一切都省下來了，這使得我們更有可能暴飲暴食。

經濟學教導我們，物品成本一旦下降，消費量會上升。可是估算成本的單位不僅僅是價錢，也包括時間。卡特勒等人提出有力的論述，表示食物的「時間成本」減少，對我們的飲食構成重大影響。自七〇年代以來，我們每天多攝取了五百卡路里的熱量，大多數正來自非家庭自製的食物（好比零食和便利食品）。研究發現，當我們不需要自炊時，我們吃得更多。美國人花在烹調上的時間減少了一半，一天中吃的食物分量則增加，自一九七七年以來，我們一天的食物攝取量增加了一半左右，大多數是以次要進食的形式吃下肚。

卡特勒等人調查好幾個文化族群的烹飪模式，發現肥胖率與烹飪食物所花的時間長短成反比，一個國家花愈多時間在家裡準備食物，國人肥胖的比例就愈低。說實在的，用烹飪時間來預測肥胖率，比用婦女參與職場的比例，甚至用所得高低來預測，都更加可靠。其他的調查也顯示家庭烹飪比社會階級更可以預測健康飲食。一九九二年的《美國糖尿病協會期刊》上有篇研究報告發現，經常下廚的貧窮婦女吃得往往比不烹飪的富裕婦女健康。[11] 二〇一二年對台灣年長者進行的《公共衛生營養》調查發現，經常烹飪與良好健康和長壽有強烈的關連。[12]

所以，下廚時間多寡，茲事體大。想來也不令人意外，當我們讓企業為我們烹飪時，食材的品質肯定不講究，糖、油和鹽的用量卻不少。這三樣正是我們天生就偏好的滋味，恰好也便宜到不行，而且很能夠掩蓋加工食品的缺點。工業烹飪使得我們可以吃到更多種滋味和更多國菜色，我們容或不會烹調印度菜、摩洛哥菜或泰國菜，但是「喬氏超市」會。儘管多樣化看來像是好事，可是正如卡特勒所指出，食物的選擇越多，我們就吃得越多，不論哪一張自助餐檯都是例證。接下來還有甜點，原本是特殊場合吃的食物一旦變得既平價又容易吃到，我們就會天天吃。烹飪所需要花費的時間和工夫，以及烹調過程含有的延遲滿足，都具有重大作用：抑制我們的胃口。少了這種抑制，我們正奮力處理後果。

問題在於，我們回得去嗎？日常烹飪（和「主要進食」）的文化既已拆除，還能重建嗎？除非數以百萬計的美國人不分男女都願意在日常生活中烹飪、吃正餐，否則很難想像美國的飲食習慣能有所改革。食用新鮮未加工食物便可走上健康飲食的道路（更別說可重振地方的食物經濟），而這條道路正穿過家庭廚房。

10 *Cutler, David M., et al., "Why Have Americans Become More Obese?," *Journal of Economic Perspectives*, 17 No. 3 (2003): 93–118.

11 Haines, P. S., et al., "Eating Patterns and Energy and Nutrient Intakes of US Women," Journal of the American Dietetic Association 92 No. 6 (1992): 698–704, 707.

12 Chia-Yu Chen, Rosalind, et al., "Cooking Frequency May Enhance Survival in Taiwanese Elderly," Public Health Nutrition 15 (July 2012): 1142–49.

如果你對這個想法有共鳴，最好別跟巴瑟通電話討論。

他對我說：「不可能的事。什麼緣故？因為我們基本上既賤又懶，而且技藝已失傳了。有誰能教下一代如何下廚？」

巴瑟態度堅決，堅持面對世界和人性的真相，起碼這是他這三十年來鑽研調查數據所發現的真相。不過，有那麼一時半刻，我說動他想像一下現實狀況有機會變得些微不同，我可費了一點工夫。他的客戶包括不少大連鎖餐廳和食品製造商，他們多半從美國烹飪的式微囊獲大筆利益，行銷的確厥功甚偉。不過巴瑟自己明白承認我們為工業烹飪付出了代價，我因此問他，在理想的情況下，我們該從哪裡著手，以彌補現代工業烹飪食品對我們的健康造成的傷害。

「簡單，你要美國人少吃一點嗎？我給你一個飲食方子。自己動手烹飪，想吃什麼就吃什麼，只要你肯自己煮就行了。」

和莎敏學烹飪的那一年末期，我開始獨力做燉煨菜，固定在星期天下午獨自一人做鍋菜。我打的主意是，一次做兩三餐，凍在冰箱中供平日食用，這是我自己的家常自製代用餐。非假日的晚上往往很難找到半小時以上的時間做晚餐，因此我決定週末較有空時，花上幾小時做菜。我借鏡食品產業，用了兩個大量生產的小技巧：我心想，既然都已經得切洋蔥做湯底了，何不乾脆多切一點，切好足夠兩三道菜用的分量？這麼一來，鍋子、刀子和砧板就只需要洗一次。我用這方法來做鍋菜，結果證明這一招是我在我的烹飪課堂上學到最實用也最容易撐下去的技巧，不論是金錢上還是時間上，而且還能吃得好。

沒有莎敏的星期天烹飪，已成為我大多數週末期盼的消遣活動。艾撒克通常會拿著他的筆電到廚房陪我，他做他的功課，我則洗洗切切、調味炒菜。有時，他會拿著湯匙走到爐前，嘗嘗鍋中菜餚的味道，然後主動指點一二。不過，我們大多數時候是各忙各的，各自專心做自己的事，偶爾休息一下，聊個幾句。我早已認識到和青少年談話的最佳時機，就是邊做其他事情邊聊天，在艾撒克還住在家裡的最後一年，我們兩人就在廚房料理檯邊共同度過了一些最輕鬆自在也最美好的時光，我相信他也有同感。有一個星期天，我們父子倆打算一起做新鮮的義大利麵，我正忙著攪動鍋中的番茄醬汁時，艾撒克接聽了一通電話，是我父母打來的。

「我們這裡好冷，毛毛雨下個不停，可是屋子裡面真的好舒適。」我聽見艾撒克對他們說，「爸爸在燒菜，家裡好香好好聞，這是我心目中理想的星期天。」

我只要一待在廚房裡兩三小時，就發覺自己不耐煩的習性消失了，一個下午可以不慌不忙地專心燒菜。在待在電腦前一週後，有機會用雙手（其實是我所有的感官知覺）幹一點活兒，能在廚房裡或花園中如此改變生活的步調，是我求之不得的事。這工作當中，似乎有什麼可以改變對時間的感受，幫助我們重新活在當下。請別以為我因此變成佛教徒，然而在廚房中，我說不定沾了一點邊。攪動鍋子時，就攪動鍋子。這會兒我明白了，此刻，我覺得可以一次只做一件事，而且全心全意投入一件事，是人生極之奢華的享受。

一次一件事。

VII 第七步：將鍋子移出烤箱，必要時撇去浮油，收乾湯汁，端上桌

在沒有莎敏造訪的頭一個冬季的星期天，還有星期天之後的好幾天，我們吃了各種美味鍋菜：自製義大利麵拌番茄醬汁、出汁燉牛小排、辣味腰豆燉豬肉、煨鴨腿、摩洛哥塔吉鍋燉蔬菜、紅酒燉雞、燉牛肉、米蘭式燉小牛膝等等。經過練習，我發現兩小時的「積極烹飪時間」，加上之後不必守在爐前、小火燉煮的幾個小時，可以製造出足供三、四個晚上食用的可口家常好菜，偶爾甚且（我敢大言不慚地說）美味絕倫。我把剩菜也算在內，燉煨菜到了第二或第三晚，總是比第一晚更好吃。

不過那年冬季有一個星期天下午，我和艾撒克在廚房裡忙活時，兩人興起一個念頭。我們打算做個小小的烹調實驗，計畫接下來這週找一天晚上，晚餐要吃與我們截至那時為止烹飪過的食物迥然不同的東西，來個「微波爐之夜」。我們的想法是，我們各自挑選一道看來最引人垂涎的冷凍菜，用這些菜做晚餐，看看我們可以省多少時間？會花多少錢？晚餐味道如何？艾撒克覺得自己可以趁此良機大啖讓他嘴饞的速食，我則可以大大地滿足我做為新聞從業人員的好奇心。

第二天下午放學以後，我們開車到喜互惠超市，抓了一輛手推車，推到一長條冷颼颼的冷凍櫃走道，兩旁盡是一櫃櫃的微波晚餐。選擇多得驚人，老實講，簡直令人目瞪口呆。我們為了在一袋袋的冷凍中式炒菜、一盒盒的印度手抓飯和咖哩、炸魚薯條晚餐、各種不同口味的焗烤起司通心粉、日式煎餃和印尼沙嗲、泰式米飯餐、古早味牛排、烤火雞和炸雞晚

餐、俄式酸奶油牛肉、墨西哥捲餅和玉米餅、巨無霸潛艇三明治、冷凍大蒜麵包、迷你漢堡包，還有麵包連同餡料一起冷凍的起司漢堡中作選擇，就花了不止二十分鐘。那裡還有一系列食品是為了想盡量減少卡路里攝取量的婦女而設計，有一些則是為了想盡量多攝取熱量的男士而設計（「餓漢」食品保證給你「一整磅無比可口的食物」），還有一些食品則賣給夢想在家中享有正宗速食店經驗的兒童。我有好多年沒花時間看看這些產品，因此對家常代用餐在科技上的進展毫無概念。不論哪一類型的速食、哪一國度的食物、哪一家連鎖餐廳菜單上的食物，只要是眾所周知的，如今在冷凍櫃中都能找到一模一樣的副本。

茱迪絲願意配合我們的晚餐計畫，但是不肯與我們同行採買。她指定要冷凍義式千層麵，艾撒克瞧見有鮮紅紙盒包裝的，看來還可以。我覺得冷凍肉不大可靠，就先查看一款素食「番茄甜椒燉雞」，可是那一長串的成分表（大部分是高度加工的大豆製品）讓我對素肉望而卻步。所以我選了有機蔬菜咖哩，組合材料看來相當簡單直接，好歹所有成分在我看來都是食物，在超市的這個部門裡，這可是很難得的事。艾撒克煩惱了好一會兒，不過他的困擾跟我的完全相反：有太多東西令他垂涎，想要一試，最後他總算挑了兩種來二選一，分別是上海風味炒牛肉，還有喜互惠自有品牌的冷凍法式焗洋蔥湯。我跟他說可以兩樣都買，外加他覬覦已久的「冷凍融化（原文如此）巧克力餅乾」當甜點。

我們三人的餐點總價二十七美元，比我預料的貴。有些菜餚保證足供一人以上食用，好比說艾撒克的中式炒菜，不過觀其分量，對這一點我很懷疑。那一週稍後，我去農夫市集，發現二十七美元可以買到快一公斤較平價的草飼牛肉和蔬菜，用這來做燉牛肉，分量足夠讓我們一家三口吃上一兩頓（依慣例，是一頓或兩頓，要看艾撒克的胃口）。所以說，要讓這些冷凍食品公司的工作人員替我們做晚餐，是要付出代價的。

這些菜餚統統不能打擊我在廚房裡逐漸培養出的自信心，我如此夫子自道並不算自吹自擂。沒錯，我的確尚未學會如何調製可在冷凍櫃裡一待數月的菜餚，並不明白該如何製造褐色的海鮮醬小冰塊——這一塊東西需及時下鍋，給解凍的蔬菜調味，但也不能太早加。莎敏傳授給我的課程也無法幫助我設計出那如衝冠怒髮般覆蓋在巧克力色冷凍洋蔥湯圓柱體上的一層層起司凝乳和麵包丁。

那麼，味道究竟如何？如果你記得飛機餐的味道，就很像那個。所有的菜餚儘管受南轅北轍的菜系啟發，吃起來卻幾無二致，都很鹹，有典型速食味，也就是某種高湯塊的味道。味道的源頭大概是好幾道菜餚裡都含有的「水解蔬菜蛋白質」，這是食品成分表上的委婉用語，意即味精，基本上就是種增加鮮味的廉價辦法。每一道菜都是第一口最好吃，你搞不好心裡還想說，嘿，不算太差！可再吃一兩口就不會想這麼說了。冷凍餐點味道的半衰期很短，依我看大概是只能持續到第三口，接下來的經驗就急遽惡化。

喔，等一下，我跳過這一頓晚餐的烹調（或應說非烹調）過程。你大概會跟我一樣以為這一部分有名無實、不值一提。說到底，大家之所以買冷凍晚餐，原因就在於不怎麼需要烹調，不是嗎？然而，如果他們真是基於這個緣故，可就犯下嚴重錯誤，因為我們花了快一個小時才把菜都端上桌。首先，一次只能微波加熱其中一樣，而我們有四樣食品需解凍、加熱，融化冷凍餅乾還不算在內。此外，其中一樣食品外包裝上有文字警告說，單只微波加熱並不能達到最理想的成果，這一塊硬如褐石的冷凍洋蔥湯有好幾層，如果微波加熱就會融成一堆，分不出層次，假如我們想達到如包裝盒上所保證的焗烤效果，就得放進（約攝氏一百七十五度的）烤箱中烤四十分鐘。我可以從零開始，在四十分鐘內煮好洋蔥湯！

艾撒克不想等那麼久，我們就輪流站在微波爐前。世上還有什麼事情，能比站在微波爐的小窗口前面，看著你的冷凍晚餐隨著轉盤慢吞吞地旋轉，更愚蠢又磨人？把時間花在這上頭容或比花在燒菜上簡單，但並不算愉快，且肯定不能令人感到崇高，反倒使人自覺窩囊，對自我和人類皆無用處。

無論如何，第一道菜一熱好，我們就把第二道菜放進微波爐，可是等第四道也夠熱時，第一道已經變涼，需重新加熱。艾撒克終於開口要求先開動喝他的洋蔥湯，不然湯又要變涼了——微波爐的問世不利於餐桌禮儀。當茱迪絲的千層麵出爐時，艾撒克的湯都已經喝到快見底了。

結果，微波爐之夜是自艾撒克還在牙牙學語以來，我們家吃過最斷斷續續的一頓晚餐。一家三口幾乎從頭到尾都沒法同時坐下來用餐，最好的狀況也只是其中兩人可以一同在桌邊數分鐘，因為我們總有一人得起身查看微波爐或爐頭（由於微波爐大塞車，艾撒克就在爐上熱他的中式炒菜）。解凍與加熱這一餐的時間總共三十七分鐘（重新加熱的時間並不算在內），用來做一頓像樣的家常晚餐，綽綽有餘。這讓我覺得巴瑟說不定沒說錯，這種飲食之所以大發利市，與其說是因為人們真的沒有時間，不如說是懶惰，加上欠缺烹飪技術或信心，又或者是因為人們想要吃一大堆不同的食物。我們吃這一餐，並沒有節省多少時間。

我們三人吃不同菜色這件事，全然改變了（定義不太嚴格的）一同用餐的經驗。打從超市開始，食品業便針對在人口統計學上分屬不同類別的家庭成員（容我如此稱呼我的家人）行銷不同食品，明確地細分我們，分得愈細，我們買得愈多。個人主義始終有利於銷售，分享則比較不利。但這樣的細分會延續到沒完沒了的微波加熱，以及不同步的用餐上。我們在餐桌上自顧自地趁熱進食，設法決定這菜到底有沒有所號稱的滋味，而我們又愛不愛吃。我們並未分享這頓晚餐，每一道都是一人份，這讓我們彼此之間無法產生共鳴，也切斷了我們和食物來源的連結，除了對商標感到眼熟外，我們只能猜測吃到的東西是什麼來歷。微波爐之夜是一次非常個人主義的經驗，箇中有離心的能量、某種晦澀難解的感覺，餐畢還留下多得驚人的垃圾。換句話說，很像現代生活。

第二天晚上，當我們一同坐下，吃我在前一個星期天做的鍋菜時，我想到上一段所寫的最後一句話。這一晚吃的是我按照莎敏食譜做的煨鴨肉，放在我新買的赤陶鍋中，加了紅酒和香料一起煨。由於這道菜從星期天起就在冰箱中冷藏，輕易便可刮除油脂，再進烤箱加熱。當屋裡飄著陣陣多香果、杜松果和丁香的馥郁香味時，艾撒克和茱迪絲早已聞香進了廚房，我從來就不需要叫他們來吃飯。我將鍋子端上桌，開始分菜。

我們一家三口這一晚感受到的能量，和微波爐之夜家裡那股渙散的氣場截然不同。熱騰騰、香噴噴的砂鍋散發著引力，將我們聚攏在桌邊，像在圍爐。這並沒有多麼特別，不過是一家人在非假日的晚上共享一鍋家常菜餚，然而如今在家庭中有那麼多助長個體化和離心化的力量（電視或電腦螢幕、消費產品、一人份食物），還能吃到這樣的一頓飯菜，已經是奇蹟了。事情當然不需要變成這步田地，有很多簡單的方法可以餵飽一家人。

慢煮的菜色有股力量，會讓人不想匆忙進食。我們悠然地吃晚餐，艾撒克告訴我們他這一天過得如何，我們也講了自己的這一天。一整天下來，一家三口頭一回感到三人同心，把這種感覺完全歸功於這一鍋美味的鴨肉，未免言過其實，但是如果以為在這非假日的晚上三人同享砂鍋，從同一口鍋子裡吃同樣的菜，與這感覺全不相關，那也是大錯特錯。後來，我掀開鍋蓋，看到還剩了一些可以當午餐，心裡真是高興。

PART III

AIR

The Education of an Amature Baker

第三章

風 業餘麵包師傅的培訓課程

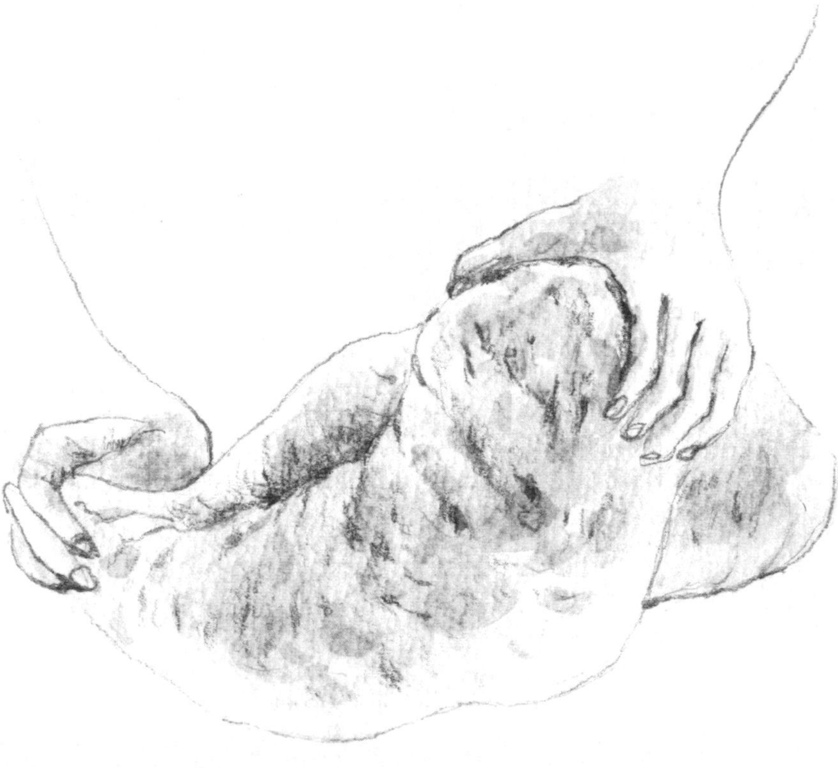

「沒有什麼能比麵包更積極向上。」——杜斯妥也夫斯基

「麵包比人還老。」——阿爾巴尼亞古老俗語

I 了不起的白麵包

說到「麵包」，我們有很多不同的思考方式，好比，把它想成「一種食品」或「食物的總稱」，是物質與精神、日常事物、基督教的聖餐、隱喻，以及（交流、轉化和社交等等的）媒介，但是我們也可以就只把麵包當成一門精巧的技藝，禾草的味道、消化性和營養價值皆因之而有所增長。這門技藝的確無法應用於所有禾本植物，主要是用在小麥上，而且只限於這種禾草的種籽，葉或莖則派不上用場，所以比不上某些動物的反芻功能那麼厲害。牛擁有不止一個胃，其中一個專門將各種禾草的各個部位發酵成有用的食物能量。我們就僅有一個胃，而且沒有反芻功能，可是大約在六千年以前，我們學會發酵麵包，從此興致勃勃加入食草者的陣營，人類物種從而獲益匪淺（更不用說禾草了）。

反芻動物也好，人類也好，能夠食用禾本植物的好處太多了。地表上約有三分之二的面積為禾草所覆蓋，禾草在各種植物當中又特別能夠收集太陽能，將之轉化為生物能源，按生態學者的用語來講，即具備「基礎生產力」。我們學會食草之道前，藉由食用吃禾草的反芻動物，或偶爾透過食用吃反芻動物的食肉動物，來取得這種能源。然而，這樣二手或三手的

食草方式太不經濟，動物吃了另一種動物，僅能得到被食者所攝取的一成能量而已（比方說，動物會想方設法避免被吃掉，這過程就消耗掉不少能量）。然而，食物鏈（「生態塔」）每往上一階，就會失去九成的食物能量，大型食肉動物何以比反芻動物稀少，而禾草數量又遠遠多於反芻動物，原因就在這裡。

雖說在舊石器時代，狩獵的人類會吃下任何能夠採集到的禾本植物種籽，然而人類後來能想出辦法持續收集到夠多的種籽並製成主食，仍是我們這個物種的重大成就（這樣的發展或是不得不然，因為人類可以獵到的食草動物愈來愈少）。學會食用在食物鏈中較低階的食物，讓我們得以取得更多的太陽能，從而孕育出數量遠多於以往的人類。農業主要的內容就是種植小麥、玉米和稻米等可食的禾本植物，而這正是革命性的新發展，人類因此能夠從土地和太陽取得食物。

我們的老祖宗在努力摸索可食禾本植物的過程中，專注於採集種籽，並於最終專注在種植最大也最容易取得的種籽上。禾本植物中含有最多能量的就是種籽，整株植物當中，單胃動物唯一容易消化的部位也是種籽。植物經過多年的演化，逐漸滿足我們的欲求，種籽越變越大粒，而且在收割前不易「動搖」，亦即不易墜落。我們亦採取措施，改變環境，讓禾本植物更易生存。我們耕地，並驅逐與之競爭的對手，好比樹木、雜草、昆蟲和病原體。

禾草和人的新關係也促使人類演化，特別是發展出培養酵素的能力，以消化禾草種籽中的澱粉。然而，即便是這些馴化禾草的種籽，也多少會想方設法保護自身珍貴的營養成分（以便滋養下一代，而不是我們）。為了破解這防衛措施，我們必須加工一番，好比浸泡、研磨、水煮、烘烤、醋漬、鹼化或混合使用幾種方法。

這些功能如反芻的「食品加工」在農業時代開始後的數千年成效卓著。在不同的地區，人們將不同的禾本植物種籽經火烤或石磨後，加水煮成簡單的糊，也就是粥。這稀又糊的東西容或不中看，可是做法簡單，營養也足，除了供給我們澱粉含有的熱量外，也供應蛋白質、維生素和礦物質。人們為了讓這些稀糊好吃一點，有時會攤平在熱石上烘烤，做成一種無酵餅。

後來，到了古埃及時代，大約是六千年前的某一天，粥發生看來神奇的變化，我們不知道確切過程，可是肯定有某些觀察入微的埃及人注意到，有一碗粥（說不定是忘在角落裡，擺了兩三天的粥）看起來不再死氣沉沉，表面冒出氣泡，慢慢膨脹，彷彿活了起來。這一團軟軟糊糊的東西好似受到啟發，被注入生命的氣息。當異常生機蓬勃的這一碗粥（姑且稱之為麵團吧）被送進烤窯加熱後，麵團逐漸膨脹，體積變得更大，那些也不斷長大的氣泡則被禁錮在麵團中，形成海綿般鬆軟但穩定的結構。

當時的人想必覺得這有如奇蹟，因為這食物竟可膨脹成原本的兩三倍，起碼看來如此（說不定正預示了耶穌在四千年後展示的麵包神蹟）。雖說這擴增的體積只是假象，增加的體積不過是空氣，可是，經試吃以後，真相令人刮目相看。這食物出現豐富又有趣的新風味，質地又細緻，吃來比原本有意思多了。這就是麵包！人們後來會發現這新食品也比原料稀糊有營養，就此一觀點來看，增大數倍的麵包誠然是奇蹟。原本僅是把動植物火烤或水煮的古埃及廚師，那會兒也開始掌握一種複雜許多（在某程度上也更強而有力）的技藝，可以將自然轉化為營養物質。烘焙麵包技術從而誕生，成為世上最早的食品加工業。

> 我愛吃好麵包，其實，就連不好的麵包也愛吃。比起蛋糕，我更喜歡吃新鮮麵包。麵包

粗糙的外皮與濕軟且密布小孔的內裡所形成的對比口感，尤其教我喜愛。這會兒我已和麵包師傅打交道好一陣子，學會業界用語，知道麵包的內裡叫做「麵包心」。如蜂巢般密布的小孔是構成麵包心主體的氣囊，當中的氣體承載著麵包大半的香氣，那芳香的氣味融合著烘烤香、酵母香和榛果香，隱約還有一點酒精的香味，對我而言，比葡萄酒香和咖啡香更誘人。不過，我看不出有什麼理由讓我非得三選一不可，因為不管是葡萄酒還是咖啡，和麵包都是天作之合。

有個好理由讓人想要烘焙麵包，那就是，這麼一來整個廚房就會香味撲鼻。就算麵包並沒烤好，烤麵包的香味卻始終能給家裡添點氣氛，讓人心情愉快。常有人建議有意售屋的人，在買主前來看屋前，最好在家裡烤一條麵包。潛藏的意思是，新出爐麵包的香氣是終極的嗅覺提喻法，讓人聯想起溫馨舒適的家庭生活。可說來也怪，我們當中有多少人成長於自製麵包的家庭？不過，我們仍一直保存著這樣的感官記憶，也一直將之和快樂的居家生活聯想在一起。這一招的確幫助好些人賣掉他們的房子。

我之所以學習烘焙，並不是為了讓我家洋溢著那美妙的香氣，也不是為了想吃好麵包。近些年來許多優質麵包店如雨後春筍般出現，只要光顧其中一家，就能滿足吃好麵包的欲望。過去這六百年以來的大部分時光，把烘焙工作交給外界的專業人士代勞，一直是皆大歡喜的局面（過去這一百年來或許是例外，工廠生產的機器麵包大興其道，麵包進入了糟糕的年代）。我開始烘製麵包，是為了明白麵包的製作之道，了解麵包對我們的意義，體會其不可思議、歷久彌新的力量。麵包是極其日常的事物，烘製的過程卻不平凡，就連鑽研麵包烘焙技術或每天烘焙麵包的人，也覺得宛若霧裡看花。

在學會烘製麵包之前，人類為了將動植物轉化為食物，已研擬出較簡單的方法，好比用火烤一大塊肉或燉煮一鍋菜，這兩種烹法都是單靠個人或一小群人便有辦法完成。相較之下，烘製麵包卻必然包含了一整個文明。人類歷經漫長又複雜的過程，終而定居一地，安身立命，而麵包是直到此一階段已近尾聲時才出現，當中還牽涉到人類、植物，甚至微生物錯綜複雜的分工。麵包除了需仰仗農業和研磨與烘焙的文化外，也取決於非人類的活動——除了麵包師傅、磨坊工人和農夫外，也需要有活的高度特化生物來助一臂之力，否則無法發酵。正由於這些酵母菌和細菌發揮了力量，禾草種籽粉做出的濕糊才能成為剛出爐的鬆軟麵包，其中奧祕可不如烤豬肉或燉肉來自一頭豬那樣顯而易見。由於發酵作用，微生物製造的廢氣被禁錮在麵包內，形成海綿似的細緻結構，具有「衍生系統」（emergent system）的複雜特性：整體大於部分的總和，品質上亦有所不同。

我學習烘焙是因為我決心了解麵包。如果我到頭來能學會烘焙還算像樣的麵包，固然好極了，可是坦白講，真正驅使我的，是身為新聞從業人員的好奇心，而不是由於我內心深處渴望自己能烘製麵包。我單純就是想在家裡和任何一家肯收留我的麵包房裡，實地動手去揉麵團。我沒有什麼理由相信自己這輩子有可能精於烘焙之道。

相反的，我多年前烤過一兩條麵包，成績平平，當時我就下結論說，我大概不適合烘焙。烘焙這種烹飪形式太磨人，既須一絲不苟，又得有耐心，這兩樣皆非個人的強項。烘焙有如烹飪中的木工，而我總喜愛從事留有較多犯錯空間的活動。園藝、烹飪和寫作都存有犯錯的空間，容許修改或在中途修正。相形之下，烘焙卻似乎不容出錯，而且又那麼奧祕難解。麵團發酵成功於否，取決於無形且無從預測的力量。做法看來令人退避三舍，又很麻煩。更何況，我參考的書籍和請教的麵包師傅都告訴我，我必須買廚房磅秤來給材料稱重，而且計重單位是**公克**。

不過，為了這本書，我願意。我想盡量了解這種既不凡又平凡的食物，盡量收集寫作的資料。然後我就會將磅秤束之高閣，去研究其他事物。

結果卻不然，我好久以前便已收集到書寫本書所需的所有資料，而我現在還在烘焙麵包。確實，我的烤箱中這會兒正烤著一條麵包，籃子裡還有一條正在「醒」。我好像無法停下來。

我逐漸愛上用手和麵、揉麵的感覺，和到第三、四遍時，沾手的麵糊開始黏合，逐漸有彈性，彷彿裡面長出了筋和肌肉。我喜愛（又有點害怕）那真相大白的一刻，也就是打開烤箱門查看我的麵包達到多少「烘焙漲力」（如果有的話）。我也喜愛麵包在冷卻過程中所發出的悶悶靜電聲，那是蒸汽從內部逃逸時衝破麵包殼的聲音，這讓廚房洋溢著無敵的香氣。

烘焙的過程混雜著魔法和可能性，令人充滿期待，雖然我偶爾會烤出中看也中吃的麵包，我的麵包卻始終都不如預期。我總以為下一次烤的麵包會發得更高，滋味更有層次，外皮顏色更美，麵包心的氣泡更漂亮，而我在表皮切的刀痕會烤出好看的形狀。在學當麵包師的養成過程中，完美麵包的影象在我腦海中逐漸成形，那不只是畫面而已，我可以想像這一條終極麵包的香氣和味道，感受到麵包捧在手中的觸感，還有重量和體積的比例——驚人的烘焙漲力會撐大麵包的體積。這會兒，除非我真的烘焙出並嘗到完美的麵包，否則我可說不準自己會不會將廚房磅秤束之高閣。

我吃過最棒的麵包是個頭很大的鄉村麵包，密布的氣孔個個有彈珠或高爾夫球那麼大——這麵包可說是空氣多於麵粉。近乎烤焦的麵包殼很硬，內裡卻柔軟、濕潤又光滑，令人想起卡士達。裡與外、軟和硬的強烈對比，多少帶點肉欲。那麵包香極了，要是我當時身旁沒別人，真恨不得把整個臉埋進去。可是那是奧克蘭的晚宴，席間有不大熟的賓客，我不得不把持住，只能盡量地吃，並詢問這麵包的來歷。原來東道主在舊金山工作，那天下班以後，繞去教會區的一家麵包店把麵包帶回家。這家麵包店的麵包下午才出爐，因此我吃到第一口時，那麵包餘溫猶存。

當我開始烘焙麵包時，那令人難忘的麵包立刻浮上心頭，那容或是難以企及的理想，卻可作為我努力以赴的目標。那時，我已打聽到那家麵包店的名稱叫做「塔庭」，麵包師傅是羅伯森（在我住的這地區，麵包師傅可以成為名流）。我不時聽到這位仁兄的一些小道消息，據說他的麵包每天那麼晚才出爐，是因為他是衝浪好手，顧及太平洋海灘有時早上浪頭特別好，所以上午不工作（這傳言不太可靠）。聽說他一天只烤兩百五十個麵包，雖然下午店門外常常大排長龍，麵包還來不及冷卻就會一掃而空，卻不肯多烤一些。客人往往事先打電話去訂貨。

後來，我獲知好消息，羅伯森即將出書，公布他那招牌鄉村麵包的食譜。我想辦法弄到《塔庭麵包》的預印本。書印得特別好看，裝幀很像教科書，封面做到了軟硬兼具，就像他的麵包。我抱著滿心的期待，翻開這本大部頭的書，一開始讀「基本食譜」，希望卻一下子落空了。這條食譜始自第四十二頁，卻直到第六十九頁才把麵包放進烤箱。這之間有很多有用的照片，大部分是麵團的圖片，也有幾張羅伯森本人正在給麵團塑形的照片。他看來年紀坐三望四，身形修長，留著落腮鬍，帶著修道士的專注神情。跟在這二十七頁的食譜之後的，是十頁的〈深入研究基本款麵包〉，內容十分科學，一板一眼地說明食譜背後的原理。我嚇到了，這儼然是個大工程。

不過，就算我毫無所懼，當場就奮不顧身地投入，照表操課，也無法立刻動手。我得先培養「麵種」，也就是培養發麵的天然酵母和細菌，書上說，這過程得耗費數週。為什麼不跟大多數的食譜一樣，用超市賣的即溶酵母就好了？羅伯森解釋說，天然酵母麵包的酸麵種不但能給麵包空氣，麵包的質地和風味也大半來自於這酸麵種，我先前烘焙的麵包缺的正是這兩樣。所以說，我要是想認真實現這計畫，接下來顯然需要養酸麵種。

我花了好幾週的時間才做好心理準備，動手做我的塔庭麵包。在那段期間，我為了給自己打底，還上了網路論壇，從而投入一潭深不可測的發酵池中。這個論壇就是TheFreshLoaf.com，成員為熱愛烘焙的業餘人士，專門討論剛公布不久的塔庭食譜，裡面滿是各人試做這些傳奇麵包的心得報告。臉書上也有人創設粉絲頁，叫「塔庭麵包的食譜」（Recipes from Tartine Bread），幫助烘焙愛好者努力掌握這食譜。

我注意到大部分貼文者是男性，有許多看來不像家庭煮夫，而較像是想掌握新軟體平台的二十來歲電腦宅男（我後來發現，創設網站和臉書粉絲頁的，正是一群年輕的網頁開發者）。這些業餘人士中僅有數位吃過他們拚命想複製的塔庭麵包，不過這一點似乎並未令他們氣餒——他們可看過照片和影片啊。他們貼出自己養出的麵種照片，有的呈珍珠灰，黏糊糊的一團在保鮮盒中冒著氣泡，也常有灰撲撲軟泥般的一坨，一個氣泡也沒有。他們像照料新生小貓咪似的「餵養」麵種，比較彼此的心得筆記。他們貼出各種不同大小、形狀和氣孔狀態的麵包完成品照片，有時是在炫耀，有時則是哀哀求助。

「麵團非常濕該如何調整？」一則貼文說。「濕度八十八％，我剛歷經令人大開眼界的ＴＢＦ。」我造訪這網頁好幾次以後才領略ＴＢＦ的意思是「麵包徹底失敗」（total bread failure，ＰＢＦ則是麵包部分失敗）。還有一位正努力解決「氣穴」問題，貼出了麵包剖面圖——此一次文化的行話稱之為「麵包心照」，圖中那個麵包的外殼底下出現很大的氣穴，外觀因而變得很難看。

這些滔滔不絕的線上烘焙愛好者讓我更加焦慮，不看好自己能做出塔庭麵包。我本來擔心的就是這個：烘焙就跟做木工一樣，甚至更棘手，像在寫程式碼。不過，當我總算坐下來將羅伯森的作品整個好好地讀過一遍後，訝然發覺這食譜讀來並不像程式碼。他並未給人一套精確的指令，而是相當輕鬆隨意地提出指導方針。他的確明確指出要用多少公克麵粉、水和麵種，但是接下來的做法就較像散文，而非一堆數據。感覺上有很多細節都懸而未決，羅伯森給各種捉摸不定的變數留了很大的空間，好比天氣、濕度、麵粉，甚至個人的時間表。

羅伯森鼓勵烘焙麵包的人勤於觀察，保持彈性並相信直覺。他並未說明第一次發酵到底需要多久，而是提出在培養麵團時需觀察並用心感受的幾項指標：麵團是否「稠密且沉重」、有沒有「黏在一起」？對習於電腦程式碼和木工的人而言，這樣的說明想必既難以捉摸又主觀，令人沮喪。「如果麵團看來發得很慢，那就增加第一次發酵的時間。」**好**，但是，**增加多久？**羅伯森不肯說。「觀察你的麵團，保持彈性。」按他的說法，麵團儼如活物，因地不同，各有特性，且被種種偶然因素所左右，因而無法一概而論或訂定不容更改的規定。羅伯森彷彿在暗示，麵包師多少必須具備面對逆境的能力，才能成功，換言之，麵包師必須樂於面對不確定。烘焙與其說是工程學，不如說是工藝，digital這個字在烘焙界純粹指手指，而非「數字」。

羅伯森寫起烘焙麵包，如寫小說一般，文字輕鬆，這肯定會把某類人士逼瘋。然而，有一個念頭卻突如其來地鼓舞了我：**我可不是那種人！**就在那一刻，我決定下海。是時候了，我要開始培養我的麵種。

若考慮到酸麵種是什麼（有生命的東西）、有什麼功用（促使麵包發酵，賦予風味），有關如何培養酸麵種的指示說明簡直簡單到不行。準備好麵粉，最好是白麵粉和全麥麵粉各一半，置於碗中，加進一點溫水，用手和勻，稠度如煎餅麵糊。用一塊布蓋住碗，置於陰涼處兩三天，如果麵糊到了那時沒有變化，多等個幾天再查看。

說來簡單，卻不是萬無一失，我頭一回養麵種就沒有成功。麵糊一整個星期都沒有動靜，反而分成兩層，沉澱到底下的那層如水泥，上層是清水，沒有生氣也沒有氣味。我閱讀資料，想知道麵糊理應發生什麼現象。照理講，天然酵母和細菌應該會進入麵糊，住下來，終而組織成多少有點穩定的微生物聚落。怪的是，我請教各方高明，卻無人確知這酵母菌和細菌是從哪兒來，要是進到麵糊，又是如何進去的。空氣中、麵粉裡或我的手上，可能本來就有這些細菌（因此羅伯森建議用手和麵糊）。說實在的，酸麵種有一件事情十分神祕，就是裡面微生物的來歷，其中有一部分，像是非常重要的「舊金山乳酸菌」，只存在於酸麵種當中，在世上其他地方都找不到。這顯示出這些「野生」微生物在一定程度上其實是經過馴化的，要靠我們（以及我們對麵包的熱愛）來創造並維持高度特化的生態棲位。不過，我要麼未能創造出適合的棲位，要不就是這些菌不得其門而入，因為甚至過了兩週，我的麵種還是如灰泥一般毫無生氣。

我從頭開始培養，不過這一回在混合了麵糊後，我把碗拿出去曬了一兩小時太陽，希望能逮到空氣中的微生物。我只要一想起來就去用力攪動麵糊，好把氧氣攪進去。不到一星期，有些生命跡象開始探頭探腦，彷彿有生命從中自然誕生，不時就冒個泡，隱約散發類似爛蘋果的氣味，但不算難聞。可是兩天以後，麵糊變臭了，聞起來像濃烈的乳酪或臭襪子，肯定有細菌在施展拳腳。於是，我按照羅伯森的指示，捨棄八成左右的麵種，加了兩匙的麵粉和溫水到剩餘的麵種中。不到一天，這碗東西就心滿意足地嘟嘟冒泡，我有麵種了！它的活力是否充沛到可以讓麵團發酵，我當時仍不得而知，可是它的確有生命了。

幾週後，我的麵種看來已逐漸步上規律的日常節奏，每天早上我餵過以後，就會逐漸長大，過了一夜到次晨又縮小，這時我也準備動手做第一個天然發酵麵包了。

第一步要用少量的麵種做「海綿」或「酵頭」，基本上就是將麵種嫁接到體積大上許多的麵團裡，第二天上午就用這團酵頭來發酵和好的麵團。我在新買的（電子）磅秤上擺了玻璃碗，讓磅秤歸零，加進兩百公克的麵粉（跟培養麵種一樣，也是白麵粉和全麥麵粉各一半），然後加相同分量的溫水，舀了滿滿一大匙的麵種，拌勻，蓋上毛巾，上床睡覺。

次晨，我面臨考驗。線上聊天室和討論群組有許多成員都拚命想要通過這項考驗，亦即，這團所謂的海綿這一晚是否招收了足夠的空氣，扔入一碗水當中時，能否浮起來？如果這團東西沉下去，就表示微生物活動力不足，無法促使麵包發酵。

情況如何，將在我呼呼大睡時拍板定案。我的麵種能否發酵成功，我都只能袖手等待。這感覺迥異於我之前嘗試過的「烹飪」，不過並不是由於這樁事情比較一絲不苟或精確。完全相反，我已將我在廚房中慣常有的權力和責任，委派給不明微生物組成的無形大軍。

在這之前，我烹調的食物和食材大部分都已沒有生命，多少比較容易處理。在我控制下，生食材會發生什麼物理和化學反應，都可以預測；發生了什麼或沒發生什麼，都可用化學或物理原理來解釋。這些法則對烘焙而言顯然也很重要，可是製作天然發酵麵包的過程中，最重要的程序卻是生物性的。烘焙者或許有能力影響甚至管理這些程序，但用「控制」

來形容他的作為，卻是言過其實。這有點像是園藝和蓋房子的差異，園丁在園中養花蒔草整地，處理的是活物，而活物有其自身利益和作用。木工可以任意雕琢一塊木頭，園丁則無法指定花草植物如何生長，而得調整自己的利益，和植物密切合作。且讓我以羅伯森本人的參考架構打個比方，烘焙者和麵包的關係，有一點像是衝浪者和浪的關係。

「無法控制」始終令人類不安，這或可解釋現代的烘焙麵包歷史就是一連串的步驟，旨在移除烘焙過程中難以駕馭、不確定且相對緩慢的生物因素。第一步驟是研磨白麵粉。我不久以後將認識到，全麥麵粉比白麵粉複雜得多，而且有更多的生物活性。這是因為白麵粉的主成分是沒有生命的澱粉，含有活細胞的胚芽和麥麩都已在碾磨時篩除。全麥麵粉富含酵素和揮發性油脂，使得麵粉較易腐壞，發酵作用也較難管理。

一八八〇年代時，輥磨機的發明促使白麵粉普及，約莫在同時期，商用酵母問世，麵包師從此更能掌握麵包烘焙的過程。在那之前數千年，麵包能否發酵都得看不明真菌和細菌捉摸不定的脾氣，烘焙麵包的人這下子僅需採用一種酵母就可以了。這種酵母名為釀酒酵母，是在啤酒中發現，經過不知多少代的汰擇後，有效地擔負起將氣體注入麵團的責任。商用麵包酵母是純化的單一栽培釀酒酵母，用糖蜜培養而成，經清洗、乾燥後磨成粉末。它跟任何一種單一栽培的作物一樣，只會做一件事，可預測，而且做得很好：只要供給足夠的糖分，就能立即製造大量的二氧化碳。

雖然商用酵母是活的，但是其活動是線性的，機械化、可預測，就只是簡單的「輸入」與「輸出」而已，顯然也因而立刻大受歡迎。不論在哪裡，釀酒酵母都篤定可以有同樣的表現，製造同樣的效果，從而超級適合應用於工業化生產。製作者可以僅僅把酵母當成一種食材，而非因地而異、需要特別呵護餵養的生物群。其實，說到微生物，釀酒酵母有個特點，就是不大合群，尤其和細菌處不來。比起天然酵母，商用酵母在乳酸菌製造的酸性環境中活不長。

自巴斯德在一八五七年發現酵母菌以來，科學界即對酵母菌不陌生，然而像我培養的這種天然酸麵種，當中錯綜複雜的微生物世界卻直到晚近仍整個籠罩在迷霧中，甚至到今天，至少仍有部分謎底未揭曉。一九七〇年，美國農業部駐加州奧爾巴尼的科學家團隊，從舊金山五家麵包店採集酸麵種樣本，進行某種微生物普查。為什麼選舊金山？因為那裡的酸麵包很出名。科學家希望能發現是哪些當地的微生物使這種麵包獨具風味。他們在一九七一年提出具有里程碑意義的報告，名為《舊金山酸麵種法國麵包工序的微生物》，激勵了天然發酵麵包的復興，並且幾乎是獨挑大樑地建立（儘管仍屬次要的）酸麵種微生物學領域。

美國農業部團隊發現，不同於釀酒酵母那種簡單直接的發酵方式，酸麵種發生的種種變化，並非單一酵母之功。那過程得力於假絲酵母[1]和一種原本不為人所知的細菌之間複雜的半共生關係。他們以為（後來發覺是誤以為）這種細菌僅見於舊金山出名的酸麵團中，就命名為舊金山乳酸菌。後來，哎，全球各地的麵包店都找得到其蹤影。

酵母菌和細菌雖然並不盡然相依為命，但很適合生活在一起。每種微生物各自攝取不同種類的糖分，因此不會爭搶食物。酵母菌死亡後，身上的蛋白質會分解為乳酸菌成長所需的胺基酸。

在這同時，乳酸菌會製造有機酸，從而創造出假絲酵母能夠適應的環境（假絲酵母不怕酸），其他酵母菌和細菌在這環境中卻無法生存。舊金山乳酸菌也會製造一種抗菌化合物，使敵對的微生物在酸麵種中毫無立足之地，卻一點也不會干擾到假絲酵母，酸麵種從而能防禦外力入侵。我們也受惠於此一生化防禦體系，因為這麼一來，麵包的保鮮期就比較久。

美國農業部此一團隊最大的貢獻或許是，讓人們因而看見酸麵種的運作就像是某種生態系統，不同的物種在當中各司其職，使得培養物長保穩定。此一系統一旦建立，各成員合作多過競爭，沒有哪一種微生物會形成壟斷。其他國家後來也做了研究，發現更多存活於酸麵種中的菌種（起碼有二十種酵母菌和五十種細菌），不過大多數似乎都落在相似的棲位，組織成相似的關係，執行相似的功能。同一齣戲劇，不同的演員。這些酵母菌和細菌極有可能共同演化，這或可說明何以許多酵母菌和細菌只存在其「天然棲地」，即酸麵種中。這也顯示，這些微生物可能也與我們共同演化：其生長需仰仗我們製作麵包的文化，而且（直到晚近）反之亦然。

在酸麵種的小宇宙中，烘焙麵包的人扮演上帝的角色，或說至少執行天擇的任務。必要的微生物容或各處都有，可是烘焙者藉著按時餵養麵種、控制溫度和水分，塑造適合培養菌的環境，有意無意間選擇或淘汰了不同的微生物。譬如，勤加餵食、保持溫暖，往往有利於酵母菌，麵包因而會較鬆軟，味道也較溫和。如果減少餵養次數，將麵種置於冰箱中，則有利於細菌生長，創造出偏酸性的環境，麵包的風味就比較濃烈。

「烘焙麵包的基礎重點，真的就在於管理發酵過程。」羅伯森如此向我表示。天然發酵麵包的味道和品質，絕大多數取決於烘焙者如何管理不可見的微生物世界。烘焙者倘若未能照顧好他的麵種，情況會如何呢？微生物也許不會即刻滅亡，然而要是照料不周，麵種總難逃一死。

1 假絲酵母（*Candida milleri*）也稱做少孢酵母（*Saccharomyces exiguous*）。

我開始養酵頭的第二天早上，一起床就迫不及待地到廚房去看看這一夜有沒有發生什麼事。我前一晚混合酵頭時，濃稠的麵糊高達五百毫升量杯的一半，一夜之間，居然漲大了一倍，我感覺得到它質地變輕盈許多，肖似棉花糖。我可以隔著玻璃看到麵糊變成一團泡沫，有無數的氣泡。我敢說，它肯定浮得起來。

於是我按照食譜指示，把適量的溫水（七百五十公克）倒進較大的器皿中，用刮刀舀出酵頭，滑進溫水中。酵頭像小艇般浮出水面，我上路了！接下來，我加了九百公克白麵粉和一百公克全麥麵粉，用手混合，一摸到有麵團結塊便捏碎，這種因水和乾粉混合不勻而形成的團塊，麵包師稱之為「栗子」。我和出的麵團比我以前處理過的麵團都來得濕，這肯定會構成挑戰。2

麵團需靜置二十分鐘左右，然後加鹽，這個工序叫做「自我分解」，讓麵粉可以充分進行水合作用，使麩質慢慢膨脹，組織成形，酵素開始將複合澱粉分解為糖，糖也開始發酵。鹽可以抑制這些變化，如果不加鹽，過程會進行得太快速。發酵過程宜慢慢來，時間宜長，好讓麵包風味達到極致。有本十九世紀的食譜書就說，鹽有如轡繩，控制住這匹名為發酵的野馬。

加進二十公克的鹽後，麵團看來灰暗，摸來黏手，如一團又濕又重且沒有生氣的黏土。我用毛巾蓋住攪拌皿，回去工作，將手機鬧鐘設定在四十五分鐘以後。「第一次發酵」開始了，這需要三至四小時，麵團主要發展和發酵就發生在這個階段。

第一次發酵彷佛一齣錯綜複雜的戲劇，烘焙者無法眼見，只能從麵團質地、氣味和滋味的變化猜想這齣戲的進展。麵團裡面逐漸形成海綿般的結構，有如空氣織成的三度空間立體蕾絲。這種結構得力於小麥麵團中的兩項變化，一為化學變化，另一則是生物變化，這兩項變化同時且交叉發生，對於以麵包維生的人而言，麵團有這樣的變化，委實是幸事。

化學變化是麩質的形成（麩質的原文gluten在拉丁文中意指「膠」），這種多少會製造一點麻煩的有趣物質主要見於小麥，另一種禾本植物黑麥也有麩質，但比小麥少了很多。說得更精準一點，小麥中並沒有所謂的麩質，而有麩質的兩種前導物質：麥膠蛋白與麥穀蛋白，這兩者一旦接觸水，就會結合成被稱為麩質的蛋白質。這兩種蛋白本身並無特別可觀之處，但是各自對麵包的品質有著儘管不同卻同等重要的貢獻：麥膠蛋白賦予麵團延展性，麥穀蛋白賦予彈性。如同肌肉纖維，這兩者之間存在著有益的張力，前者使麵團得以延展、成形，後者則促使麵團回復到近似原本的形狀。事實上，麩質在中文就叫「麵筋」，麵粉的肌肉，麵包師傅在談到麵包中的麩質時，會以「強壯」或「虛弱」來形容。

麩質那柔軟可揉搓但質地如橡皮的特性，成為禁錮空氣的理想媒介，而麩質又恰好是濕麵團發酵時生物變化的副產品。在麩質逐漸成形茁壯時，麵種引入麵團的酵母菌與細菌也在大啖磨麥時「受損的」澱粉，在那過程中，有些澱粉已分解成糖。各種酵素（有些來自麵粉，有些則是細菌和酵母菌製造的）將未受損的澱粉和蛋白質分解成單糖和胺基酸，以便餵養微生物。細菌一日飽足就開始繁殖，製出乳酸和胺基酸，從而增強了麩質，並賦予新風味。最重要的是，酵母菌忙著將攝取的每個葡萄糖分子，轉化為兩個酒精分子和兩個二氧化碳分子。二氧化碳是製造酒精的副產品，要是沒有質地如橡皮的麩質像吹氣球般包住二氧化碳，二氧化碳便會逸散至大氣中。幸虧有既可延展又有彈性的麩質禁錮了二氧化碳，否則麵

2 我後來得知，塔庭的麵團比食譜要求的更濕，羅伯森將食譜中的水量減少了一成左右，以免在家做麵包的人被濕得難以揉整的麵團搞到「抓狂」。

包永遠發不起來。

自埃及人發覺麩質之妙以來，小麥便受到人類的重用。在那以前，小麥不過是可食的禾本植物而已，但可食的禾草多得是，好比小米、大麥、燕麥、黑麥以及稍後栽種的玉米和稻米。我們如今難得食用大麥，可是在人類尚無麵包以前，大麥卻是西方重要的主食。大麥收成比小麥快，適種地區較多，從熱帶至北極圈皆可種植。大麥還營養豐富，羅馬帝國的格鬥士特別愛吃大麥，事實上，他們又名hordearii，意即「吃大麥的人」。不過，雖然大麥可用來烹煮滋養的粥和大餅（還有啤酒，我將發現這一點），可是大麥無法膨發，烤不成麵包。

小麥自己的老祖宗也無法膨發。土耳其東南部栽植「一粒小麥」已有近一萬年之久，不過此一原生種小麥多半被拿來煮粥或釀製啤酒。一粒小麥含有太多麥膠蛋白，麥穀蛋白卻不足，無法包住發酵產生的氣體。製作麵包的小麥世系究竟如何，仍是糾結未解的謎團，植物學界猶爭論不休。不過要經過成千上萬年的偶然雜交與變種，肥沃月彎地帶某處農田才有人因一時好奇，改變了文明的進程。豐饒的麥粒恰好含有比例合宜的麥膠蛋白和麥穀蛋白，麩質以及因麩質而得以膨發的麵包，從此降臨人世。[3]

小麥原本不過是眾多可食禾本植物中的一種，這下子成為至尊禾草，西元前三千年便已由中東的肥沃月彎地區擴散到歐洲，兩千年後傳播至亞洲，一四九二年後不久，又傳到美洲。麵包小麥無遠弗屆，不但是由於人們愛吃麵包，也因為麵包在基督宗教儀式占有中心地位，教士需要有麵包來主持聖餐禮，新世界正為了這緣故而特意種植小麥。[4]在二十世紀以前，只有非洲大陸並未大量食用小麥。然而，美國在二次世界大戰後提供非洲食物援助，援助品即為小麥，從而提高了小麥在非洲的消耗量，小麥立刻普及開來，完成這種植物在全球的勝利局面。

如今，小麥是種植面積最廣的單一作物，全球有二億二千萬公頃的土地搖曳著金黃色的麥浪，一年十二月不論哪一個月分，總有某個地區在收割麥子。論重量，全球農民生產的玉米誠然多於小麥，但是玉米多半進了牲畜的肚子，或製成乙醇加進車子的油箱中。說到人類的食物，沒有什麼作物比小麥更重要（稻米占第二位）。放眼全球，人類飲食有五分之一的熱量來自麵粉，從歷史標準觀之，這比例並不高：法國歷史學家布勞岱爾指出，自歐洲有史以來，在大部分時光中，農民和城市貧民的飲食有一半的熱量來自麵包。

世上有別種穀物每單位面積可生產更多熱量（玉米和稻米），有些較易種植（玉米、大麥、黑麥），還有些更富含營養（藜麥），凡此種種，都讓小麥的勝利顯得更不可思議，也更令人刮目相看。小麥成功的祕訣在哪裡？麩質，換句話說，就是人類對發酵麵包的熱愛。可是，這樣回答還是無法拍板定案，反而像提出新的問題：這充氣的粥到底有什麼了不起？

3 麩質對吃小麥的人有何貢獻，此事足夠明顯，可是麩質對小麥這植物又有什麼貢獻呢？我拿這問題請教好幾位培育小麥的專家和植物學家，他們一致的答覆似乎是：不值得一提。所有的種籽都會將胺基酸鎖在穩定的鏈狀聚合物中，藉以儲存蛋白質供未來新生植物所用。大多數禾本植物預設儲存的是球蛋白，麥膠蛋白與麥穀蛋白並不比球蛋白更有益，只有一點例外，前兩者有個很大的長處，就是可以滿足一種行遍天下、饒富影響力的動物——人類。

4 曼恩（Charles Mann）在他的著作《一四九三》中表示，墨西哥是美洲大陸最早種植小麥之地。西班牙殖民者柯提斯在西班牙運來的米袋中發現三粒小麥，下令將之種植於墨西哥市一座教堂旁邊。其中有兩粒發芽，根據十六世紀的記述，「小麥逐漸茁壯，蔚為一望無際的麥田」。這可止中傳教士下懷，他們需要有麵包才能舉行像樣的彌撒。

麵團在第一次發酵一小時以後，摸起來已略有不同，依然軟軟的，但多了一點彈性，質地可能也輕盈了一點。羅伯森建議不要在板上揉麵，而要在容器內「翻轉」麵團——要把這麼濕的麵團放在板上揉，幾近不可能。翻轉時，首先順著大碗的碗壁將手指往下探到碗底，自底部提起麵團，向上摺，蓋住頂層。這樣重複三、四次，在這同時，另一手扶著碗，每往上摺一次就轉動碗一次，這樣一來，每四分之一麵團都會至少摺到一次。如是，就是一次完整的翻轉（把手弄濕再翻轉，麵團就不會那麼黏手）。羅伯森建議一開始每隔半小時就翻轉一次，然後隨著麵團開始充氣，慢慢拉長間距，動作也放輕柔一點。摺疊的動作有助於鍛鍊麩質，提升筋度，同時可讓麵團內部含有一定的氣體。每摺一次都會製造極小的氣穴，之後將充塞二氧化碳和乙醇，讓麵團像吹了氣般膨脹。

翻轉到第三或第四次，麵團的特性已出現很大的變化，不再巴著碗壁，成為質地均勻的一坨，帶著肌肉的觸感。這時，你再將麵團往上拉時，可以拉成一片不會斷裂的麵皮，而且即刻就能往下回彈。麵團這時不怎麼像黏土，更像活生生的血肉之軀，具有意志，而且似乎有自己的個性。這時麵團也開始發出酵母氣味，原本嘗來寡然無味，這會兒也變甜了。

此時，我通常會一面等著麵團發酵，一面寫一點東西。由於麵團每隔一段時間就得翻轉，我趁此機會起身，離開書桌，歇一會兒。這個階段還容許一點失誤，萬一我太過專注於寫作，忘了翻轉麵團，也無傷大雅。麵團會自顧自成長——應該說是，在我忙著孕育別的東西，好比這一章時，我的酸麵種正在孕育麵團。我聽過麵包師說，烘焙需要很多時間，不過所需要的時間，大部分都不是你的。

酸麵種發酵法作為處理生食材的方法，可說是自然和文化的奇觀，為古代「科技」範例，科學界才剛剛體會到箇中的巧妙。「吃麵粉無法維生，吃麵包就可以。」戴維斯加州大學的食品化學家哲曼告訴我。之所以如此，主要得力於微生物在我們不知不覺中默默幹的活兒。雖然拜現代食品科學之賜，我們商業化生產麵包時，能夠透過商用酵母及其他蓬鬆劑、甜味劑、防腐劑和麵團調節劑來模擬不少酸麵種中微生物的功能，卻無法辦到酸麵種在將禾草種籽轉為營養的過程中所做的每一件事。

微生物製造的廢棄物是此一轉化過程的關鍵：酵母菌和細菌製造的二氧化碳使得麵包變得蓬鬆，酵母菌排出的乙醇貢獻了香氣，乳酸菌製造的有機酸則有各式各樣攸關緊要的作用，那就是增添風味、讓麵團有筋度，還有或許是最重要的，有助活化種籽中原本就有的各種酵素。

不妨把種籽設想成一應俱全的食櫥，供應未來植物之所需——熱量、胺基酸和礦物質，以一種名為聚合物的分子形式儲存在種籽中，穩定得有如銅牆鐵壁。不同的酵素則是打開食櫥的分子鑰匙，能夠分解不同的聚合物，讓發育中的胚胎在長出根以前有東西可吃。不過，種籽也會上當，為酵頭中的微生物打開食櫥，從而把庫存貨給了我們。

酸麵種中的細菌製造了酸，喚起沉睡的酵素，讓它們開始幹活。澱粉酵素攻擊碳水化合物，打破如棉紗球般交織緊密（因此無味）的澱粉，分解成較短也較易利用的糖。蛋白酵素則將蛋白長鏈分解成胺基酸建構組元。這些糖和胺基酸促使麵包在烤箱中發生化學反應（有梅納反應，也有焦糖化反應），使得麵包外殼變焦黃，讓麵包好吃又中看。糖和胺基酸也促成酵素成長，讓麵包內裡有更多氣體。然而，麵包中的氣體不單單能讓麵包模樣更好看，氣孔也讓蒸汽有空間可以成形，由於水蒸汽比水熱（水溫最高只到沸點），因此澱粉可以熟得更徹底（或稱「膠化」），變得更美味也更易消化。

酸麵種發酵也能部分分解麩質，使得麩質較易消化。同時，根據義大利近期的研究（義大利是食麥國度，卻有不少人苦於乳糜瀉[5]和麩質不耐症），發酵還可破壞至少一部分縮氨酸，一般認為誘發麩質不耐症的正是此酸。有些研究人員認為，麩質不耐症和乳糜瀉病例增多，就是因為現代的麵包不再是慢慢發酵製成。酸麵種產生的有機酸似也能減緩身體吸收白麵包中的糖分，減少精製碳水化合物造成體內胰島素上升的危險（換句話說，酸麵種麵包的「升糖指數」低於用酵母發酵的麵包）。最後，有機酸也能活化一種叫做植酸酶的酵素，此酵素可解開多種礦物質，這些礦物質原本被小心鎖在（或稱「螯化」）種籽中，以備植物發芽時取用。

探究我的這一大坨麵團在第一次發酵期間發生了哪些有益的轉化作用，令我更加佩服人類文化之巧奪天工，竟然「想出」這方法來處理禾草。同時我也更加讚嘆微生物酵頭之巧妙，竟一肩扛起麵包製作過程中最重要的工作。人類和微生物彼此利用，已經共舞了六千年，不但令雙方互蒙其利，而且我們僅需認出並記得似乎管用的方法，不必把一切摸得一清二楚。酸麵種在好幾方面很像土壤，我們可以加以呵護並培育，卻不必了解其所以然。不過，既然科學已經讓我們了解酸麵種發酵如何將禾草種籽變得營養可口，若我們還只是因為沒有耐心，又或者只想要取得掌控，不肯共舞或衝浪，便漫不經心地棄這些知識於不用，豈不怪哉。

約六小時後，我決定停止第一次發酵，那時我的麵團柔軟又高高發起，既不沾手也不黏碗，捧在手中不再頑抗，變得聽話又充滿活力。雪白的表層下有彈珠大的氣泡成形，散發著酵母香，還帶著一點酒精與醋味。我嘗了一小口，甜中略帶酸。要是再發酵下去，麵包就可能變得太酸，因此我決定，進行下一步的時候到了，可以將麵團揉成麵包形狀了。

從這裡開始，難關處處。書上說，應舀起麵團置於撒了麵粉的案板上，用鉗工刀（基本上就是大型塑膠刀）切成兩塊，然後將雖黏但已發得很漂亮的兩塊麵團塑成球形，法文稱為boule，圓形的鄉村麵包（麵包師的法文為boulanger，字首即為boule）。結果，這很不容易，甚至相當麻煩，因為麵團太濕了。不過我在手上、案板上和廚房其他平面上都多撒了白麵粉後，終於能夠將麵團勉強塑成兩個依稀像顆球的形狀。按照書中指示，我需兩手捧著麵球，讓麵球在案板上滾動，麵球的底部需略微貼著案板，這樣一來，可在圓球滾動成形時，在球體表面製造一點張力。起初，我的麵球像是雪白好看又結實的臀部，過了不久就變鬆弛，不怎麼結實，比較像大餅。

這兩球麵團接下來需靜置二十分鐘左右，外面覆蓋擦碗布，以免表面風乾硬化。我掀開布偷看了幾次，看得出麵團雖然鬆弛了，但還在繼續膨發。

這會兒，自我開始研究書中文字指示和步驟圖以來，就一直害怕的時候到了，我得開始給麵包塑形了。除非你是光憑圖表就能學會舞步或看書就學會包嬰兒尿布的那種人，否則光依據書面指示就想給塔庭麵包整治出合宜的形狀，簡直是妄想。

幹嘛塑形呢？那當兒，這個疑問若浮現在你心頭，是合情合理的事。答案是，麵團如此

5 攝取小麥中的麥膠蛋白或其他麥類中的類似蛋白質所引起的自體免疫疾病。（譯注）

濕軟，要是烘焙者未能讓內部具有張力和結構，將無法獲得良好的烘焙漲力。作法如下：輪流捏住四分之一球的麵團，向外拉，然後摺回中央，直到形成整齊的四方形包裹，有點像是幼兒背袋。捏住四個角重複同樣動作，接著將麵團向外滾，直到接口處朝下抵向案板，而麵團表面變得光滑緊實。每摺一次，麵團內部不同點的麩質都能產生結構張力，滾麵團則能給麵包皮表面張力。起碼照理講應該是這樣沒錯。

我失敗幾次，廚房也再次漫天白粉飛揚，終究將麵團塑成整整齊齊而且粉撲撲的麵球，我忍不住把這些軟綿綿的球捧在手心，不得不說，我拜讀過其著作或當面請益過的麵包師傅，沒有一位給了我足夠的心理準備去面對這事：發酵好、捏塑成形的麵團，居然如此性感。

我小心地將麵球滑進鋪了廚巾的大碗中，接口處朝上，為防止沾黏，廚巾上先撒了麵粉。我用廚巾的四個角蓋住麵團，以免麵團外層風乾妨礙醒麵。接下來是二次發酵，視室溫和想要的麵包酸度而定，這最後一道步驟需時二至四小時。等麵團發到比原來大了約三分之一，但看來裡頭仍有些許生命跡象時，就可以放進烤箱了。若二次發酵過久，麵包往往較酸較黏牙，加上酵母菌已消耗掉糖分，因此沒有什麼烘焙漲力。

二次發酵快結束時，我把鑄鐵鍋放進烤箱，並預熱烤箱，溫度設定為攝氏二百六十度。把麵包放進有鍋蓋的鍋子烘焙，對家庭麵包烘焙而言是一大突破。烤箱中瀰漫著蒸汽，是達到良好烘焙漲力並使麵包外殼有嚼勁的關鍵。蒸汽延遲麵包外殼成形的時間，讓麵團在固化以前盡量伸展膨脹。職業麵包師正是基於這個原因，而將水蒸汽灌進烤箱中，但家用烤箱卻有排除蒸汽的功能。在家做麵包的人利用鑄鐵鍋或有蓋的烤皿製造封閉的環境，不必額外加水，也可八九不離十地模擬專業烤箱的內部蒸汽功能。麵團本身的水分便足以製造出良好烘焙漲力所需的水蒸汽。

當烤箱溫度達到攝氏二百六十度時，我戴著隔熱手套將鑄鐵鍋移出烤箱，置於爐頭。接下來是第一個關鍵時刻：我將大碗倒扣在沒加蓋的鍋上，讓麵球掉進熾熱的鍋底。然而，我沒瞄準好，偏離了幾度。麵團碰到鍋沿，在鍋中斜向一邊，破壞完美的對稱，顯然也干擾到好不容易才達成的內部結構。當第二個關鍵時刻到來，亦即我得拿著刀片在麵團上畫一刀時，我可憐的麵團二度受到羞辱。在麵團上畫一刀，是為了釋放部分的表面張力，製造更好的烘焙漲力。這一刀多少也像是烘焙者的個人簽名，特別是麵團能「優雅地敞開」（羅伯森的用語）時。

優質的麵包有一個特徵，就是有明顯的「耳朵」——麵包在烤箱中突然膨脹，外殼像發生板塊運動般浮突，邊緣酥脆。這裡有兩個難題：我的鑄鐵鍋深度遠多於麵團的高度，我想要把手伸進鍋中畫一刀，而不被二百六十度高溫的鍋沿燙傷皮肉，難之又難。其次，我有愧羅伯森所囑，未能「果斷」下刀。真是不好意思，可是我悉心呵護這漂亮的麵團好一陣子了，這會兒實在狠不下心來畫下這一刀，覺得這樣未免太粗魯，簡直是暴力。我猶豫了一下，結果這是致命傷：刀片有一角卡住了，畫出的線條柔腸寸斷，成就出邋裡邋遢的簽名。

我就這樣毀了我漂亮的麵團，對烤好的麵包遂不抱以厚望。然而在麵包進了烤箱烤了二十分鐘後，當第三個也是最重大的關鍵時刻到來時，我卻感到又驚又喜。我揭開鍋蓋，發覺原本傾斜的麵團烤好以後，不再那麼歪歪斜斜，而且膨脹得雖不算令人嘆為觀止，但也相當體面。我眼前有一個圓墩墩、看來蓬鬆的淺黃褐色麵包，比僅僅二十分鐘前我放進鍋中的麵團大了一倍。

我輕輕關上烤箱門，小心不讓麵包在烘焙的最後階段收縮變小。我用不著擔心，這會兒，麵團中的澱粉已「膠化」，硬挺得足以令麩質基體定形，而麩質這時也已硬化。在一開始烘焙時，由於氣體遇熱膨脹，麩質基體的氣室受壓力，像吹氣球一般的漲大。至少在烤箱中的頭六至八分鐘中，仍有新的氣囊成形，因為酵母菌還在工作，直到溫度達到致命的攝氏五十四度半。在這段期間，只要麵團中仍有糖可餵食酵母菌，急速升高的熱度便可刺激麵團達到最後一次的發酵高潮。

二十五分鐘以後，我自烤箱中取出麵包，香氣優於外觀，但看起來也並不太壞。雖然並無值得一提的「耳朵」——我那優柔寡斷的一刀只給外殼開了一道暗淡的疤痕。麵包外殼較塔庭麵包光滑，色澤較淺，不過即便如此也還算好看，只有兩個部位很奇怪，焦黑且凸起，是美中不足之處。廚房中洋溢著一股焦香。我用還戴著耐熱手套的手敲敲麵包底，聽聽看有沒有像敲木材般空洞的聲音，有就表示麵包熟透了。果然有這聲響。我將麵包舉高，挨在腮幫子旁邊，感覺它的輻射熱。麵包冷卻時傳出低沉好聽的靜電聲。

我訝然察覺自己好有成就感，說到底，我並沒做多少事，就只有將麵粉、水和一點點酸麵種混在一起，然後當成寶貝一樣照顧了幾小時而已。然後，我眼前竟然就出現這麼一個非同小可且本來並不存在的**東西**，如此芳香，如此勃發。我有如從帽子中變出兔子，而茱迪絲和艾撒克的反應就像是我的確變出了兔子，兩人原本並未對我這最新計畫寄予厚望。**無中生有**，這下你可以理解，在現代科學尚未發展以前，人們（還有無神論者）何以會對此嘖嘖稱奇。麵包科學終究對這顯而易見的奇蹟提出實質解釋，然而即使我們已經知道原因，新鮮出爐的麵包仍像是無中生有，從原本如泥的型態演變至此，有如在跟宇宙的熵唱反調，其純粹的美味是非零和賽局的實例，用比較家常的語言來說，就是白吃的午餐。

不過，在我得意洋洋沖昏了頭以前，可別忘了，那光滑的黃褐色麵包外殼上有兩個礙眼的焦黑突起，如火山島嶼般突出於海面。我得等到麵包變涼了，才能切開來看看到底是怎麼回事：兩個直探入麵包中央的大洞，發生氣穴現象！這也不是件好事。麵包心裡圓圓胖胖的孔洞，原本可讓鄉村麵包顯得更可愛可口，可是這兩個洞太大了，也太靠近外殼，毫不誘人。麵包師傅以嘲弄的語氣形容這樣的孔洞是「麵包師的寢室」。

任何職業麵包師傅都會覺得這個麵包不算成功，必須淘汰。可是它聞起來好香，我嘗了一片，又是一陣驚喜。外殼薄、有嚼勁，麵包心濕潤、風味足——有小麥風味，甘甜芳香。我判定，這麵包並不差，尤其閉上眼睛吃的時候。

當然，我還得多多努力，不過好歹我並未因此而氣餒。相反的，我下定決心很快就會再接再厲，做出更好的麵包。最後成果未必是大成功，可是烘焙麵包的過程中有些東西令我著迷——奧祕的發酵過程、有點酸臭味又有點甜的酸麵種氣味、麵團在手中的觸感、最高烘焙漲力的懸念。不過，依我看，在我動手再試以前，最好先花點時間，觀摩真正熟諳此道的高手怎麼做。於是我跟羅伯森連絡，詢問能否前往他的麵包房，請教他如何烘製麵包，又能不能跟在他身邊打工一兩天。

羅伯森身兼麵包師與衝浪好手，模樣看來比較像後者。他有著泳將般的修長身材，柔軟而靈活。他動作精簡，不苟言笑，我首度造訪麵包房時，花了一個小時看他給法式短棍麵包塑形。他腰間緊緊繫著白圍裙，褐髮上戴著只有帽舌的中空帽，給他褐色的眼珠蒙上陰影。他的一舉一動讓我看得入迷，卻輕快得令我跟不上，無法分解成一步步讓我看得懂又可以模仿的步驟。我只看見他的十指翩翩飛舞，以閃電般的速度，流暢敏捷地用布包住一排又一排的小嬰兒。

他一邊給麵包塑形，一面和我談話。我請教他如何培養麵種，還把自己的麵種盛在保鮮盒中帶來，希望能從他那裡學到照顧餵養麵種的訣竅，說不定還可以神不知鬼不覺地招收一點優質微生物——麵包房裡想必到處爬滿了好菌。

羅伯森快手快腳地切麵團、秤重，一面對我說：「剛出道時，我對麵種很迷信。我不放心把麵種交給別人，出外度假也隨身帶著。有一回，我為了要準時餵麵種，還帶著去看電影。不過，我後來幾度失去麵種，每次都得從頭開始培養，反而比較能輕鬆以對。如今在我看來，麵種這東西，後天重於先天。」大意是說，必要的菌到處都有，就看麵包師如何選擇並加以訓練，讓菌聽命表演。

羅伯森從溫暖的高處取下一個金屬大碗，讓我看看他的麵種。碗中盛了半滿的白湯，生氣勃勃，比我的濕，溫度較高，酸味也較重。他說有一天晚上，某個學徒收工前清掃麵包房，一不小心把整碗麵種倒掉。

「我哭了，心想我完蛋了。不過後來我發現我可以重新培養，而且只要兩三天，新麵種聞起來就跟舊的一模一樣。」羅伯森靠氣味來判別麵種優劣，他認為果味應大於醋味。其實，他並不喜歡很酸的酸麵種麵包，「要酸並不難，只要別常常餵麵種就好。可是酸味只有一個層次，太呆板。」依他看，這會兒他的麵包房裡充斥著「恰當」的酵母菌和細菌，信手拈來都是。他不久以前曾在法國和墨西哥培養新麵種，結果過了沒多久，新麵種的氣味和表現都很像他在舊金山養的麵種。他得出結論，餵養麵種的日程表和環境溫度，是決定酸麵種特性最重要的因素。但是這也可能是因為，他的身上就帶有某些真正優質的菌種。正因為這個緣故，我在那晚離開麵包房前打開我的保鮮盒，讓麵種暴露於塔庭的空氣中，請他點評一番。他將保鮮盒湊到鼻頭聞了聞，輕輕點了點頭，表示還可以。

羅伯森記得自己是何年何月何日迷上麵包烘焙：一九九二年春季裡一天下午，正就讀紐約州海德公園美國烹飪學院的他，和班上同學前往麻州豪薩托尼克的柏克夏山麵包房作實地考察旅行。那一天，他見到柏爾頓，這位「基進派麵包師」時年三十五，出身加拿大魁北克，他的全麥芝麻法式酸種**圓麵包**，還有他那激昂、滔滔不絕、酸麵種發酵法有多神奇的動人演說，從此改變羅伯森的人生方向。

羅伯森當時二十一歲，那並不是他頭一回在人生路上大轉彎。他在德州西部長大，從小只吃過工廠製造的長方形吐司麵包，從未認真想過要走烹飪這一行，遑論烘焙（從他父親上溯三代，做的都是同一門家族生意，生產特別訂製的牛仔靴）。羅伯森記得自己是「固執的孩子，每天會製作天氣圖表的那種孩子」。他十來歲時的志願是當建築師，大學就只申請休士頓的萊斯大學，卻沒被錄取，於是猝然改變方向，決定去唸烹飪學院。「我想，只要我會燒菜，就不怕不能在餐館謀到差事。」

對羅伯森來講，就讀烹飪學院經歷的事情中，有兩件最重要，一件是認識他後來的妻子兼合夥人卜露艾，她是糕餅師，另一件就是那改變命運的豪薩托尼克考察旅行。我在塔庭打工期間，有一天下午麵包房裡麵種正在第一次發酵，羅伯森一面吃午餐，一面追憶往事。

「說來也怪，因為就在到那裡的半路上，我已經認定事情將會是那樣。我幻想自己追隨在柏爾頓左右當學徒，日後當個麵包師。這想法根本是莫名其妙，我從未見過他，對麵包也沒有什麼想法。不過，想到有這麼一位地下麵包師在那前不巴村後不著店的地方，整夜孤獨地埋頭苦幹，真教我神往。」餐廳廚房慌亂又吵雜，羅伯森那時已開始懷疑自己能否適應那種環境。相形之下，麵包房有如修道院。

柏爾頓和他的麵包不負盛名。「完全符合我的想像，我很喜歡麵包房的氣氛。那是河畔一幢照明暗淡的古老紅磚穀倉，整間屋子瀰漫著天然酵母馥郁香甜的氣味，對我而言，那是新的香氣和新的味道。我以前只看過長方形的麵包，而他的麵包棒透了，外殼和麵包心形成的對比是我從未嘗過的，麵包的內裡又那麼濕潤晶亮。還有柏爾頓這位基進派麵包師傅！麵包的發酵彷彿是他所主導的一場微生物狂歡宴會，他談到這件事，用語是那麼性感又深情款款。他想把每一件事情都推至極致：超濕的麵團、漫長的發酵、把麵包烤得既硬又色濃。我非常欣賞地下麵包師傅竭盡所能追求極致麵團這種事，他是心靈導師。」

幾個月後，我前往柏克夏拜訪這位麵包心靈導師。柏爾頓如今已是坐五望六之年，雖然歲月顯然讓他少了一些脾氣（他對白麵粉的態度寬容了一點），這位仁兄對於麵包、發酵和小麥，仍保有滿懷的熱情，仍每天親手磨小麥。他有一頭不聽話的灰色鬈髮，和表情豐富又開朗的臉龐，臉上的皺紋看來是被笑容而非愁容擠出來的。他模樣有點像默片諧星哈潑．馬克斯，而且跟哈潑一樣，僅靠臉上的表情和轉轉眼球，就能令人明白他想表達的意思。不過，有別於哈潑，柏爾頓也能操著他那一口略帶法語口音的英語，連珠砲似的發表高論，令人益發感受到他的存在。事實上，他要不是十分迷人又很有群眾魅力，否則恐怕也是難以領教的人物。

柏爾頓滔滔不絕講解麵包的發酵，這一番見解讓我抄了好幾頁筆記，他發展出好些理論，有些較禁得起科學驗證，有些則否。有一項中心理論是，讓穀物「逐漸酸化」，亦即發酵，並非培養的工序，而是自然且本能的過程。我們人類並沒有發現此一工序，所有土著民族都懂得如何酸化穀物，但許多動物也會。他這一番長篇大論從迦納談到格陵蘭，再繞回到他家前院，最後來到他的麵包房。

「你以為松鼠把橡實埋在我家前院，是為了什麼？可不是要藏起來！才怪，牠是要讓橡實變酸，不然的話，橡實根本不能消化。鳥呢？牠們才不會生吞種籽，沒這回事！牠們首先把種籽儲存在嗉囊中等種籽發芽，這樣酵素才能將礦物質釋放出來。動物出自本能地讓食物變酸、發芽、發酵，一方面盡量攝取當中的營養，另一方面又盡量不消耗自己的熱量。這就是經濟鐵則：事半功倍。因此，我們並不全憑己力消化食物，而讓細菌代勞。」他這一番話好像是在講烹飪。

「現在，讓我們來看看麵包，原理相同，甚至還更巧妙。從磨麵粉開始，石磨有如牙齒，替我們咀嚼種籽，我們就不需要把牙齒都咬斷了。接下來，酸麵種分解了麵粉中的植酸，讓細菌得以吞噬礦物質（我們想要食物、性愛和寶寶，細菌也想要）。然而麵包是最高明的食物加工體系，因為麵包裡**什麼都有**，甚至還會製造自己的鍋子！將麵團置於熱烤箱以後，麵團會形成外殼，將蒸汽鎖住。麵團成了自己的壓力鍋！就是這個煮熟了澱粉。」

在柏爾頓看來，大多數麵包都有個問題，就是基本上都不夠熟，因此不好消化。他因此偏好長時間發酵，並且通常使用濕麵團。在麵包尚未機械化生產前，用的都是濕麵團。手工處理乾麵團效果並不是很好（雖然乾麵團較易塑形，和麵和揉麵卻困難多了），機器則完全無法處理濕麵團。然而，濕麵團做成的麵包品質優良多了，柏爾頓就很愛說：「絕不能只用半杯水煮一杯米。」他追求完美的營養價值更甚於風味或美觀，而麵包必須烘焙至全熟，營養價值才算完美。他自微生物活動講起，而那就有幾分像歌詠人類消化功能的詩，按照他的說法，你咬下一口麵包的那一刻，消化就已經開始了。

「所以說，酸麵種中的酸實在太重要了！酸味會讓人分泌口水，用唾液中的酵素消化澱粉。捏下一塊麵包，搓成圓球放進口中，這樣做可以分辨麵包的優劣。看看發生了什麼事？你覺得嘴巴裡頭乾乾的，想喝一口水，還是很舒服，很濕潤？」麵包師彷彿指揮家，指揮

「轉化」這首龐雜的交響樂曲，曲中從禾草種籽、石磨、微生物發酵直到壓力鍋烹調，無所不包，直到好麵包促使嘴巴分泌唾液時，達到最後的高潮。

我們不難理解一個二十一歲的年輕人，在聽取柏爾頓幾個小時的教誨以後，為何會深信自己人生中可以做到的最重要的事，就是烘焙麵包。它讓你直接並親身接觸到自然世界深沉的潛流，還有人類社會最古老的傳統。微生物活動和人類雙手共同合作製出的麵包，介乎自然與文化之間，在柏爾頓看來，自然與文化並非對立存在，而是並存於滑稽鬧劇式的連續體當中，從細菌「漫不經心的交歡和放屁」、松鼠讓橡實發芽，直到在餐桌上掰開麵包這樣文明的樂趣。

羅伯森一行人當天下午離開柏爾頓的麵包房前，羅伯森鼓起勇氣毛遂自薦，想在那裡見習，從而展開了為期五個月嚴苛但改變人生的學徒生涯。他每天放學後，晚上駕車北上豪薩托尼克，從凌晨四時開始在麵包房裡工作至九時，然後開車回海德公園上課。他畢業後，柏爾頓有意雇用他，可是那時麵包房無職缺，他就在僅供膳宿但無薪的狀況下工作，直到有職缺空出。結果他在豪薩托尼克待了兩年，吸收柏爾頓的熱情、方法，並學會如何處理濕麵團。

柏爾頓回憶說：「羅伯森樣樣都行，不過他那人追求完美，會一爐只烤三個麵包，好讓每個麵包在烤箱裡都擁有寬敞的空間。如果麵包烤好後發得不夠大、不夠漂亮，他會很不高興，罵說簡直像屎。我呢，就會跟他說：『放心，都是好東西！』可是他並不滿足，麵包還得好看才行。」

兩年後，柏爾頓告訴羅伯森，他的看家本領已傾囊相授，羅伯森該繼續向前了。柏爾頓已記不得當時兩人談話內容，但看來他可能已逐漸受不了羅伯森的完美主義。羅伯森接下來的工作狀況則的確如此。他在北加州奇科市的一家麵包房工作，新雇主米勒也跟過柏爾頓學藝。「羅伯森對於麵包該是什麼樣子，有非常確切的想法，而我想維持營運。」米勒措辭謹慎地對我說。

羅伯森和米勒共事一年後好聚好散，雙方都表示那一年過得並不舒坦。羅伯森和妻子前往西南法，追隨柏爾頓的師父樂波爾，柏爾頓和羅伯森都形容樂波爾有如濕麵團與全穀物天神的化身，作風有點神祕。羅伯森記得，樂波爾愛在他的攪拌機旁小歇打盹，因為他深信各種宇宙能量就匯聚在那裡。羅伯森在法國待了一年，確定自己已準備好自立門戶。他和妻子在加州西馬林郡雷斯角站鎮上的大街開了灣村麵包店，兩人就住在店後。羅伯森用石造的柴火烤爐來烘焙麵包，烤爐由當地傳奇石匠兼麵包師史考特打造。接下來那六年，他在雷鎮勤勉工作，甚至可說是著了魔般研發出特色麵包，也就是他在書中所形容的，「有老靈魂的麵包」。

羅伯森的麵包自傳前幾章就占用掉整個午餐時間。飯後，我們漫步回麵包房給麵包塑形。我們尚未到正午便已將麵團和好，「邦加德」牌和麵機的巨大鋼螺桿慢慢攪，一次可以和出近一百六十公斤不怎麼聽話的麵團。那天早上，我幫他的兩名年輕助手小山田和楊科把一袋袋近二十三公斤的麵粉倒進和麵機中。這兩個麵包師的歲數比羅伯森開始為柏爾頓工作時的年紀長了幾歲，在我看來，兩人有一些地方很像羅伯森，模樣都比較像運動員而非麵包師，臂膀肌肉結實（楊科和羅伯森的手臂都有圖案繁複的刺青），也都有著如貓一般優美的身形。

我很快就明白這兩人的手臂肌肉何以如此結實。麵團和好了以後，需置於和麵機的大型不鏽鋼盆中醒一陣子，然後用雙手捧起，一次捧一抱，移至容量約十九公升的籃子中發酵。移麵團以前，他們得捲起袖子，用水將手和臂膀打濕，然後雙手插入那攤又暖又濕的麵團。這時，麩質已充分生成，巨大有力的麵筋已然成形，很有彈性，不論你如何使勁拉扯都不會斷裂。我和麵筋拔河好一會兒後敗下陣來，不得不下結論說，麩質可比我強壯太多了。小山田向我示範如何取出適量的麵團，我得握緊拳頭，一路直探到鋼盆底部，這樣便可抬起厚厚一長條麵團，每一抱重量約十三到十八公斤，不過有近半公斤頑固地巴著我的臂毛不放。我需抬兩三抱才能填滿一籃。

我和羅伯森吃完午餐回去時，麵包已完成第一次發酵。羅伯森繼續講他的鄉村麵包傳，我們邊聊邊將那一坨坨滿是氣泡的白麵團移至案板上，切麵並塑形。羅伯森用刮麵刀切下約九百公克的麵團，用老式天平量好重量，隨即熟練地在撒了麵粉的木案上滾動麵團，滾成球形。為避免麵團變得太涼，他輕輕施一點力，讓麵球緊挨著彼此，圓滾雪白的俏臀形成峰峰相連到天邊的景觀。

羅伯森在雷斯角期間研發出鄉村麵包的完美配方，首先找到了最好的味道，然後是結構。他遵照柏爾頓的作法，把麵團做得非常濕，不過至少到目前為止，並未沿襲柏爾頓只用全麥麵粉並視營養為麵包師第一要務的觀念。比起柏爾頓（在這方面還有米勒），羅伯森是唯美主義者，追求的是味道和美觀，而不是營養和健康。羅伯森要的是「有老靈魂的麵包」，而那肯定是白麵包——他不僅在心中揣想出這麵包，更在法國十九世紀畫家弗里昂的畫作中看到了它。

羅伯森的書中便印有這幅畫作，畫面上是一群週末划船的人坐在野外享用夏季露天午餐，其中有一人正在倒葡萄酒，另一人抱著一大輪厚殼麵包，正鋸下一塊塊白麵包，分給朋友。羅伯森解釋說，當時法國工人每人每天可配給到約九百公克的麵包。麵包是基本糧食，也是儀式和社交食品。把麵包做成龐然大物，用意就是要讓眾人分食，還要讓人吃得津津有味。在弗里昂溫柔細膩的筆觸下，那麵包看來令人垂涎。

羅伯森夜以繼日地賣力工作，就為找到他想像中那塊麵包應有的風味。由於麵包的材料不過就幾樣，要烘焙出美味，主要得靠著操作時間和溫度。可是說到烘焙，補償鐵則免不了發揮作用。麵包師傅朝一個方向前進，反方向往往就出現令人不快的反應，免不了要做一番權衡。舉例來說，發酵較久，麵包風味較足，可是假如發酵時間延長讓酵母菌變得疲乏，就會減損烘焙漲力。羅伯森發現，如果他在二次發酵時把麵團放進冷藏室，藉以「阻滯」發酵，便可讓酵母菌活動變慢，助長形成大部分風味的細菌活動。然而，阻滯不可過頭，因此大部分夜裡，他將兩百籃已整好形狀的麵團移至一九五三年黃色雪佛萊運貨車的後車廂時，會打開所有的車窗。可是，這作法雖然給了他想要的風味，烘焙出爐的麵包卻太扁。在溫暖的環境中進行二次發酵，能夠賦予麵包空氣和體積，卻可能使得麵包味道偏酸。

羅伯森轉而專注於酵頭，事情於是有了突破。「我領悟到培養菌不宜太老，因此開始減少麵種的用量，在麵團中加入較少的酵頭。」他在餵養時間表上做實驗，用較少的麵種，增加餵麵粉的分量和次數，這麼一來，從麵種、酵頭到麵團的每一道步驟，都可以養出更新鮮、更甜也更年輕的培養物。事實上，他重設了發酵時鐘，效果立即顯現。

「我聞出氣味不一樣了，聞來沒有大多數發酵麵團那種醋味，我的麵團變得有花香，還有甜甜的果香。」這些氣味會帶進烘焙好的麵包裡，而活力充沛的年輕酵母菌能確保烘焙漲力會非常好。羅伯森找到既可讓麵包風味濃郁，又能盡量充滿空氣的方法，就算不是打敗，也騙過了酸麵種補償作用的鐵則。

那一球球的麵團醒好以後，羅伯森請我試著給麵包塑形。我的手眼協調能力受到挑戰，羅伯森處理麵團的手勢輕巧快速，我連跟都很吃力，更別說有樣學樣。我覺得自己好像回到頭幾回給兒子包尿布的時候，笨手笨腳。不過，羅伯森很有耐性，不斷給我新的麵球，到末了我總算勉強捏出看來好歹還算可以的幼兒背袋。但我的確留意到，始終講求完美的羅伯森小心地把我的麵團跟他的分開來，我的擺在圓籃中，而非長方籃子裡。我有一種預感，就算我的麵團被烤成麵包，也不會隨同其他麵包上架販售。

在麵包房待的那段時間，拯救了我的家庭烘焙。我處理起麵團更加得心應手，不單是操作時比較自在，也更能夠從氣味、觸感和外觀來判斷我的酵頭狀況，給麵包塑形時，也不再手忙腳亂。我的麵種比以前有活力，有幾天甚至可說是生氣勃勃，大概是因為我餵的次數比較多，也或許是由於這麵種從羅伯森的麵包房裡揀到了一些好菌。待過麵包房以後，我也更加明白一件事，按照書本（**任何**書本）指示來烘焙麵包，充其量只能烤出像樣的麵包，這也不壞。我常聽麵包師（還有廚師）說，食譜作法並非顛撲不破。從來就不是。我們需要遠比羅伯森的二十七頁更多的篇幅，才能明白製作出絕佳麵包所需的一切條件。

我在午餐時用手機給羅伯森看了我生平頭一個塔庭麵包的剖面圖，也就是有難看氣穴的那個成品。麵包的好壞容或無法從外殼判斷，但是羅伯森認為自己可由麵包心的照片來分辨優劣。

「我看得出麵包的味道。」他說，口吻平實，儼如在講一件稀鬆平常的事。在專家的眼中，氣孔分布的模式和光澤顯然透露了麵包的發酵程度，從而也透露了麵包的風味。拿我的麵包來說，氣穴現象顯示出我的麩質可能不夠強壯，無法包住氣室中受熱膨脹的氣體。麵包發的速度比麩質伸展的速度快，氣體遂爆出來，聚在硬殼底下。羅伯森說，多摺幾次或許有助於延展麩質，發酵得久一點、慢一點亦有助益。他認為我應該試試讓麵團在冰箱中過夜，之後再烤。

我因此得到突破。我頭一次將麵團放進冰箱一夜再烘焙，烤出一個美得不可方物的麵包。麵包達到充足的烘焙漲力不在話下，我以前烤的麵包外殼都是要深不深、說淺不淺的暗淡褐色，這一回的麵包殼卻呈現舊皮革般的深褐色，浮突的「耳朵」則一變而為焦黑色。這個麵包殼令人信服。至於麵包心，我得等個一小時，讓麵包變涼。當我終於鋸下一片時，看到的是氣孔分布均勻的麵包，氣孔壁略帶光澤。我的麵包心構造誠然比塔庭的緊密了一點，氣孔沒有那麼光亮、狂野，不過看來是不錯的麵包。我的自豪感油然而生，緊接著卻又有點洩氣，我花了好一陣子研究和努力才生出自豪之作，可是它馬上就要被吃掉，從此成為明日黃花。

於是，我拍了一張照片，考慮了一會兒要不要貼在TheFreshloaf.com網站上，心想可以讓那些麵包玩家刮目相看，但是這股衝動馬上就消失，這樣未免太張揚了。不過，我發了簡訊給羅伯森。「還不錯。」他回道，也許比我所希望的來得簡潔——我覺得好像被摸了摸頭，不過並沒有放在心上。這麵包很好吃，甘甜，帶一點堅果味，只有隱約的酸味，至少茱迪絲和艾撒克都表現出恰如其分的感動。我們一家三口合力將這美味白麵包吃下肚，先是那天晚餐，接著第二天早上烤了當早餐，好吃極了。

我花了一點時間分析自己為何對頭一回的成品，還有後來烘焙出的各種麵包懷抱著幾乎是荒謬的自豪感。我的意思是，不過是麵包而已，哪有什麼大不了。可是，感覺起來就是很了不起。我無法想像自己對一鍋美味的燉菜產生這樣的感覺，更不用說還拍照、用手機傳給別人看或貼上網示眾。

在我烹製過的菜色中，只有一樣曾激起我炫耀的衝動，那就是烤全豬，不過烤全豬的吸引力太過一目了然，尤其是對雄性自我而言（宰殺體型不小的動物、做出足供全村子吃的食物）。然而，麵包怎麼說呢？體積小了那麼多，為何在某些方面卻又更令人讚嘆不已？

一部分是美感上的理由，為製造出一種原本並不存在的美麗事物而感到滿足。美觀的麵包是藝術品，是原創、人工製造、不附屬於他物的獨立物品，能夠符合這一番形容的食物寥寥無幾。大多數食物是自然界原有的動植物經人動過手腳的版本，就連烤全豬也不例外，經過烹調後多少保存著原本的形態。然而麵包是新添加給這世界的事物，是好不容易才從不斷演變的自然界中取出的有形事物——更明確的講，它來自活生生、不斷變化、極富創造力的酒神沼澤，也就是麵團。麵包是太陽神式的食物，這或可說明雄性自我為何會被麵包所吸引。麵包也有膨發的神奇能力，或許是另一個原因。

可是，我的自豪心理並不僅是美感使然，也不見得就一定是雄性的。在我看來，這感受有很大的成分是成功烤出麵包所激發的「個人職能感」，起碼我是如此。在西方，至少六千年以來，麵包是日常生活基本必需品，是給人安慰的事物。可是在我們這個時代，我們卻將製作此一必需品的能力，拱手交給專業人士。不論是手工麵包還是工廠製造的麵包都沒有什麼不同，對我們大部分人來講，如果要取得麵包，就得用自己的職業勞力來交換。我想我並不會一直烘焙麵包，頂多偶爾動手。不過，此時此刻我確實已有能力製做麵包，能憑雙手將一堆便宜的麵粉和不花錢的水（還有不花錢的微生物），做成不但能滋養我的家人，更可以給予我們龐大樂趣的事物，改變了一切。至少，改變了我，我的依賴減少了，我比以前更信賴自己。

接著，來談談空氣這個物質。（或者該說是反物質？）

把麵包和粥做個比較，便可明白麵包有多少感官上及象徵上的威力棲居於那些中空的氣室裡。麵包有八成是空氣，這空氣卻非同小可。

麵包大部分風味就來自於氣體，麵包之所以比粥還香，原因就在這裡。被禁錮在氣孔中的空氣構成麵包的香味——經鑑定，優質酸麵種麵包中的揮發性化合物有兩百種左右，口腔的後部嘗得出這些香味，香氣在此往上飄至鼻孔，透過鼻後嗅覺傳至腦部。

「鼻後嗅覺」是專業術語，意指即便食物已進入口腔，人們仍可嗅聞到氣味。當我們吸氣時，我們的「鼻前嗅覺」能夠辨識氣味，鼻後嗅覺則在我們呼氣時辨識氣味，那時食物釋放出的分子會從我們的口腔後方上升到鼻孔。鼻前嗅覺讓我們聞到來自外在世界的氣味，包括我們正在決定要不要攝取的食物的氣味。鼻後嗅覺的目的則不同，所偵測的化合物範疇以及所對應的腦部區域也不同。負責詮釋鼻前嗅覺訊號的，是我們大腦皮層中最高的認知層，還有主管記憶和情緒的大腦皮層。一些科學家假設，鼻後嗅覺的功能也許主要是分析，幫助我們將形形色色的食物風味整理分類，並將之歸檔留在記憶中供日後使用。

說不定這有助於說明我們何以喜愛各種有氣的食物和飲料，好比氣泡酒、汽水、舒芙蕾、發泡鮮奶油、蓬鬆的麵包、輕盈香酥的可頌、幾乎沒有重量的蛋白糖霜，以及有一百二十八層空氣的酥皮糕餅。烘焙師傅和大廚賣力幹活，把甜美無形的事物灌注在他們的創作中，努力將風味最豐富的空氣送進我們的嘴裡。味蕾只能嘗出舌頭可以辨識的五、六種原色，相形之下，嗅覺受到的限制似乎較少，可以感知並記錄這些原色不同的色調和組合，鼻後嗅覺甚至可以覺察到連鼻子也聞不到的香味。

空氣的象徵意義也非同小可，空氣在各方面提升了食物，將之從地上平凡無奇的稀粥，昇華為某種徹底轉化的事物，不啻在暗示人性的乃至於神性的超越。空氣將食物自泥土中抬起，從而提升了我們，賦予食物與進食的人尊嚴。基督援用麵包來宣揚其神性，並非出於偶然，麵包本已帶有一部分靈啟，在日常生活中證明人有超越的可能。6

還有什麼食物既能如此深具象徵意義，又可餵飽人的肚皮？怪不得我們可藉著述說麵包的故事，來講解歐洲悠久的歷史，又或者該說是兩個故事：一個說的是歐洲農民和勞工階級為有麵包可吃而抗爭的故事，另一個則在敘述菁英階級為麵包的意義而爭執不休。說到宗教改革運動，那不就是一場延續了數百年的爭執？人們爭論的是，到底該如何詮釋麵包才恰當，麵包僅僅是基督的象徵，還是基督肉體的象徵？

約莫在我感到自己有信心能做出蓬鬆的白麵包那段期間，有一個念頭逐漸在我腦中成形，我想以空氣為主題做一頓晚餐，找一個星期六，邀請莎敏來到我家，和我一起做飯。除了我烘焙的兩條好吃的塔庭麵包外，我們還做了兩種舒芙蕾，一種是青蒜口味，這是鹹菜，另一種是當成甜點的玫瑰薑味舒芙蕾。我們以鳥禽為主菜（不然要煮什麼？），不過是不會飛的鳥：雞肉。我開了一瓶年份香檳，莎敏做了蜂巢糖，這是一種很硬卻又因布滿氣孔故而很脆的糖果，作法是在一鍋熱得冒泡的焦糖漿中攪進一湯匙烘焙蘇打。

那一晚鼻後嗅覺大大發威，不過最令人難忘的是薑味玫瑰舒芙蕾，那裡頭其實沒有薑也沒有玫瑰，只有幾滴精油，一種是從薑萃取蒸餾而來，另一種原料是玫瑰花瓣。食譜得自於一本很奇特的烹飪書，書名就叫《芳香》，作者為廚師派特森和香水專家艾芙朵。食譜中用了大量打發成泡沫狀的蛋白，蛋白中的蛋白質跟麩質很像，可以包住空氣，將空氣泡打進蛋白中，一旦受熱就會大幅膨脹。食譜並未以等量的蛋黃或鮮奶油來增添風味，而改用優格，使得這一款舒芙蕾（原文意指「吹氣」）更加非物質化。其風味濃烈，卻大半是虛幻的，那是因為精油使得人腦難以分辨味覺和嗅覺分別傳來的訊息。每一口輕盈的舒芙蕾都有如聯覺譜寫成的小詩，錯亂的感官予人歡欣，為這歡騰冒泡的一夜，畫下恰到好處的句點。

讀者看到這裡，對於巴舍拉有關空氣這元素的見解，應已不致感到訝異。他在名為《風與夢》的書中指出，我們以相對的重量來替情緒分類，情緒給我們沉重感或輕快感。說不定是因為奮發向上是人的美德，我們想像人的情緒沿著從地面直上雲霄的垂直階梯，一階階往上排。悲傷是沉重的，落在地面，喜悅輕飄飄在空中，自由的感覺無拘無束，不受重力牽制。巴舍拉寫道：「空氣，是吾人白由的實質內容，是超人類喜樂的實質內容。」

飛揚（elation）、歡騰（effervescence）、高升（elevation）、輕浮（levity）和啟發（inspiration），都是與空氣有關的英文字，隨著母音冒出氣泡，如空氣使麵團膨發一般，讓日常生活躍躍向上。

6 彌爾頓在《失樂園》中寫了一段美文，形容人類鍥而不捨地追求更飄渺、更不像人世俗事的食品，最終在基督的麵包上達到頂點：

植物從根上萌生出輕柔的綠莖／再從綠莖上生出葉子，益發輕盈／最後開出燦爛完美的花朵／芬芳馥郁：花和果／人類的滋養品，一步步／逐漸昇華到靈／總有一天，／或許天使也會同行／人類會發覺／那些食物並不添擾，也不會太輕／並且從這些養生的食品／你們的軀體或許終將化為精靈……

II 如種籽般思考

我無意於將我自己那顆好不容易冉冉升空的氣球戳破，然而我恐怕別無選擇。前面提過，差不多算是我一手做出的那個麵包，是白麵包，而白麵包……嗯，大有問題。我逐漸了解到自己被麵包的各種美所迷惑，把食物該有的其他優點完全置諸腦後，比方說營養價值（哦，那個！）。吃白麵包略勝於吃純澱粉，吃純澱粉又略勝過吃純糖，然而並沒好多少。我一直在探討麩質種種的神奇力量，可是這些蛋白質當然只占白麵粉所含熱量的一部分，大概占了頂多百分之十五，其他的恐怕就只是澱粉了。我們的舌頭一接觸到澱粉，酵素就立刻將之分解成葡萄糖。美國人有五分之一的卡路里來自小麥，其中百分之九十五得自幾近沒有營養價值的白麵粉。我說「幾近」，因為自從二十世紀初人們再也無法忽視白麵粉缺乏營養以來，政府便規定製粉業者將他們費了不少工夫去除的幾種營養素（主要是維他命B群）加回麵粉中。

隔著足夠的距離觀察，這作法之荒謬，令人懷疑人類這物種的腦筋是否清楚。不過，請想一想，製粉業者磨小麵時，小心地篩除種籽最有營養的部位，即麩皮和麩皮保護的胚芽，另外出售，而保留最沒有營養價值的部分給我們。他們實際上捨棄種籽最佳的百分之二十五，包括維生素和抗氧化物、大部分礦物質、健康的油脂，要麼送至工廠農場當飼料，要不交給製藥廠，由後者從胚芽中找回部分維生素，再回過頭來賣給我們，以補充我們缺乏的營養，而我們之所以缺乏營養，至少有一部分是白麵粉造成的。這樣的經營模式容或了不起，這樣的生物學卻糟糕透了。

這肯定算是適應不良的行為，然而人類吃麵包有多久，就幾乎有多久專心致力於讓麵粉變白。不過，我們直到十九世紀才精擅此道，輥磨機問世，可以將麥粒的胚芽和麩皮清得乾乾淨淨，接著人們又發現，用氯氣去吹磨好的麵粉，可以讓麵粉變得更白，並去除僅存的營養：會讓麵粉稍微有點黃的胡蘿蔔素。真是一大勝利啊！

製粉業者在獲得這些不知是好是壞的成就以前，想要讓麵粉變白，充其量也只能將磨過的小麥粉過篩而已。但石磨通常會把胚芽壓碎成胚乳，因此人們難免會吃到這些營養素，而過篩也只能篩除最大片的麩皮，留下不少的纖維。磨出的麵粉是黃白色的，足以滋養主要靠食用小麥維生的人，亦即直到上世紀為止歐洲大多數的人口。羅伯森從弗里昂畫作中「有老靈魂的麵包」汲取靈感，那麵包雖然看來頗白，卻幾可確定是用這種麵粉製成。

人類早在古希臘和古羅馬時期便致力追求白還要更白的麵包，這可說是道德寓言，敘述的是人類智巧的愚行。我們這物種有時真是聰明反被聰明誤，先是發揮聰明才智，想方設法將沒有營養價值的禾草變成健康的食物，然後又無畏地向前衝，直到我們又想出辦法將那種食物變回到沒有營養價值！

我從而領悟到，這是「食品加工」多變歷史的縮影。人類發現並發展出烹飪（就廣義的烹飪而言），讓我們得以擁有若干靈巧的技術，把動植物變得更有營養，並可將其他物種無法取得的熱量釋放出來。然而，這一刻終究到來，我們受到人類欲望的邏輯和技藝進步的驅使，開始過度加工食品，甚至食物加工成有害健康。這些適應性極高的技術原本顯現出人類有多麼成功，結果卻又導致適應不良——引發疾病和全體健康不良，如今更危及人類壽命。我們是在何時，又從哪裡開始，不再將食物處理成更有益健康，轉而將之加工成不利於健康，也就是所謂的「過度烹飪」？我們或許可在兩三處合理地畫上界限，將甘蔗或甜菜煉製為糖肯定是其一，然而最清楚分明的界限，說不定就是十九世紀下半葉白麵粉（加上用白麵粉做成的麵包）來臨之時。

自古以來人們便以白麵粉為貴，這有好幾項緣由，有的務實，有的就是情感因素使然。白一直是清潔的象徵，尤其是流行病蔓延而食物常常遭到污染的時期，麵粉的潔白象徵著純淨。我之所以說「象徵」，是因為在歷史上大部分時光中，白並不保證潔淨。不肖製粉業者慣常攙雜明礬、石灰和骨粉等物，讓麵粉看起來更白。（數百年以來，製粉業者和麵包師常被投以懷疑的眼光，往往其來有自。要判定一袋麵粉和一條麵包裡到底含有什麼，實在不容易，而要往裡頭添加比麵粉便宜且不營養的材料卻很簡單。也因此在饑荒和政治動亂時期，製粉業者和麵包師經常成為民眾洩憤的對象，有時會被上腳枷，遭人投擲劣質麵包。）

然而，直到十九世紀，不論有沒有攙入雜質，一般都以為白麵粉比全麥健康。「粗粉」（用石磨磨碎但未過篩的小麥粉）的確很粗，別無選擇只能吃粗粉製黑麵包的人，只能任其牙齒逐漸磨損。人們也以為篩過的麵粉較快較易消化，對於努力想要取得足夠卡路里的人來講，白麵包當然是迅速獲得熱量的優良來源。白麵包也較易咀嚼，在現代牙醫學興起以前，此事非同小可。

因此，富人講究麵粉要愈白愈好，窮人就只能吃法國人所謂的「卡卡」，也就是黑麵包。且讓時光倒流回古羅馬時代，你吃得起的麵包的顏色深淺，適足以顯現你的社會地位。古羅馬詩人尤維納利斯寫道，「知道一個人的麵包是什麼顏色」，就能明白其人之地位。若干歷史學家和人類學家表示，以白麵粉為貴的觀念，可能隱約亦含有種族歧視的意味。可能吧。但是亞洲也珍愛白米勝過不白的糙米，所以也不見得。

在輥磨機發明以前，磨好的小麥粉需用細網眼的布逐步篩過，才能篩出較白的麵粉。這種麵粉受到喜愛的理由可不少。麩皮往往有點苦，因而麵包顏色越白，味道就越甜。用白麵粉做的麵包，質地也比較蓬鬆，磨碎的麩皮再怎麼細小，放在顯微鏡下看仍如無數銳利的小刀，可穿透麵團中的麩質，損害麩質包裹空氣使麵包膨發的能力（有些園丁就利用同樣原理，在蛞蝓行經的地面撒麥麩）。這些麩皮小刀也比較重，讓全麥麵包較難發酵，無論如何都無法發得像白麵粉做的麵包那麼好。

將粗粉過篩並不是解決這些問題的理想辦法，工序步驟太多，既費時又昂貴，而且未能處理保存期不長的問題，而這八成是全麥麵粉最為人詬病的一點。全麥麵粉容易變質，磨好後數週內便發出油耗味。小麥胚芽之所以富含營養價值，是因為其中含有不飽和脂肪酸，然而這也使胚芽性質不穩定，容易氧化。過篩可以讓石磨的小麥粉變白，卻無法去除易腐敗的胚芽，這就表示必須在地方上磨麵粉，而且需要常常磨。每個城鎮都有自己的磨坊，原因就在這裡。

十九世紀中葉，輥磨機問世，白麵粉因而變便宜、變穩定，而且空前的白。輥磨機做為革命性的科技，看起來幾乎毫無可疑之處，有利無害。此一新式磨粉機不用古老的石磨，而用一連串成對的鋼質或陶瓷滾筒，每對滾筒的間距依序變窄，這樣可將麥粉逐步磨細。一開始研磨時，將麥粒倒進反向滾動的兩只帶有波紋的滾筒之間。在「第一次切斷」步驟中，把胚乳中的麩皮和胚芽切掉並篩除，光潔的胚乳隨即進入下一對間距較小的滾筒之間，步驟如是進行下去，直到澱粉被磨得夠細。

這項新科技受人稱道，一開始看起來也確實造福了人類，麵包從未這麼潔白、蓬鬆又平價。這種新麵粉尤其適合商用酵母，這使得烘焙工作遠比以前快而且簡單。這會兒，麵粉當中已不含易變質的胚芽，幾乎可以永久保存，也使製粉產業得以合併。由於大工廠如今可以將貨物行銷全國，成千上萬的地方磨坊因此關門大吉。便宜、性質穩定又易於運輸的白麵粉，能夠外銷到世界各地，餵飽工業革命時代劇增的都市人口。根據一本麵包歷史書《麵包：一片歷史》的說法，勞工和雇主同時都對白麵包的優點感到滿意：黑麵包富含纖維，「代表工人不時就須離開他們的機器去上廁所，中斷生產。」

說實在的，白麵粉在很多方面不但滿足了人的欲望，也緊密地配合工業資本主義的邏輯。麵粉不再是有生命的、會腐敗的東西，而變成穩定、可預測並且具有彈性的商品，不但增進麵包生產的速度和效率，也推動麵包的消費量。輥磨機實際上加快了小麥成為糧食的速度，讓人體易於吸收小麥的熱量。麵粉，以及麵粉製成的麵包，都變得較像燃料，而且至少就卡路里供給而言，效率較高。用現代營養學術語來講，麵包「能量密度」變高，加上保存期限長，遂成為現代食品加工業的普及產品。白麵包會大受歡迎，說來也不令人意外，誰教人類與生俱來就偏好甜的食物。甜味是食物含有豐富熱量的信號，在自然界中卻始終稀少、難覓（成熟的果子、蜂蜜），可是透過工業精煉某幾種禾草作物（小麥、甘蔗、玉米），甜味如今變得廉價且到處都有，結果卻危害了人類健康。

白麵粉不單只是新的食品，同時也促成新食物系統成形。此一系統走得更遠，從田野走到切片且添加營養素的白吐司麵包，如今在流水線上生產這樣的麵包，僅需三、四小時，而且從頭到尾不需經過人的雙手。小麥也改變了，新式輥磨機最適合磨硬粒紅小麥，可乾淨俐落又徹底地去除胚乳中又大又粗的麩皮，用這較軟且白淨的麥子磨成的麵粉，殘存的麩皮微乎其微。經年累月下來，為適應新機器，小麥品種逐漸改變。然而由於硬粒麥麩皮較粗且較苦，全麥麵粉也因而變得比以前更粗更苦——白麵粉在幾方面的成功造就全麥麵粉的沒落。即便時至今日，品種專家仍繼續培育更硬、更白，從而較無營養的胚乳。曾為華盛頓州方研發培育小麥品種的專家瓊斯告訴我：「小麥培育專家汰除健康。」

沒錯，汰除的是健康，這就是美中不足之處。白麵粉這令人注目的工業邏輯無所不搭、無所不配，人類生物學卻是唯一的例外。輥磨機在一八八〇年代普及後不久，靠這種白麵粉維生的人口中，營養不足和慢性病的比例突然劇增。約莫在十九世紀末、二十世紀初，一批英法醫師和醫療專家開始探索所謂「西方病」的成因（心臟病、中風、糖尿病和包括癌症在內的消化疾病）。之所以叫做西方病，是因為在還維持傳統飲食習慣，食物中沒有這麼多精製糖和白麵粉的地方，這些疾病簡直聞所未聞。這些醫界人士中有多位派駐在亞、非洲的英國殖民地，他們觀察到，一旦白麵粉和糖來到醫學專家麥卡里森所稱原本只吃「自然的簡單食物」的地方，接著就肯定會出現西方病。有些醫師歸咎於西方飲食缺少纖維，有些認為是過度攝食精製碳水化合物使然，有些則以為缺乏維生素是主因。不過，不論造成這種情形的元凶是什麼營養素或機制，這些專家都深信，新出現的慢性病與加工過的白麵粉和精製糖有關。當時的研究成果大多也支持他們的看法。

這該如何是好？回歸「自然的簡單食物」肯定不是答案，沒有人想要！然而，到了十九世紀末，有人開始如此倡議，包括回歸使用全麥麵粉。「全麥麵包才是真正的生命支柱。」英國名醫艾利森如是宣告，他也是率先指出精製碳水化合物與疾病有關的專家之一，為了對抗白麵粉帶來的禍害，在一八九二年買了石磨，提出「保健不必吃藥」的口號，開始烘焙並販售全麥麵包（他也是「麵包與食物改革聯盟」的成員）。同一世紀稍早，倡導營養改革的美國牧師葛蘭姆發表深具影響力的〈論麵包和麵包製作〉，主張白麵包是罪魁禍首，造成現代生活就算不是所有也是大部分的問題，包括便祕（十九世紀時為害甚烈）。他也熱切頌揚富含纖維的粗質黑麵包[7]。把小麥中具保健功能的寶貴麩皮去除，等於「拆散上帝結合的事物」，現代人像這樣在飲食上辜負天恩，付出的代價就是消化不良，百病叢生。

到了二十世紀初期，英美的公共衛生當局再也無法忽視精製白麵粉和營養缺乏之間的關連，營養缺乏造成的問題包括腳氣病，還有心臟病與糖尿病比例雙雙增加（值得留意的是，在兩次世界大戰期間，英國政府實施食物配給制，規定麵粉中須含有較多纖維，結果民眾健康獲得改善，第二型糖尿病罹病比例減少）。然而由於白麵粉產業集團已根深柢固，當局從未認真考慮回歸全麥麵粉。

製粉業和政府反而聯合起來想出一個以技術處理問題的巧計：把靠著現代製粉方法自麵包中移除的幾種營養素再加回去。因此，到了一九四〇年代初，在當時所謂的「沉默的奇蹟」中，美國政府和麵包公司（包括製造「神奇麵包」的「大陸麵包公司」）聯手開發並促銷添加維他命B群的白麵包。這可謂經典的資本主義「解答」，產業不去追究問題的來源，即加工去除小麥的關鍵營養素，反而做更多的加工。這辦法太妙了，製粉業這下子可以一石兩鳥，同時銷售問題和解決方法。

然而把去除的維生素加回白麵粉，只是個簡化又片面的辦法，問題複雜難解多了。如今眾所週知，白麵粉就算添加了營養素，營養價值仍不及全麥麵粉，但是人們了解得仍不夠完整周全。多吃全麥食品的人罹患慢性病的危險顯著減少，比起不吃全麥的人，他們的體重較輕，壽命較長。我們透過流行病學了解到這件事。[8]可是，原因何在？果真如葛蘭姆所言，這正是膳食纖維的好處？倘若如此，是纖維本身有益，還是通常隨著纖維而來的各種植化素使然？又，說不定是維生素的緣故，有些被去除的維生素並未被添加回去。也可能與麩皮中的礦物質有關，或胚芽中的Omega-3不飽和脂肪酸。還是說，關鍵可能在於麩皮最裡面的一層，亦即「糊粉層」中的抗氧化物質。科學家迄未得到定論。

不過，最值得玩味的一點在於，人們就算從非完整穀物的其他來源（好比營養補充劑或別種食物）適量攝取有益健康的營養素，仍不會和食用許多全穀物的人一樣健康。根據明尼蘇達大學兩位流行病學家賈可布和史戴芬二〇〇三年的研究[9]，全麥為人所知的營養成分，無法完整說明其保健益處。這些營養成分有飲食纖維、維他命E、葉酸、植酸、鐵、鋅、錳和鎂。要麼是這些營養成分能夠發揮協同作用，要不就是全麥當中仍有科學家尚未辨識的神祕成分。我們探究的畢竟是種籽：小小一粒，包含著創造新生命所需的一切，箇中堂奧仍超乎科學的理解能力與科技的創造能力。

完整食物本身很可能超出其營養成分的總合，最好不要把這些成分「拆散」，這使食品加工業者面臨嚴峻的挑戰。他們始終自以為對生物學有足夠的了解，有辦法透過分解食物再拼回原樣，來改良「自然的簡陋食物」。只要科學家能夠說明我們該特別關注哪些營養，業界就迫不及待想把添加了任何一種（或十二種、一百種）營養的麵包賣給我們。不過，起碼到目前為止，科學家還不能簡化複雜的難題，無法給出簡單的解答。

全麥麵包捲土重來，對食物本身而言，這是好消息。全麥麵包在六〇年代已初見復興之

7 如今，全麥餅乾的英文為graham cracker，即因葛蘭姆而得名。（譯注）

8 如今，流行病學家已校正相關數據資料，吃較多全麥食品者往往較富裕，教育程度較高，且一般而言較留意健康。

9 John Marchant, Bryan Reuben, and Joan Alcock, Bread: A Slice of History (Charleston, SC: History Press, 2009).

勢，原因其實相當虛妄：當時的反文化人士對「自然食物」有著滿腦子浪漫想法，認定白麵包象徵著現代文明的一切錯誤，加工程度少於白麵包的黑麵包，顯然才是自然界獻給我們的食物。他們本當適可而止，可惜並沒有。烘製、食用黑麵包也蔚為政治行動，藉以表示與世界各地褐膚民族團結一致（他們可不是開玩笑），並對上一輩的「白麵包」價值提出抗議，他們的父母在家中吃的可能就是神奇麵包。這些理想促使不摻雜其他成分、又黑又硬如磚塊，布滿種籽的麵包問世，全麥麵包的復興很可能因此推遲了一個世代。「那種嬉皮口感」是烘焙業者至今仍揹負的十字架，另一項困擾則是，人們普遍仍認為全麥麵包與其說是能讓人吃得津津有味，不如說是較有營養也較有刻苦精神。

不過，全麥麵包似乎已從六〇年代的風潮中恢復元氣。眼下，人們推崇麵包的傳統價值，全麥麵包和白麵包命運逆轉，或說起碼兩者的尊卑已反轉過來。如今，經濟較優裕者想要黑麵包，白麵包失去地位。大眾已聽聞全麥有益健康的消息，政府最新的營養指導方針建議每日至少有一半熱量來自全穀物。然而一想到即便是今日，仍只有五%的小麥被磨成全麥麵粉，我們實在很難遵照這項建議行事。

美國手工麵包師傅愈來愈多，最早始於九〇年代，當時的哈法族熱中用白麵粉製造長棍麵包，如今則逐漸對用全麥做麵包懷抱強烈興趣。羅伯森的下一本著作要談的就是全麥烘焙，他眼下把大部分的精力奉獻於研發全麥麵包作法。彭斯福是「美國麵包師同業公會」的前任理事長，也是在法國舉行的「世界盃麵包大賽」首位美國籍冠軍得主，他如今只用全麥麵粉做麵包，並且不遺餘力倡議全麥的好處（他對我表示，由於想要在同業公會推廣全麥，就勢必得罪製粉業和酵母業的贊助者，因此他在全面改用全麥麵粉後自願下台）。超市的貨架上也堆滿了聲稱全麥的麵包和其他產品，其中有一些還算名實相符。[10]

就連生產神奇麵包、現已宣告破產的「賀斯特絲牌」也因應大眾需求，推出較多較健康且營養的麵包。這家公司研發出特別的新配方，不但添加了維生素、礦物質和纖維，也提升食物本身的品質：用的是全麥麵粉。不過說實在的，大多數時候，他們提供的比較像是全麥的光環，與貨真價實的全麥不盡相同。比方說，賀斯特絲牌銷售含有「百分之百完全小麥纖維」的「聰明白麵包」，纖維卻並非來自小麥或其他穀物，而來自棉籽、植物纖維（亦即樹木）和黃豆（「完全小麥」指的其實是白麵粉）。接著，他們又推出「全穀物白麵包」，你得非常仔細地閱讀，才會看到品名下以小字體印刷的「以……製造」幾個字，結果，成分表上第一項材料還是白麵粉。我覺得這些產品踩到欺騙的邊線。不過，神奇麵包後來的確推出真正的全麥麵包，聽來像是現代食品科技的一大突破：「百分之百的全麥軟麵包」。

全麥神奇麵包！這可真是幸福美滿的結局，人類致力追求更軟、更甜、更白、更蓬鬆麵包的歷程，與全麥的營養利益結合在一起了，但是白麵粉產業集團並不會就此銷聲匿跡，在黑麵包之夜中消失。怎麼可能？他們的磨粉廠當初可是為生產盡可能潔白的麵粉而設計的，其生產過程的第一道工序，就是去除胚芽。而且，磨製白麵粉，再出售營養素，可比單賣全麥粉有利可圖。有位名為范德里的製粉老手告訴我，把胚芽留在麵粉中根本就是自找麻煩。因此就算是製造「全」麥麵粉，磨粉的第一步驟始終是去除胚芽。

「工程學和營養學朝著相反的方向拉扯。」范德里解釋說，大多數商業全麥麵粉其實是

10 很多自稱「全麥」的產品原來成分表上第一項（也就是含量最多的一項）還是白麵粉。產品即使含有高達四十九％的白麵粉仍然可以使用全穀物認證標章。像百分之百全麥軟麵包這樣的麵包並非百分之百全麥，只有部分是，大部分仍是由其他成分組成。全穀物的概念顯然比事實本身對產業更具吸引力。

添加了胚芽和麩皮的白麵粉。這樣的麵粉是否和用石磨磨出的全麥粉一樣好，或對人體是否有好處，仍有待商榷，然而業界別無其他辦法。

要讓工業麵包生產的簡單邏輯，適應錯綜複雜的全穀物，可不容易。該如何因應易變質的胚芽？范德里表示，包括他曾效力的工作單位在內，許多大型製粉業者索性剔除「全麥」麵粉中的胚芽，「因為胚芽實在太麻煩了。」這項指控茲事體大，但也很難證明（所以同樣的問題又來了，麵粉袋中到底裝了什麼，實在說不準）。還有，我們該拿現代小麥品種麩皮中的苦味怎麼辦？（大多數商業全麥麵包用甜味劑來掩蓋苦味。）商用酵母很難發酵全麥麵團的問題，又該如何是好？最後這一個問題（誠然）是不少嬉皮麵包失敗的原因，因為沒有酸麵種來促進麩質的發展，百分之百的全麥麵包往往發得不夠蓬鬆，一烤就散。不過，很難想像神奇麵包工廠的麵包師傅會小心翼翼地餵養喜怒無常的不明天然酵母和細菌。

這會兒，我很好奇神奇麵包究竟是用什麼辦法來解決烘焙全麥白麵包的謎團。修改以白麵粉為基礎的工業系統邏輯，用以生產純樸美味的全麥麵包，能有這種事嗎？因此在「賀斯特絲品牌」倒閉以前，我打了電話到該企業的德州總公司，想辦法和公共事務部門通上話。我問接電話的那名年輕人，能否讓我造訪該公司工廠，參觀全麥神奇麵包製造過程。那是這位先生頭一大上班，但他保證會回電話給我。過了一週，我欣然又意外地收到一封電子郵件，通知我已獲准參訪沙加緬度的賀斯特絲麵包廠。我查地圖，發覺工廠在米勒的麵包房南邊，車程不過一個小時左右。米勒曾是羅伯森的雇主，致力製作手工全麥麵包。於是我決定在參觀賀斯特絲工廠後，順道拜訪米勒。米勒自己磨麵粉，一週烘製四百個百分之百全麥的麵包，在農民市場販賣。賀斯特絲麵包廠一天生產多達十五萬五千條麵包，在美西各超市銷售。這肯定是兩極化的一天。

賀斯特絲工廠坐落在沙加緬度市郊，平房式的工業建築占地甚廣。一到停車場，麵包香味便撲鼻而來，一開始聞起來很香，不久就覺得膩味。廠長先給了我一對阻隔噪音的耳塞，然後帶我到廠房。廠內空間既大又深，光線暗淡，高及腰際的生產線彎曲如蛇形，讓人模糊聯想到企圖心旺盛的火車模型組，只是一盒盒裝在金屬模子中的麵包取代了車廂模型。這條生產線始自後方儲放麵粉的筒倉，通過攪拌筒、途經麵團切割機和塑形機到發酵室，那上方是刻痕機（利用很薄的水刀精巧地給每條麵包畫一刀），再送進隧道般的烤箱，接著以機器切片並裝袋，最後用扭線帶束緊，每條線帶扭四次。同一條生產線可以製造「傳統神奇麵包」、「以全穀物製造的白麵包」、「百分之百全麥麵包」或「大自然的驕傲麵包」，後者是新近生產的「全天然」全麥和全麥風味麵包，意指未添加化學物質。生產所有麵包所需的時間大致相同，從倒麵粉到麵包冷卻、切片、裝袋、扭上線帶，共四小時。

賀斯特絲的食品科學家發揮巧智，只需更改配方（麵粉種類、酵母用量、纖維來源），而不必擾亂當初設計用來迅速生產白麵包的機械化系統。從管理生產線的麵包生產者的觀點來看，管他是白的、全麥的、全麥風味的、不含高果糖玉米糖漿的、高纖維的還是隨便什麼當下最引人注目的健康成分，麵包不過就是麵包。但是，工作人員仍快活地發牢騷說，要把空氣導入添加了那麼多纖維和礦物質的麵包，可真不容易，「得把廢物發起來。」有位工作人員說。該公司「較健康」的產品有不少都添加了鈣，鈣一般與小麥無關，可是鈣的保健功效當前正風行。

「基本上就是把石頭打碎了，撒進麵團裡。」烘焙領班解釋說。他談到把大量的鈣加進麵包中，實在是一大挑戰，他如此直言不諱，令人放下戒心。「要把那石頭抬起來，得用上多到不行的酵母。」登時我明白過來，那令人發膩的氣味（這會兒有點讓人反胃了），正是酵母的氣味，很多很多酵母的氣味。

截至那會兒，我已造訪過不同的麵包房，也在自家花了不少時間烘焙麵包，訝然發覺工業生產麵包的流程竟如此相似卻又如此不同。我看著麵粉和水混合成那熟悉的水泥灰色麵糊，可是那些也被加進去的其他成分是什麼？那一包包二十二．六公斤重、僅印著「麵團調節劑」的東西又是什麼？乙氧基甘油酯嗎？四種糖（高果糖玉米糖漿、糖蜜、麥芽精、玉米糖漿固形物）？小麥蛋白、氯化銨、丙酸鈣、硬脂醯—2—乳醯乳酸鈉和「酵母營養素」？酵母既然活在這麼甜的麵團中，又為何需要**更多**的營養素？是要平衡飲食有太多糖分嗎？

負責烘焙的工作人員無法對我說明，百分之百全麥軟麵包包裝袋上列出的三十一種成分有什麼作用，建議我去問總公司的食品科學專家。但是總公司方面不肯讓我訪問公司的食品科學專家，表面上的理由是害怕他們會一不小心透露專利烘焙機密。我請教其他食品科學家，最後弄清楚那三十一種成分到底有什麼作用，大多數不外乎以下這幾類：支持產品健康之說；「潤滑」麵團，讓麵團不會因沾粘而減緩機器速度；盡快將多一點的空氣注入麵團；為符合消費者對神奇麵包的印象，賦予麵包如棉花般的質地和麵包心濕潤如蛋糕的口感；防止麵包變陳或發霉；最後但不是最不重要的，讓麵包變甜，從而掩蓋麩皮的苦味以及更要緊的，掩蓋其他所有添加物的化學味。

不很久以前，這些化學添加物還多半會被美國食品暨藥物管理局判定為「攙雜物」，可是麵包業在五〇年代大力遊說後，管理局放寬麵包的「識別標準」，准許麵包廠將幾十種新的添加物攙進原本僅需兩三種原料的食物。二十世紀初期有一場「壓制詐欺世界大會」（多麼奇特又有趣的想法！），一批專家研擬提出報告，給麵包下了法律定義，我方才參觀過的製造流程並無法符合此一定義。「在不加任何修飾語的情況下，麵包一詞專指烹調過的麵團產品，麵團由小麥粉、酸麵種或酵母（來自啤酒或穀物）、飲用水和鹽製成。」這個名叫麵包的東西，這會兒已漸行漸遠了！

然而，就算麵團中添加了這麼多新成分，烘焙麵包的工序大致上仍差不多。我開始參觀工廠後不久，踏進發酵室，一大槽又一大槽的濕麵團正在進行第一次發酵，麵團冒著泡泡，像沙發墊一樣不斷膨脹。這裡第一次發酵的程序與我家廚房還有塔庭麵包房的工序，唯一的差別在於，此地發酵速度很快。賀斯特絲藉著加進大量的酵母（酵母占了麵團的一成重量）製造大量的二氧化碳，以便在一兩小時當中發好全麥或超高纖維麵團。

說實在的，工業烘焙主要的創舉，在於加速傳統的緩慢工序，這種緩慢或許是必要的，然而，時間就是金錢，因此得將劍及履及的酵母大軍加到麵團裡，加速發酵的過程，接著再加進調節劑，讓麵團禁得起機器的快速運轉，再來就是要加速（或取代）麩質的發展，然後讓麵團變得很甜，好讓習於吃白麵包的消費者，一吃到百分之百的全麥麵包，舌頭立刻能感受到預期中的甜味。到頭來，工業麵包添加了許多化學物，唯一被移除的成分，就是時間。

不過，加快全麥麵包的生產速度，造成一些問題，而這些問題都始於麵粉。市場上就算不是所有但也是大多數的新型全麥白麵包，用的是康尼格拉食品公司研發的新種類硬質白色小麥。因此麵包看起來不像全麥：麩皮屑要麼是白色的，要不就偏白。而且，麩皮屑細小得幾乎看不見，康尼格拉利用名為「超細」的專利技術磨粉，磨成的全麥麵粉細緻的程度前所未見，叫做「超穀」粉，製出的全麥麵包較軟較白，但這可得付出代價。這種麵粉新陳代謝的速度幾乎和白麵粉一樣快，因而抹煞掉全麥麵粉相當重要的保健長處：我們的身體如果緩慢地吸收和代謝全麥麵粉，便不致發生胰島素遽然分泌過多現象，這現象經常伴隨著精緻碳水化合物而來。一般用升糖指數來評定血液中的葡萄糖是否上升過快（從而使得引發許多慢性疾病的胰島素升高）。全麥神奇麵包的升糖指數約為七十一，和傳統神奇麵包（七十三）差不多，相形之下，用石磨麵粉做的全麥麵包，升糖指數則只有五十二。所以，我們說不定真的是聰明反被聰明誤。

利用商用酵母來快速發酵全麥麵粉，說不定還會造成另一項健康問題。所有的全穀物都含有植酸，植酸不但會鎖住麵包中的礦物質，如果你吃得夠多，還會將人體中的礦物質也鎖住。我們前面已經看到，漫長的酸麵種發酵過程有一個好處，就是可以破解植酸，將礦物質釋放出來。這也令麩質蛋白較易消化，減緩身體吸收澱粉的速度。酸麵種白麵包的升糖指數，其實低於用商用酵母發酵的全麥麵包，原因就在這裡。

這當中還有第二項詭論：比起我在家中自製的麵包，神奇麵包看來是加工程度高了許多的產品，其中添加了幾十種成分，用的是高速生產法。可是，由於小麥從未真正歷經發酵過程，神奇麵包比起我在家烘焙的麵包，在某些層面上又經過「較少」的處理，即較不充分的烹調。起碼談到小麥處理，有時少即是多，而多到頭來又變成少。

參訪結束時，工廠送了幾條麵包給我。開車前往米勒的麵包房的路上，我嘗了三種新式神奇麵包。百分之百軟全麥麵包聞起來酵母味和糖蜜味很濃，比起跟白麵包一樣白的「全麥製造」的麵包，顏色深了一點。這兩種麵包味道一樣甜，也就是說，很甜，百分之百全麥麵包的質地雖然不像棉花那麼軟，但是我可說不準倘若我閉上眼睛，還能不能區分兩者（因為我正在開車，故而決定延後盲測）。我最不喜歡的是聰明白麵包，就是纖維含量等同於百分之百全麥的那一款產品（不過其所含纖維並非全麥纖維）。我第一口吃下去的感覺是甜，然後嘗出數種不大好吃的味道，也許來自棉籽、木漿和其他並非來自小麥的纖維與礦物質添加物——賀斯特絲加進麵團中的那些纖維質和石頭「廢物」。

到頭來，所有新式神奇麵包看來都一樣，更像營養傳遞系統而不像麵包。小麥種籽被分解成零件，再重新組合並添上加工過的植物成分、若干礦物質、一兩種石油衍生的人工添加物，還有可讓麵包發酵變蓬鬆的大量酵母，這種還原營養的手法到底能否製造出健康或甚至比較健康的麵包，我們不得而知。這些麵包其實是自以為是的營養，巧妙地讓「全穀物」或「全麥」登上外包裝，因為這兩個神奇的名詞如今暗示著健康。但是這些產品中的全麥，顯然是名過其實，賀斯特絲將之當成某種要去戰勝、偽裝或就只是影射的事物。這些概念上的麵包，最後到了我口中變成棉花。我想起柏爾頓用以測試麵包優劣的唾液法：一小塊麵包吃在嘴裡，會不會讓你分泌唾液？這三種都沒過關。

我聽羅伯森說過，米勒曾經開了一家麵包店，名叫「非凡麵包」[11]，於是我就帶了兩條新口味神奇麵包上門來送給他。他的麵包房基本上是住家加蓋的一套房間，坐落在奇科東南方雅拉丘陵偏僻的山邊。他的表情有點驚恐，但還是擠出了笑容。米勒個子修長，看來坐四望五，山羊鬍修剪得很整潔，穿著乾淨俐落的口袋白T恤和木屐式拖鞋。我納悶這會不會是頭一次有塑膠袋包裝的麵包穿門入戶到他家來。

米勒的麵包屋是獨腳戲，那天是星期四，他正在磨麵粉，混合麵團，準備第二天早上進

11 Wonder Bread，此二字正是Wonder Bread「神奇麵包」的德文直譯。（譯注）

行他的每週一次烘焙工作。他一眼盯著奧地利製造的磨麵機——手工精美的木櫃裡裝著輪形石磨，另一眼則留意他的Artofex牌攪拌機，這部古色古香、粉紅色烤漆的奇妙機器是瑞士來的。一對鋼桿慢吞吞地在一盆濕答答的麵粉中上下攪呀攪的，有模有樣地仿傚人手揉麵團。

說到烘焙麵包之道，米勒毫不妥協。他跟柏爾頓一樣，絕對專注於全麥、濕麵團和天然發酵（說不定更甚於柏爾頓，他只有一款麵包含有少許白麵粉）。不過，比起他那健談、高調的師父，米勒給人的印象倒頗像麵包師中的清教徒，沉默寡言，有點像苦修之人。雖然他開過麵包店，也管理過員工（包括羅伯森），過去七年來卻化繁為簡，發揮梭羅的精神，將烘焙麵包精簡成僅僅保留著基本要素：一個人、幾袋小麥、兩部機器和一架烤爐。米勒的麵包屋幾乎完全不仰賴電力網：磨粉機和用來延緩麵團發酵的冷卻室用的是太陽能，義大利層次烤爐燒的是他自己劈的柴。我問他木頭能否給麵包增添風味，「這跟風味無關，而是我不想跟石油戰爭有瓜葛。」

我上門造訪的那個下午，米勒正為要不要給他的卡姆小麥麵團加一點點的抗壞血酸而苦惱。抗壞血酸常被用來強化低蛋白的麵粉，米勒原則上鄙視添加物，可是他契作的農民今年送來的這一批卡姆小麥（這是一種古老品種的硬粒杜蘭小麥）品質欠佳，蛋白質含量太低，烘焙出來的麵包成品多少也就令人失望。抗壞血酸保證可幫助麵團多保留一點空氣，可是如果加了就表示略微偏離「正軌」，米勒麵包屋的網站以正軌二字形容其烘焙手法。除非我降落在半人馬座阿爾發恆星上的麵包房，否則從賀斯特絲工廠出發，我不可能旅行到更遠的地方了，抗壞血酸在賀斯特絲都算是比較天然的成分。「我遇見麵包僧侶。」我在筆記本上匆匆寫下這一句話。

米勒帶我到後面房間去看他的磨粉機，那是一具高木櫃，頂上連著料斗，一次可容納二十二・六公斤的小麥，透過開孔徐徐將麥子送到在內部轉動的兩具石磨之間。說是「徐徐」，還有點言過其實，這機器的步調緩慢得可以，麥粒簡直像是用拇指和食指捏著，一粒粒依序通過開孔。磨的速度要是比這更快一點，石磨便有過熱而損壞麵粉之虞。米勒解釋說，俗語說「把鼻子貼近磨石」，意指要人認真工作，這句話的來源就在這裡，做事一絲不苟的磨坊工人不時把鼻子湊向磨石，聞聞看有沒有麵粉過熱的氣味（所以說，這句俗語指的不是努力幹活，而是專心工作）。磨粉機的底部有個木嘴，慢慢吹出棕褐色的微溫麵粉，積聚在白布袋中。我靠過去聞一聞，現磨的全麥麵粉香得不得了，有榛果香和花香。這下子我終於能心領神會「麵粉」（flour）的詞源——小麥種籽的精華，也就是「花」（flower）。沒錯。白麵粉沒什麼香味，這麵粉聞來卻美味極了。

這一聞，讓我有了一點頓悟。直到那會兒，我對於全麥多少有點漠不關心。我還算喜歡全麥，搞不好比大多數人多一點，可是我吃全麥主要是基於它對我的益處多過於白麵包，而不是因為比較好吃。所以，可以說，我喜歡全穀物這個概念甚於實際的體驗，這跟賀斯特絲的烘焙人員和食品科學專家並沒有什麼兩樣。雖然我不在意全麥麵包質地粗糙或不夠蓬鬆，然而就連品質最好的全麥麵包往往嘗來也沒有什麼風味，彷彿藏起了什麼。我還沒有嘗過米勒的麵包，不過那麵粉的香氣讓我覺得，自己搞不好從未真正地體會到全麥的所有潛力，這下子我躍躍欲試了。

米勒之所以自行磨粉，是因為唯有如此，他才能直接向農民買小麥，確保麵粉是新鮮的。「種籽被打開的時刻，是潛力最充實的時刻。一旦磨成粉了，就開始氧化，逐漸喪失能夠滋養我們的能量。剛磨粉時也是風味最飽滿的時刻，接下來就慢慢變淡了。」

米勒身為麵包師傅，最關注的始終是健康。他自己也有個「我發現了」的時刻，那是在八〇年代早期，他在明尼亞波里斯一家麵包店吃到百分之百全麥的麵包。「那麵包我才吃了一口，便覺得整個身體都有反應，感覺真是太好了。」米勒的烘焙工序，每一步都是要萃取小麥的完整營養價值，但是他並不認為必須在健康和味道之間取捨權衡，他其實相信麵包的味道正是其營養價值的好指標。說到這一點，穀物有一點像水果，一旦散發出成熟的香味，就表示那時營養達到巔峰。不過，穀物跟水果不同，需要小心加工處理（適當發酵、烘焙），滋味和營養才能達到高峰。對米勒而言，這代表將穀物充分烹熟的濕麵團、長而緩慢的發酵過程，還有在烤爐中充分烘烤麵包。

米勒邀請我在那兒過一夜，好把二十四小時的工序從頭到尾看一遍。第二天一大早五點鐘，我好不容易從床上爬起來，他卻已幹了兩小時活兒，給烤爐起了火，把在冷卻間裡發了一夜的麵團整好形狀。截至當時為止我看過的麵團中，要數米勒的最濕了（水化程度為一〇四％[12]），他好像呵護新生兒似的，無比溫柔地處理麵團，翻動麵團的次數比羅伯森還少。米勒早已習慣獨自幹活。（「我喜歡自己一個人烘焙麵包，做這件活兒，必須五感兼施。」）不過，到了第二天，他願意讓我碰一碰他的寶貝，向我示範如何給法式粗棍麵包和平鍋麵包塑形。有些麵團濕到你的雙手需蘸水而非麵粉，才能防止沾黏。我們幹活時，屋外天色未明，麵包房裡如修道院般一片肅靜，卻香氣瀰漫，有麥芽香和花香，當米勒開始把麵包送入烤爐中時，香味更是濃得讓人無法抵擋。

不過米勒不肯讓我嘗剛出爐的麵包，要我等到麵包冷卻至適當程度並且「定形」了再吃，因此我在開車上路以前，一口也吃不到。熱麵包在車中香氣四溢，是我在磨粉室中聞到的同一種香味。請別跟米勒說，車子一開出他家的車道，我便按捺不住，吃將起來。

這麵包有如天啟，我覺得自己彷彿破天荒頭一遭嘗到小麥。那味道太飽滿了，又香又濃，帶有堅果味，甘甜適口，麵包心濕潤且光滑。我還沒上高速公路，就已將整條麵包吃個精光。

然而，這條麵包並非十全十美。外殼和麵包心對比要是能再強烈一點就更好了，外殼並不脆，麵包發得不夠高，外觀有點扁。米勒當天早上一邊用長柄木鏟將外觀不是很稱頭的麵包取出烤爐，一邊對我說，「做全麥麵包始終得對抗地心引力，不過，只要麵包夠濕潤，我不在意不夠蓬鬆。」米勒權衡輕重後有了取捨：取風味和營養而捨體積。空氣被犧牲了。

米勒的麵包很好吃，但並非我的夢幻全麥麵包。可是我在他的麵包房中嘗到的滋味，聞到的香味，令我下定決心，今後只做全麥麵包，看看我的麵包能否有同樣的風味，不過外殼要硬一點，質地要蓬鬆一點。突然之間，烘焙白麵包顯得好無趣。這會兒我已瞥見並且嘗過有什麼是做得到的，那超乎我的想像。優質的全麥麵包從此成為我的「聖杯」，接下來幾個月，我烤了一個又一個百分之百的全麥麵包。

第一個月，有不少扎實如磚的褐麵包從我的烤箱中出爐，個個堅忍不拔，只是不怎麼好吃。我家烤箱的G力（重力）從未如此巨大，宛如我突然到了另一個較大的星球烘焙麵包。我和酸度搏鬥了好幾週，全麥麵粉似乎過分刺激我的酸麵種，使得細菌酸性大發，酵母菌很

12 作者注：這是所謂麵包師傅的數學，作法中每一項材料都按它與麵粉的百分比來標示，麵粉本身為百分之百，因此一〇四％水化程度意指麵團中水的重量多於麵粉——這可不算少。

快就欲振乏力。我的烘焙漲力表現很差，但我說不上來是酵母菌無力，還是如刀般銳利的麩皮切碎了我的麩質使然。

我用的仍是羅伯森的基本食譜，只是將白麵粉改成全麥麵粉，但很快就了解有幾處必須修正。我讀到麩皮吸水就會變軟，這麼一來，只要麵團濕一點，攪拌前靜置得久一點，那些麩皮小刀便會變得鈍一點。因此我將麵團的水化程度增加為九十%，將自我分解的時間延長成一小時。濕麵團似乎讓麩皮變軟，卻讓我更難給麵包塑形，也較難賦予張力，這是烘焙漲力欠佳的又一成因。每逢出爐的麵包令我大失所望，我耳邊便響起米勒說的那句話：「做全麥麵包始終得對抗地心引力。」不過，我還不打算放棄對空氣的希望。

一般都以為在全麥和美味麵包之間，難免得做個取捨，我一面奮戰，一面開始懷疑這個傳統看法不見得是對的，儘管從賀斯特絲的食品科學專家到不少技藝高超的手工麵包師，人人都接受此說。更可能的情況是，我們逐漸認為取捨勢所難免，不過是因為要烘焙出好吃的白麵包可比做全麥麵包容易多了。只要隨便一袋白麵粉加上在超市買來的一小包酵母，便可以烤出香甜又蓬鬆的麵包。這就是原因所在，白麵粉和商用酵母保證有成果：它們是標準化的商品，能發揮預期的功效。然而，想在以白麵粉為核心的系統中做全麥麵包——用重組的全麥麵粉、快發酵母、白麵粉食譜、乾麵團等等，烘焙出的麵包肯定令人失望：不夠蓬鬆、易碎、欠缺風味。這又等於在替白麵包做廣告。

要烘焙出真正優質的全麥麵包，單是有好食譜還不夠。必須整個脫離白麵粉制度，就像米勒的所作所為，他直接和農民合作，現磨農民生產的穀物。這意味著，必須體悟到全麥麵包有自己的一套系統，起碼從前是如此，那是輥磨機、商用酵母和機械化烘焙尚未問世之前的事。那個系統的中心為，用石磨磨整粒小麥，利用新鮮麵粉、天然酵母、大把的時間，還有人類文化，亦即明白如何管理這整套工序與種種意外情況的林林總總知識。

如果說這樣就已算癡心妄想，我還有更過分的想法。在理想的狀況下，全麥制度應該有各品種的小麥可供選擇，而不單是胚乳超大超白、麩皮超硬的那種。另外，也是在理想狀況下，麥子的食物鏈應該縮短許多，由地方上的磨粉廠直接向附近的農民採購，以便麵包師傅可取得由最合意的品種小麥現磨的麵粉。

如此面對問題，只會使人對烘製出真正好的全麥麵包這件事死心。食物地貌已遭白麵粉產業集團全面霸占（甚至包括手工達人棲身的角落），指望事情能有重大改變，看來是一廂情願，徒發思古之幽情。想做出我要的麵包，我需要的不單只是較好的食譜，還需要一整個不同的文明。

不過，有兩三件無關宏旨的事，給了我一點希望，足夠支撐我繼續做麵包。頭一件事情，我注意到我們那裡的喜互惠超市一條百分之百全麥軟神奇麵包售價是四塊五毛九，不算便宜。米勒的麵包既營養又有機，用現磨麵粉，發酵時間長，美味的程度神奇麵包根本難以望其項背，可是這麵包在農民市場上的售價才五美元，只比神奇麵包貴了四毛一，怎麼會有這種事？說不定工業麵包系統並不像表面上那麼頑強不屈，至少在處理全麥麵包需求量這件事上確實如此。在以白麵粉為核心的經濟體制中，全麥麵粉，還有使它能為消費者所接受的技術，價格都不低。第二件令我受到鼓舞的事是，灣區一帶有好幾位烘焙高手，包括塔庭麵包的羅伯森、頂點麵包的蘇利文，還有彭斯福和查科斯基，現在都致力開發新的全麥麵包，許多是百分之百的全穀烘製。所以，是有什麼正在醞釀中，說不定正是文化復興的先聲。就連原本不掩對全麥敵意的「美國麵包烘焙同業公會」通訊，也開始對白麵粉的正統地位提出質疑，對彭斯福等排斥公會的麵包師，亦漸有正面看法。

最後一件給我鼓勵的事，是零星的例證指出，地方的全麥經濟可能漸有起色。在新英格蘭和太平洋西北地區，甚至在我家後院，新派的穀農和磨粉業者逐漸竄出頭，呼應全國各地紛紛要求供應在地食品的趨勢。我訪談了華盛頓州一位小麥品種專家，他正致力開發較適合磨成全麥麵粉、做成麵包的小麥品種，他說他和全美國各地的地方新穀物計畫都保持連絡。

接著我又聽說，在離我家不遠的奧克蘭，有個名叫「社區穀物」（Community Grains）的新公司開始銷售在加州種植的石磨全麥麵粉。加州可以種小麥，我連這事都不知道，然而在加州實施大型灌溉計畫前，小麥在十九世紀曾是重要作物，因為小麥可以在秋天種植，接受冬雨澆灌。社區穀物公司販賣的麵粉，其原料小麥由沙加緬度谷地的農民種植，磨粉的是伍德蘭鎮上一家名為「認證食品」（Certified Food）的小公司。

我一聽說認證食品，就知道又該為我的烘焙教育做一趟實地考察。身為白麵包烘焙者，我本來並不需要認識磨粉業者，更別說認識麥農。說實在的，這正是白麵粉經濟的一大好處：麵包師僅需全神貫注於麵包，大可忽視將白麵粉送到他門前的那條既長又泰半隱形的食物鏈。可是，我若想烤出一條美味可口或至少像樣的全麥麵包，就需要多了解一點小麥和磨粉過程。除非我打算添購一部磨粉機，不然的話，我需要找到供應優質新鮮全麥麵粉的來源。所以，我訂出計畫，前往伍德蘭去見我的小麥。

我怎麼也沒猜到，替社區穀物磨粉的認證食品公司老闆范德里已八十多歲，但體力可好得很。身高一米九二，腰桿挺直，滿頭華髮，一雙藍眼炯炯有神，斜著眼看人的眼光帶著一絲淘氣。范德里在荷蘭長大，少年時期正逢戰時，挨過幾年餓。他講話有一點荷蘭口音，作風帶著老派歐式的客氣，稍微緩和了他咄咄逼人的性格。范德里在一九五〇年代來到明尼蘇達州，在阿徹丹尼爾斯米德蘭公司擔任穀物採購員。六〇年代，他效力於蒙大拿製粉公司，這家公司後來在六、七〇年代製粉業合併時期併入康尼格拉。范德里堪稱是白麵粉產業集團的產物。

不過，他在八〇年代經歷了一件事，從此改變。這樁故事經他一說再說，如今已變得相當動聽。有位澳洲製粉業者來到奧克蘭，拜訪蒙大拿製粉公司工廠，范德里當時正擔任廠長，真心為這家高科技的製粉廠自豪。「我們什麼都有，好比運輸麵粉的氣動系統，樣樣都是最先進的。這位仁兄卻直視我的眼睛，說：『你有沒有想過你磨的這些白麵粉的營養價值？』」范德里沒想過，可是從那一刻起，「我再也無法將這個問題拋諸腦後。」

「要知道，我個人境況挺不錯，很幸福，有世界上最美的製粉廠，是公司的主管。我有信用卡，穿著好牌子的全套西裝。可是在這一行從來就沒有人談過營養這件事，我們竟把最有營養的部分扔進垃圾箱！這些下腳貨（丟棄的麩皮和胚芽）都成了飼料。」

「我晚上下班回家，對我太太說：『老天爺呀，我們賣的是什麼玩意？我們賣的不是營養，只有胚乳。妳瞧瞧，我們把小麥怎麼了，我們賣的是廢物！我不能再這樣下去了。』

「那是三十年前的事，從此我只磨全麥。」

范德里一九九二年放棄他在製粉業的安穩位置，自行創業，專注於全麥麵粉。而今，認證食品在美國算規模較大的磨粉廠，廠房占地甚廣，坐落在伍德蘭的鐵道旁。我為了採訪他，懇求了好一陣子，才獲得首肯前去一訪。老實講，要進認證食品的磨粉廠大門，可比進神奇麵包工廠還難。不過，范德里終究大發慈悲，前提是，我必須遵守他始終沒講明的「基本規則」。范德里對其磨粉方法三緘其口，擔心（至少他是這麼聲稱的）我會一不小心向競爭對手洩漏商業機密。

他用不著操心。你得從事磨粉這一行，才能在參觀工廠時，看懂那些剛刷了棕褐色新油漆的鋼鐵設備裡面，到底在玩什麼把戲。由於石磨和輥磨設備都藏在鋼鐵後面，而麵粉又是靠封閉的氣動管運送，磨粉過程差不多每一道工序都看不見。范德里的作業方式有一點相當與眾不同，穀物在區分為好幾步驟的工序中，同時用上傳統與現代的技術。因此，整粒穀物先用石磨研磨後，還要經過輥磨和錘磨，穀物在錘磨室中被拋擲到粗糙的表面，讓顆粒更細。這些額外的步驟不但使得認證食品磨出的全麥麵粉，比單用石磨研磨的粉粒細密且不致過熱，而且可將易變質的胚芽封鎖在一層澱粉中，保存期限較長——不過這只是理論上如此。我們一面參觀工廠，范德里在轟隆隆的機器聲中，一面對我說明在他看來產品最重要的特點：「整粒種籽經過這整個過程，組成仍原封不動。」

「如果將種籽分解成幾部分，麵粉一定會受損。一旦將麩皮和胚芽分開，完了，沒戲唱了，胚芽會變質，失去營養。你必須了解（把這個記下來！）大自然創造種籽時，製造的是完美的配套，各部位在一個活生生的系統中同心協力地工作。舉例來說，麩皮中有抗氧化合物，使得胚芽中的油脂不致氧化，但是這兩者如果分開就沒效了！一旦拆散種籽，就覆水難收，再也拼不回原樣！」他指著我的筆記本，「把這個寫下來。」

這是優質全麥麵粉的關鍵。據范德里說，大型製粉廠也因此不可能生產優良的全麥麵粉，因為打一開始輥磨機便將種籽分成了幾部分。而胚芽一旦與抗氧化的保護層分開，品質就開始走下坡。范德里說，大多數大型製粉廠重組全麥麵粉時，通常不往裡頭加胚芽，原因就在這裡。我問他此說有無證據，因為這倘若屬實，那麼大多數市售的全麥麵粉根本就名不副實。他帶著我到製粉廠的管控室去見主任工程師本恩，本恩是范德里從通用製粉公司挖角來的，通用直到不久前在不遠的瓦列霍市還有一間製粉廠。本恩證實范德里的說法：「胚芽太刁鑽了，所以我們除之而後快。」那刁鑽的胚芽只占小麥種籽一小部分，卻恰好含有一整組寶貴的養分：Omega-3、維他命E、葉酸等等，還有小麥大部分的風味與香氣。（我請通用製粉公司表示意見，結果收到一封未署名的電子郵件，表示「依法全麥麵粉須包含小麥種籽所有的三個部分」，儘管「胚芽部位的確會縮短麵粉的保存期限……但麵粉中必須有，我們的就有。」）

我帶著兩包麵粉離開認證食品，對如何改良我烘焙全麥麵包的技術，有了一些新想法。對范德里而言，到頭來一切關乎種籽，也就是那「完美的配套」。想要磨出優質的全麥麵粉，就不能單只是知道那配套裡有什麼（胚芽、麩皮和胚乳），還必須了解它們在搞什麼名堂，知道它們彼此錯綜複雜的關係，還有怎樣的生物系統在運作。那系統的功能是要保護新生小麥的胚芽，直到萌芽的時刻到來，然後供給新植物所需的一切養分，好讓它展開新生。這道理顯而易見，可是對磨成的麵粉和後來製成的麵包有什麼意義，就不很清楚了。

參觀認證廠房時，我問范德里，他磨粉前是否先將麥穀打濕處理一番，商業製粉廠慣常用此法鬆脫麥麩，讓麥粒更易脫皮。「絕對沒有！」他厲聲嚷道。他說，把種籽打濕，全麥麵粉就毀了。麥麩一旦吸水，種籽就收到該萌芽的信息，因而啟動胚芽和麩皮中一連串的化學反應，使得含有胚芽和麩皮的麵粉性質變得不穩定（由於磨白麵粉時，麥麩和胚芽早就被剔除，所以打濕處理並不會造成困擾），酵素也開始活化，有些酵素會開始分解澱粉和蛋白質聚合物，另一些則釋放原被鎖住的礦物質，凡此種種，都是為了滋養初生的植物。磨坊工人的職責是要讓種籽保持休眠狀態，而不是將它推入萌芽狀態。

「這麼說，要磨好全麥麵粉，其實就得像種籽那樣思考，沒錯吧？」我問。范德里露出微笑。

「你是個非常好的學生。」

就在這時，我恍然大悟：麵包師亦復如此。他也需要如種籽般地思考，才能烘焙出滋味飽滿又蓬鬆的全麥麵包。不過，他的種籽想的事情和磨粉人的種籽有一點不同。麵包師想要啟動那一連串的化學反應，想讓澱粉酵素分解那些無滋無味的澱粉球，製造單醣，好給麵包增添風味並餵養飢餓的酵母菌（麵包師也得像酵母菌與細菌一樣地思考，得想的可多了）。麵包師想讓蛋白酵素將小麥的蛋白質分解成胺基酸和可以釋放礦物質的植酸酶，從而給予我們養分，而不是滋養植物。水，就是關鍵。

我讀過「預浸泡」麵粉的技術（這是傳統全麥烘焙文化的一部分），這會兒我了解背後的邏輯：要讓磨碎的種籽以為自己該萌芽了。於是我開始動手作實驗，想在麵包發酵前便啟動酵素活動。我在晚上就和好麵粉與水，同時開始培養麵種。不過，我等到第二天早上才混合兩者。酸麵種培養菌在尚未對預先浸泡的麵粉發揮作用時，麵種便早已找到所需的全部養分：大量的糖、胺基酸和礦物質。這是嘗得出來的事實：麵粉一夜之間變甜了許多。出爐的麵包鼓舞了我，我開始烘製出美味且外殼較脆也較好看的麵包（也許是因為有較多的糖和胺基酸供褐變反應所用），而且這些麵包蓬鬆多了。

然而，麵包含氣量還是不如我希望的那麼多，尚未成功。麩皮對麩質依然造成傷害，要麼是刺穿了氣泡，要不就是將空氣向下壓，使得麵包心仍過於緊實。有一個略微古怪的念頭浮現腦海：我要將麵包裡頭的麩皮移到外面，不讓它們傷害麩質。所以，我先篩出麵粉裡頭較大片的麩皮，再混合麵粉和水，我大約篩出占總量一成的麩皮。

其實，我做出來的是一八五〇年前後輥磨機尚未問世的白（或偏白）麵粉，也就是激發羅伯森靈感的弗里昂畫作中的那種麵粉，裡頭仍含有胚芽，就是那些可穿過一般篩子的麩皮細屑。無論如何，我將篩出的麩皮保留在碗中，給麵包塑好形後，給麵包滾上一層，讓麵團濕濕的外殼沾上麩皮，一小片也不遺漏。

這招奏效，我烤出蓬鬆美味的麵包，外殼硬脆，帶著顆粒，而且如我所言，仍是「百分之百的全穀」麵包。這算不算作弊呢？我認為不算，因為每粒麥穀的每一小部分都保留在這條體積龐大的麵包中。我覺得自己彷彿打開了死結，解決了棘手的問題。

不過，三思之後，我非常懷疑此一解決方法乃我獨創。長久以來，麵包師致力研究烘焙蓬鬆的全麥麵包之道，肯定有不少人也想出同樣的辦法。就拿預先浸泡麵粉來說，這個方法好到不行，一定也有前人試過。「我的」或類似的技術極可能是傳統全麥烘焙文化的一部分，只是十九世紀末問世的輥磨機擊潰了此一文化。

從此以後，我烘焙麵包的方法變得有彈性多了，我多半還是用全麥麵粉，但不拘泥於百分比和純度。我並不會次次都給麵包滾上一層麩皮，有時會把麩皮撒在院子裡，用來嚇阻蛞蝓和蝸牛。我還發現有一款市售麵粉很像我用的粗篩麵粉，品名叫做「高延展」麵粉，亦是整粒研磨，然後篩掉一部分麩皮。我覺得這是差強人意的折衷辦法，介乎百分之百全麥和白麵粉之間，也介乎營養和美感之間（說到底，即便是百分之百的全麥麵粉，其中百分之七十五也還是胚乳）。不過，就算在用這麵粉做麵包時，我仍會加進不同種類的全穀物粉，讓麵包的風味較有深度也較複雜一點。有時添加范德里那兒來的蕎麥粉，有時加羅伯森給我的紫裸麥粉，最近還加了Kernza。這是一種實驗性的新品種多年生小麥磨成的全麥粉，開發出此種小麥的是堪薩斯州沙立那的「土地學會」。多年生的小麥可以像割草坪一樣地收割，而不必年年播種，這對土地和農夫來講都有極大的好處，不過這種小麥距離理想應該還遠得很。Kernza味道頗特別，然而麩質不足，只用它來做麵包，發不起來。

我所學到有關小麥、磨粉、發酵和烘焙的點點滴滴，絕對使我對「好麵包」的看法全然改觀，不過這並未削減我對此物的熱情。當我買全麥麵包時，我會找找看有沒有「石磨」和「全麥」[13]這幾個字，並且會檢查成分表，確定全麥是列在第一位。還有，白麵包也好，黑麵包也好，我要找的必須是酸麵種發酵的麵包，有「levain」這個法文字，往往表示是酸麵種發酵。我絕對不買成分中除了穀物和鹽以外尚有其他東西的麵包。

不過，我還是盡量設法自製麵包，而且烘焙麵包時愈來愈能即興行事。我不再看食譜，而改成幾乎是不間斷地查看麵團，摸一摸，嘗嘗味道，聞聞氣味。我每天早上也會檢查我的麵種，先用眼睛和鼻子檢測麵種的心情好不好，才餵給它幾匙新鮮麵粉水。數月以前當我開始烘焙麵包時，絕對想像不到自己如今竟能單純依靠本能和感官行事，並且如此著迷，不過，事實就是如此。說實在的，烘焙麵包感覺上已愈來愈像在做園藝，是我已做了好一陣子的消遣，或日常習慣。

根據我的經驗，園藝要成功須具備兩項並不相同但彼此相關的技能，此二項條件和烘焙麵包關係重大。首先，必須具備精於栽植花草樹木的才能，能夠留心並理解園子裡發生的點點滴滴，從葉子的色澤到土壤的氣味，無一遺漏。你的感官接收到的資料，比書本上讀到的任何知識都管用。其次，就是園藝好手的想像本領，他必須能揣想出植物和土壤想要什麼，才能令花草樹木欣欣向榮。烘焙麵包亦復如此：能夠像禾草種籽般思考，同時像生活在酸麵種中的酵母菌和細菌那樣地思考，都大有助益。至於取得掌控，那叫妄想，因為其中牽涉到的利益和變數太多太多了（掌控全局的夢想很誘人，但是這只會帶人走向單一栽植的田地和超市中含有添加物的白麵包）。優質麵包的背後，涉及靈巧嫻熟的配制編排，不僅僅需安排好時間和溫度，尚需應付眾多不同的物種與利益，其中包括我們的利益，也就是，製造營養美味的東西給我們吃。我並非大師，也尚未有高超的本事，不過我的麵包愈來愈好吃，愈來愈蓬鬆了。

III　終曲：會晤你的小麥

那天上午去伍德蘭參觀磨粉廠前，我先去拜訪了供應社區穀物公司小麥的一位農民。羅明傑一家人在離伍德蘭好幾公里的溫特斯鎮附近，有一塊占地逾兩千八百公頃的肥沃黑土窪地，種植十餘種不同的作物，還養了綿羊。他們把小麥當成輪種作物，在冬雨來臨前的十一月播種，次年酷暑七月收割。

在那之前，我從未到過小麥田。眼前風光如畫，可是很奇怪的，我立刻就覺得無比熟悉。站在麥田中，簡直不可能不聯想到布勒哲爾、雷斯達爾等法蘭德斯畫家，或梵谷。小麥

13　但這幾個字並非絕對擔保，「石磨」一詞並未經政府背書，而全麥若非石磨，則不見得一定含有胚芽。

本身已經不一樣了——現代的育種專家已將此植物改良得高度較短、種籽變肥碩，可是遠遠望去，這一片金黃的麥浪仍呈現大自然豐饒的美感，眼前的景象著實令人難忘。羅明傑家的麥子尚需數週才能收成，雖已經慢慢被太陽曬乾了，但仍未乾透成深金黃。仔細地查看葉片，還見得到上頭仍有幾絲的草綠。

我摘下一莖麥子，田邊的插牌上寫著，這品種叫做「紅翼」。結果，我從范德里那裡拿到的，正是這種麥子磨的麵粉。整株小麥近看就像比較健壯的暗黃色草莖，挺好看，只是有一點過於張揚，如健美選手。麥穗結實纍纍，形成人字圖形，繞著莖依序生長，頂端的金針優雅指向天際。我用兩隻手掌揉搓麥穀，輕飄飄的穀殼剝離麥粒，飛走了，留下一撮種籽。我吃了一顆新鮮麥仁，還有一點軟，雖尚未熟透，卻已有香甜的小麥味。實在很難想像，如此微小不起眼的一粒種籽，內裡竟如此複雜，有那麼多的可能性。然而，事實就是事實，這當中包含著一株麥草所需的一切養分。還不只如此而已。只要有夠多的種籽，又具備將種籽做成麵包的知識，你就擁有讓一個人成長所需的大部分資源，從這個角度來看，甚且可以撫育文明。

從我站的地方看出去，一大片閃爍著金光的田野一路向西延伸，直抵海岸山脈泛藍的山脊。在一年中的這個時節，小麥收割前的幾個星期，你如果站在麥田中，不難想像眼前的事物是出自神話：金黃的麥粒捕捉了自天空照向大地的金光，提煉出給凡人的食物。然而，這當然根本就不是神話，只是平凡卻又美妙的事實。

PART IV

EARTH

Fermentation's Cold Fire

第四章

土 發酵的冷火

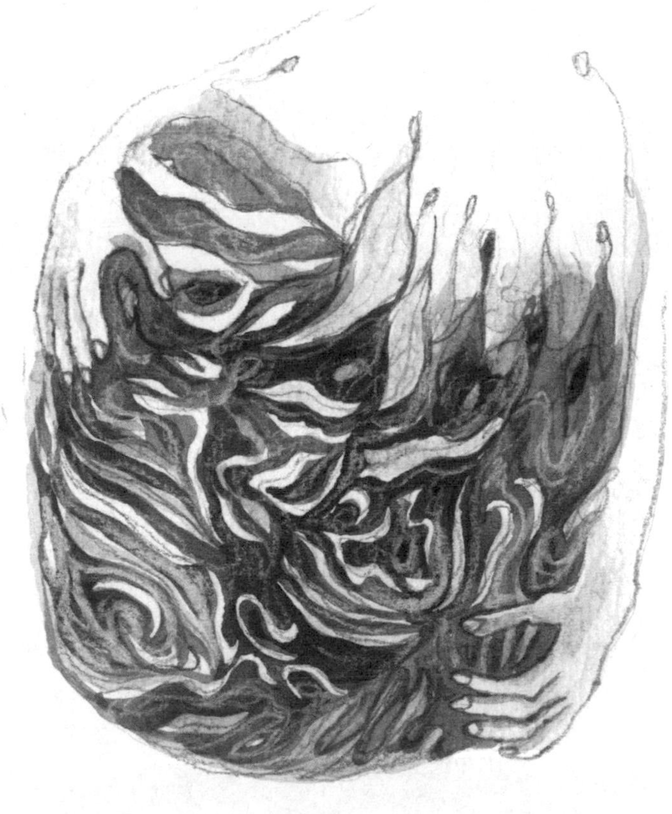

「上帝創造酵母菌，還有麵團，祂熱愛發酵，一如祂摯愛植物。」—愛默生

「有一點腐壞的滋味，可以博得熱愛，欣然接受生命中屬於泥土的一面，而這一面在自相矛盾中最能夠表達自我。」——馬基

「只喝水的人，寫不出萬古流芳的詩。」—賀拉斯

I 蔬菜

請花一點點的時間想一想，我們每天離死亡有多近，並不是對向來車突然打滑或嬰兒車裝了炸彈的那種死亡。我心裡想的是成熟水果外皮上欣欣向榮的酵母菌，它們正耐心等待著果皮破裂，以便侵入內部，分解香甜的果肉；還有乳酸菌，懷抱著同樣目的，在包心菜葉上晃盪。肉眼看不見的微生物也與我們形影不離：在我們帶鹹味且潮溼的腳趾之間滋生的短桿菌；藏在彎曲盤繞、不見天日的腸道的腸球菌。看來，只要是有生命的，都必須扮演東道主，招待將自我分解的微生物。真菌也好，細菌也好，這些看不見的東西帶著與酵素相同的裝備而來，一個分子又一個分子地分解生命錯綜複雜的結構，將包括我們在內的各種生物還原成簡單食物，供它們和其他初始生物食用。

植物強韌的細胞壁由細胞膜質或木質素組成，這些碳水化合物構造複雜到大多數微生物無法穿透，這使得植物不致腐爛。我們人類仰仗各種不同的薄膜：我們的皮膚，還有體內由上皮細胞組成的更大面薄膜，至少在我們身體無恙時，可以阻絕大多數病菌。我們的消化道布滿這第二層的胃腸皮膚，上面有黏液保護層，此黏液的成分為含有豐富碳水化合物的糖蛋白，微生物亂軍無法輕易攻破。如果將小腸內壁攤平，可以滿滿覆蓋一座網球場。這些纖細的薄膜橫立中央，將我們與微生物的終極目標——發酵我們，分隔開來。

我知道，這聽起來讓人沒什麼胃口，尤其這本書講的是食物。你在醃酸菜時，大概並不很想認同白菜，可是有時候情難自已。在這件事情上，那不怎麼好聞的氣味有時會提醒我們，腐朽的副產品是美食。發酵就是任憑大自然分解生物，讓這些生物的能量和原子可以為其他生物所用，這原始的工序使得我們始終能接觸到生活當中無時不在的生死競爭。

我驚駭於大地，如此沉著忍耐
從腐朽中長出甘美
一具又一具無窮盡的死屍，轉為無辜無瑕的莖幹……
將如此超凡神聖之物賜予人們，最終又接受如此這般的離去

土地，即惠特曼詩作〈堆肥〉中的大地，孕育並庇蔭每一次發酵。從土地到葡萄籐再到葡萄酒，從大麥種籽到啤酒，包心菜到酸菜或泡菜，牛奶到乳酪（或優酪乳、克菲爾酸乳），黃豆到味噌（或醬油、納豆、天貝），米到清酒、豬到風乾火腿、蔬菜到醃漬菜。凡此種種的轉化皆有賴做發酵飲食的人小心管理腐敗的過程，讓這些種籽、蔬果和肉類腐化分

解到適當階段，不能過頭。因為倘若任其自生自滅，腐化過程就會進行下去，腐爛程度愈來愈嚴重，直到被發酵的生命型態「發酵基質」徹底分解，回歸大地，給大地多添了腐植土。我們做的大部分發酵飲食是在中斷腐敗過程，推遲塵歸塵土歸土的那一刻。替我們作工的桿菌和真菌等微生物，其實是土壤的居民，只是暫時外借給地上世界。它們濺上葉子，找路進到牛奶，飄落在種籽和肉上，可是它們從土壤出發，冒險進入大宇宙——我們所棲身的這個有著動、植物的可見世界，終究是身負任務，為我們腳底下那蠻荒的微生物世界翻找食物。

所有的烹飪都是轉化，且無疑都非常神奇，然而在人們的心目中，發酵則特別神祕。首先，其轉化太過劇烈：果汁變成了酒?!你說的是那種能夠改變神志的液體嗎？其次，巴斯德琢磨出一桶壓碎的葡萄何以會冒泡泡，也不過才一百五十五年前的事。發酵就是「沸滾」，有人會信心十足地這麼說（發酵ferment有「沸滾」的寓意），不過他們完全無法說明過程是如何開始，還有這沸滾何以摸起來不燙手。其他的烹調方法大多數仰賴外在能量來轉化食物，用的主要是熱能，物理和化學定律左右了過程，且僅對已無生命的事物起作用。

發酵作用則不同，主要是生物定律的天下，必須用生物定律才能說明發酵如何從內部產生能量。發酵作用不僅僅看來有生命，而是根本就有生命，我們唯有透過顯微鏡才看到其生活環境。無怪乎那麼多不同的文化都各有其掌管發酵的神明，要不然該如何解釋這種冷火竟可烹調那麼多美味的食物？

真正的發酵師這下子會說，我老是在講發酵和死亡之間的連結，未免對這些微生物太嚴厲了，在師傅心目中，它們多半是好朋友和夥伴。他們會說，我遵循巴斯德的觀點，太拘泥於「衛生」，而按照巴氏觀點，微生物世界最需留意的，是會帶來死亡威脅。巴斯德個人對於他發現的微生物，看法其實比較微妙，然而他留給世人一場打了一百多年的細菌戰，我們大部分人要麼是志願上陣，要不就是被徵召入伍。我們部署抗生素、潔手液、除臭劑、煮沸水、巴氏殺菌法，還有種種聯邦法規來嚴堵黴菌和細菌，希望能防範疾病和死亡。

我在那戰場上長大。家母怕透了黴菌、旋毛蟲、肉毒桿菌和其他無數個可能藏在食物中的細菌。她在水槽下和藥品櫃裡設置抗微生物軍火庫，裡面有消毒藥水、漂白水、漱口水和殺菌藥水。一塊乳酪上出現一絲的白色，就足以惹來罵聲連連。食品罐頭稍微有一點凹了，扔進垃圾桶，就算那是因為罐頭掉落地上也一樣。誰知道呢，說不定是肉毒桿菌，安全至上，小心為妙。

如今，已有人挺身保衛黴菌和細菌，雖然人數尚不多，但已逐漸增加。這些人有時自稱為「後巴斯德派」[1]，他們在美國形成相當奇特的次文化，有時被稱為「地下發酵派」。此一說法倒也恰如其分，因為這些人士對微生物懷有一片赤忱，情願違法也要吃。他們會為了有權飲用未殺菌的生乳和食用未殺菌的乳酪而奮戰，只用「天然培養菌」來發酵一切飲食，而且普遍認為人類該重新探討與「微宇宙」關係了——生物學者馬古利斯即以微宇宙稱呼我們周遭和體內看不見的微生物世界。對這些人而言，發酵不單只是處理與保存食物的方法，也已演變成政治與生態行動，是與細菌和真菌建立良好情誼的方法，對雙方共同演化、相互依賴的關係表示尊重，並且克服人類自己嚇自己的細菌恐懼症。一缸自製的酸包心菜

1 我在麻省理工學院人類學家派克斯頓所寫的妙文〈後巴斯德派文化：美國生乳乳酪的微生物政治〉中，頭一回看到這個名詞。

中，似乎不僅只有乳酸菌在辛勤作工，讓包心菜裡的糖發酵，更重要的是，那裡頭尚包含我們與自然界的整個關係。

頭一位教會我製作酸包心菜的，是此一地下運動的領袖，應該也是美國最知名的發酵師。卡茲是發酵界的開路先鋒，這位五十來歲的作家到處巡迴講課、倡導發酵，外表有股與本人極為相配的復古風格，身高一米八，手腳靈活，一把飛揚的落腮鬍與唇上八字鬍連成一氣，十分濃密。其尊容如果放在十九世紀的美國，並不會格格不入，很容易就會被人當成是南北戰爭的退伍軍人。然而，卡茲成長於曼哈頓的上西城，吃猶太食品店的蒔蘿酸黃瓜長大，在布朗大學主修歷史，在田納西州鄉下「一個仙境般的公社」學會發酵之道，當時他必須想出辦法解決園子裡供過於求的農產。卡茲自一九九一年就被檢驗出ＨＩＶ陽性反應，至今卻仍保持活力和健康，他認為這有一部分歸功於他的飲食富含「活菌」。

卡茲自二〇〇三年出版頭一本著作《自然發酵》以來，就在全美各地巡迴講課，教人製作酸包心菜、韓國泡菜、各式各樣的醃漬蔬菜、蜂蜜酒、啤酒、葡萄酒、味噌、納豆、印尼天貝、俄式氣泡飲料「克瓦斯」、杜松子水、酸麵種麵包、西非風味酸穀物粥、克菲爾酸乳、乳酪、優酪、優格乳酪拉布聶、衣索比亞式蜜酒、舒樂雞尾酒、黎巴嫩風味酸乳麥湯「齊斯克」，還有好幾十種我聽都沒聽過的發酵飲食。不過，就像前輩先鋒人物查普曼當年挨家挨戶分送蘋果種籽，其實是為了替他的教會傳福音，卡茲的酸菜教學傳的也是某種福音：微生物福音。這兩位都想讓我們注意到某個看不見的領域，都在未開拓的疆土傳遞訊息，並且都籲請我們用全新的眼光來看待周遭的自然世界。

不過，還是先來講講酸包心菜。我在加州阿拉米達的健康食品店與卡茲相遇，他正在那裡舉辦研習會。他來灣區兩週，除了開課，也造訪醃漬物工房、參加專題研討會，進行「培養菌交換」和「技術分享」活動。他帶團騎著單車，邊遊邊嘗，拜訪東灣的家庭式釀酒廠（只發生了幾次小車禍），並且在佛里斯東一年一度舉行的第三屆發酵節發表專題演講（這一點容我稍後再述）。而在這個非週末假日的下午，有二十位滿懷抱負的發酵手藝人帶著他們的筆記本聚集在阿拉米達，圍坐在店裡的咖啡桌旁，在窗戶照進來的明亮陽光中，看著卡茲製作酸包心菜並細述「培養菌文化復興」（cultural revival）。

「其實，得做的事並沒有多少。把包心菜切碎或刨絲，粗細不拘，高興怎樣就怎樣。切菜的人說了算，我總是這麼講。」他發表談話時那種不刻意營造群眾魅力卻自成一格的風度，立刻博得我的好感。他為人一點也不矯揉造作，分享專業時完全不故作高深，把自己的所做所為都形容成「沒什麼大不了」，也不肯對**任何事物**下斷語。他給每一個問題的答案都是「可以這樣講，也可以不這樣講」或「說對也對，說錯也沒錯」，再不就是「真的要看情況」，或「每一次發酵都不一樣」。他聳肩的動作可熟練了。

我逐漸明白，他羞怯的模樣反映出發酵既務實又豁達的立場，發酵沒有什麼「正確」的方法，也沒有不變的規則。何況，我們對於微生物的世界了解太有限，細菌在那世界中交換基因，確切的身分往往大家有份，我們倘若佯裝有確定方法，未免太傲慢。我在學做麵包時認識到，人如果想和細菌與真菌建立良好的合作關係，擁有適當的否定能力[2]將有所助益。你可輕輕推一把，說不定也可以稍加管理，但是絕不可能完全掌控甚或理解。「人類未完全掌控的自然」，有位乳酪師如是表示，發酵和園藝十分相像，如此給發酵技藝下定義也

2 Negative capability，詩人濟慈所提出，指人處在不確定、神祕、困惑中時，能夠不急於尋求事實、道理。（編注）

相當貼切。每一次發酵都保有某些不可知的野性元素。

卡茲將醃漬蔬菜的種種細節娓娓道來，偶爾偏離正題，聊起發酵的政治、生態和哲學含意。他自認做的是某種形式的「培養菌文化復興」，所講的culture一字，既有人類文化之義，也有微生物培養菌的意思。這些食物文化的復興有賴微生物培養菌的再生，需有培養菌才能做出食物，反之亦然。「發酵」也有雙重意義：「當人們因一些想法而激動時，會變得特別有活力。我也想讓各位的社會和政治思想發酵。」他所傳授的DIY技術就蘊藏著政治含意，能幫助人們從企業那裡取回飲食的主控權。企業製造的「死食物」損害我們的健康，「均質化」我們的體驗。通曉發酵之道也有助我們擊破對消費主義的依賴，重建地方食物體系（發酵食物讓我們一整年都可以吃在地農產），並且重新發現「轉化的喜悅與美好」。

「我們既是一種文化，就需要重建細菌的形象，它們是我們的老祖宗和盟友。你知道你身上的細菌細胞多過於人類細胞嗎？前者是後者的十倍！我們全身上下的DNA多半是微生物的DNA，而不是人類的。這從而引發了一個很有趣的問題：我們到底是誰？」卡茲表示，來到地球的外星訪客會不由得下結論說，我們是超級生物，是有成百上千物種共生的社群，智人不知不覺中成為此一共同生命體的代表，也是移動的裝置，「我們需要細菌，細菌需要我們。」

好吧，那微生物引起的疾病怎麼說？「不到百分之一的細菌危及我們的健康，我們卻對百分之九十九的細菌宣戰，這事太不合理。我們殺死的細菌，有很多是我們的保護者。」確實，二十世紀的細菌戰──肆意使用抗生素，慣常消毒食物，已經破壞我們的腸胃生態，危害我們的健康。「有史以來頭一遭，刻意重新補足我們的微生物，成為人類的要務。」因此，培養菌文化復興迫在眉睫。一切就從做酸包心菜開始，也就是他來此教我們自製的「入門發酵食品」。

在現代文明對抗細菌的戰爭中，卡茲是盡心盡責的反對者，和平主義者。他對所有的微生物，不論是你希望食物中有的，還是最好沒有的，都懷著自在到不行的態度，對衛生設備也特別隨意。「我用肥皂水清洗我的碗、罐子和器皿，但是其實不必消毒。說到底，發酵是在有菌的世界裡進行，乳酸菌會把一切都打點好。」

他說明發酵是怎回事。發揮發酵作用的是生蔬菜當中原有的野生株乳酸菌，包括腸膜白念珠菌、短乳酸菌和胚芽乳酸桿菌。這些細菌是適合於鹽質環境中生長的厭氧生物，醃漬者泡的鹽水正是沒有空氣又富含鹽分的有利環境，使得它們活力十足，馬上就幹起活來，吞噬蔬菜中的糖分，並且迅速繁殖，釋放出大量乳酸，以毒害其競爭對手。

卡茲將酸包心菜比擬為森林生態系統，不同種類的細菌逐一出現，每一種都將環境改造得更適合下一批細菌生長。在發酵蔬菜的過程中，接連而來的細菌變得愈來愈耐酸，直到環境達到由胚芽乳酸桿菌主宰的巔峰階段，此種細菌堪稱醃漬物森林生態系統中嗜酸的大樹。乳酸不但使得發酵物風味獨具，也耐於保存，因為在酸鹼值如此低的環境中還能存活的微生物，寥寥無幾。對於我們這些巴斯德派人士而言，保障食品安全的竟是裡面依然存活的細菌，這樣的想法著實難以消化。我嚴重懷疑家母會不會買帳。

卡茲強調說，氧氣是醃漬蔬菜的敵人，不過，萬一包心菜最外層的葉子腐爛了，也不必緊張。他建議剝掉爛葉，以免黴菌絲往裡頭鑽，使得酵素摧毀果膠和纖維素，害得整顆包心菜都變爛。卡茲形容他如何從一層黏乎乎還發霉的玩意底下，挖出「挺好」的酸包心菜，還說在發酵過程中有時會散發「異味」，不過這些都用不著擔心。可是，有人問，要是狀況變得真的很不對勁，該怎麼辦？好比說，聞起來有動物屍體的腐臭味？卡茲聳聳肩，「你得相信你的感官知覺。」他把小塑膠杯分給眾人，裡面是他在自家地下室用桶子醃漬的酸櫻桃蘿蔔，從去年夏天醃到現在。我想到家母每每因懷疑有肉毒桿菌，義無反顧地扔掉凹陷的罐頭。整個店面瀰漫著酸櫻桃蘿蔔那股濃烈、近乎惡臭的氣味，可是這顆小蘿蔔滋味真不錯，依然清脆，酸得爽口。

世上尚無罐頭，冷凍庫和冰箱也尚未問世時，發酵是人們保存食物的主要方法。人們最早是在地上挖坑洞，舖上樹葉，然後把蔬菜、肉、魚、穀物、塊莖、水果，隨便什麼的各種食物放進去，任其發酵。土坑中的溫度低且穩定，而且說不定也供應了若干有用的微生物。在這種情況下，不出數日就會現乳酸發酵（意即乳酸菌主導的發酵），最後將生產足夠的乳酸，可以保存食物好幾個月，有時甚至可保存數年。一九八〇年代在斐濟發現一處廢棄發酵坑，估計年份有三百年。坑內的麵包果已爛成酸泥，可是據報導「仍處於可食用的狀態中」（您先請）。

世界各地仍有人採取土坑發酵法，我在中國看過整顆白菜置於土溝裡發酵，奧地利和波蘭部分地區也有相同作法。伊努特人仍將魚埋進北極圈凍原裡；在南太平洋，人們將樹薯和芋頭等富含澱粉的根莖類蔬菜，埋在舖了蕉葉的土坑裡。不久以前，我在冰島獲得一項不知算不算殊榮的待遇，就是嘗到冰島臭鯊魚肉：將鯊魚肉埋在地下好幾個月，直到肉發酵成應有的質地，並且散發出特別臭的乳酪那種刺鼻的阿摩尼亞味。人們當初製作這項食品，是為了冬季不致挨餓，不得不然，如今則已成為佳餚，至少是冰島人心目中的珍品。每當我讀到「腐爛」是「文化建構出的觀念」此一人類學說法時，就會想到我的臭鯊肉，並且點頭表示同意。

這年頭，在我們大多數人看來，土坑發酵法既原始、怪異又不衛生，可我們覺得將乳酪藏在地窖裡熟成沒有什麼不對，這兩者的差別其實並不很大。土坑發酵跟把食品放進甕中發酵，差異有那麼大嗎？所謂「陶器」，不過是從地裡挖出來的泥土，也許較乾淨，較容易攜帶，然而說穿了是同樣的基本概念。時至今日，韓國人仍將足有小孩個頭那麼大的泡菜甕埋在後院地底下，以便保持乳酸菌所偏好的穩定且陰涼的環境。土甕給了我們很好的提醒，讓我們記住，我們**每一次**發酵，都是暫時將微生物重力拉到我們這一邊，向地球偷取或借得食物和飲料。大家都知道是誰為了人類福祉，而從諸神那裡竊取火的力量，可是醃漬物的普羅米修斯是哪一位？如果神話中少了這麼一位人物，那純粹是由於比起把大型動物放到火上烤，用一堆蔬菜或穀物和自然打交道，好像不是那麼有英雄氣概（而且也比較沒有看頭）。然而可以說（卡茲等人也已這麼說了），人類這物種之所以成功，掌握發酵之道和學會控制火這兩件事的貢獻其實無分軒輊。

人類學家迄今仍未發現世上有哪個文化並無發酵飲食，發酵在文化上普世皆然，至今仍是相當重要的食品加工法。現在，世上有多達三分之一的飲食在生產時運用了發酵法。這些飲食有很多是人們心目中的珍品，一般人卻不很了解發酵在其製造過程中擔當什麼功能。咖啡、巧克力、香莢蘭、麵包、乳酪、葡萄酒、啤酒、優酪乳、番茄醬和大多數調味料、醋、醬油、味噌、某幾種茶、鹽醃牛肉、醃燻牛肉、義式乾醃火腿和薩拉米香腸，凡此種種皆仰仗發酵。

基本上，是一切好吃的東西。

我猜，其他文化的人對他們的發酵飲食應該也作如是想，包括腐爛的鯊魚肉。發酵飲食一般風味濃烈，也特別受到自家文化的推崇。這表示，說不定是由於人的口味喜好，而使得某些微生物對這些食物產生作用。這些細菌和真菌其實是經過長期的汰選，被選中的微生物，能夠製造出人們偏嗜的味道。換個角度看，能讓我們樂意培養的微生物，好比說老麵的酵頭或乳酪培養菌，也是繁殖力和求生能力較強的菌種，隨著我們在歷史的洪流中前進，跳著共生之舞。一如舊金山乳酸菌只有在酸麵種中才找得到，有些存在於發酵食品中的菌株，在別處都找不到——這些食物是它們僅有的生態利基。這些微生物得以生存，是因為人類一直渴望它們製造的味道——一個文化維護了另一個文化。

十年前，有位名為史丹克勞斯的康乃爾大學退休微生物學兼發酵專家，分門別類地對發酵食品進行全球調查。下面列出他找到的一小部分樣本：

乳酸發酵：酸包心菜、漬橄欖、醃漬蔬菜、中式酸菜、馬來西亞榴槤醬、韓國泡菜、俄式克菲爾酸乳、印度酸乳、中東優酪、埃及脫脂凝乳、馬來西亞酸奶、西式乳酪、埃及酸乳乾、希臘和土耳其式酸乳穀物濃湯粉、墨西哥酸玉米燉肉、迦納發酵玉米麵、奈及利亞發酵樹薯、菲律賓發酵蝦飯和發酵泥鰍、酸麵種麵包、斯里蘭卡的發酵米餅、印度蒸米漿糕、印度鷹嘴豆米糕、鷹嘴豆糕、衣索比亞苔麩餅、蘇丹扁麵包、菲律賓蒸米糕、西式香腸和泰式酸香腸……

鹼性發酵：奈及利亞發酵洋槐豆、象牙海岸發酵豆醬、非洲發酵豆和發酵瓜子、印度炸黃豆餅、日本納豆、泰國發酵黃豆……（內縮）

名單可以一直列下去，有鹹的胺基酸發酵物（醬油、魚露、番茄醬）、植物蛋白質發酵物（印尼天貝、發酵花生餅），到醋酸發酵物（醋、紅茶菇、椰果），當然還有幾乎每一個文化都製作的無數酒精發酵物（一般認為西方人征服前的澳洲和北美洲是例外），包括南美印第安人的玉米啤酒、埃及的粗啤酒、衣索比亞的蜜酒、肯亞的傳統啤酒、中國的醪醴和日本的清酒。閱讀史丹克勞斯這洋洋灑灑又富有異國情調的目錄，就會逐漸明白人類和形形色色的微生物關係有多麼深厚，了解雙方在歷史的洪流中如何相互依存。閱讀這清單，也令人對此多彩多姿的生物文化能否持續感到憂心忡忡，因為世上的食品工業對均質化且消毒過的味道情有獨鍾。

發酵對人類文化如此重要，但發明發酵的，並非人類。發酵跟火一樣，是自然的過程，是大自然分解有機物質、回收資源並再利用的主要方法。史丹克勞斯指出，倘若沒有發酵，「地球會是一個巨大且永久的垃圾堆」，死者會層層相疊，活人會沒有食物。人類也不是唯一學會將發酵作用據為己用的動物，想想看，松鼠會埋橡實（這是一種土坑發酵），鳥會將種籽藏在嗉囊中使之酸化，有些動物也喜愛發酵的一項重要副產品：酒精。雖說真的能夠製造酒精的動物寥寥無幾（不過據報導，中國華東地區的猴子會囤積花朵和水果，耐心地等候數日，等這混合花果發酵成酒才喝），但有些動物會讓植物來替牠們釀酒。馬來西亞的筆尾樹鼩每天都喝得上幾口小酒，由於巴登棕櫚樹「特有的花蕾帶有酵母菌」，樹鼩樂得飲用那含有酒精的花蜜。棕櫚樹供應美酒給樹鼩，後者則在叢林中跳來跳去採集花蜜，從而到處散布花粉，以回報棕櫚的善行。透過此一巧妙的共同演化安排，植物、動物和酵母菌三方皆互蒙其利。

酒的例子顯示，當初人類學習發酵之道，雖說是為了保存食物，然而發酵不單只有這個用處而已（酒精有很強的抗菌力，本身便是重要的防腐劑）。人類學家認為，人類直到發現可靠的保存食物方法時，才得以從狩獵採集的生活型態，轉向較可以定居一地的農耕生活。發酵（還有鹽醃、煙燻與風乾等其他防腐技術）提供不可或缺的方法去保障食品安全，使得農耕者可以挨過兩次收穫之間的漫長時光，承受避不開的作物歉收。不過，後來當我開始釀啤酒時發覺（十位釀酒者有十位都會提起這事），有一派人類學家認為，人類轉為農耕，是為了確保可靠的酒精供應，而不是食物。無論如何，人類似乎正是在掌握發酵之道時轉為農業生活，而文明也跟著到來。

事情往往如此，人們基於某個目的而發明或改進某件事物，可到頭來那原始的目的卻不是其最重要的用途，甚或不是最常派上用場的原因。人類很快就認識到，雖然延長保存期，是讓食物發酵的重要理由，發酵的用途卻不僅僅如此而已。讓果汁發酵不但可以消毒，亦可將之轉化為強勁的酒。許多食物經過發酵後，增加不少營養價值。發酵過程有時製造出全新的養分，釀造啤酒、醬油和發酵各種穀物的過程，會產生好幾種維他命B。日本人愛吃的納豆，也就是那黏乎乎又帶點臭味的發酵黃豆，帶有一種具療效的獨特化合物，就叫做納豆激酶。不少穀物發酵時會產生離胺酸等重要的胺基酸。酸包心菜含有據信能抗癌的分解物，包括蘿蔔硫素等異硫氰酸酯（此外還有相當多的維他命C。庫克船長在二十七個月的航行期間，強迫船員吃酸包心菜，船員因而未染上壞血病）。我在做麵包時認識到，發酵作用可分解阻礙人體吸收養分的化合物，好比植酸，從而提高穀物的營養價值。發酵作用並可分解若干植物含有的毒素。至於我在冰島吃到的鯊魚肉呢？要是沒有經過發酵，我吃下去是會生病的（這可不止是難受而已）。這種鯊魚沒有腎，因此肉中累積了足以令人中毒的尿酸，而發酵作用讓肉變得無毒。有些蔬菜含有草酸，發酵作用也可分解這種抗營養素。

發酵實際上等於進行預消化，把我們的身體或許無法妥善利用的蛋白質長鏈、脂肪和碳水化合物，分解成人體可利用的較簡單也較安全的化合物。不妨把泡菜缸想成不斷冒泡的輔助胃，在你的身體進行消化作用前，便已為你代勞。發酵就跟烹飪一樣，替你的身體節約能量。不過，不同於烹飪，用來發酵食物的能量用不著燃燒木頭或燃料便可取得，那是自生的能源，來自微生物分解基質的代謝作用。沒有電力，也可輕易進行發酵，這個特質使得發酵受到環保人士、無政府主義者和憂心石油危機人士的青睞，從而形成次文化。「冷藏技術的歷史泡沫不見得能夠長久維持不破。」卡茲常常這麼說。那泡沫一旦破掉，你會想要認識卡茲這樣的人，還有胚芽乳酸桿菌這樣的微生物。

發酵也能增強食物的風味，對從事農耕的人類來講，這可是一大好處。農業時代來臨，使得人的飲食內容大幅縮減，往往只剩下數種味道很淡的主食，多半是碳水化合物。發酵食品不但讓人一年四季都能嘗到風味較強烈的食物，讓飲食不那麼單調，且能補充主食常常缺乏的維他命、礦物質和植生素。

人們對發酵之味往往懷抱著強烈的好惡。卡茲寫道：「在新鮮和腐敗之間，有一片很有創造力的空間，有些最令人無法自拔的味道就從那裡滋生。」就好像水果在逐漸變熟的過程中，風味和氣味漸漸變重、變豐富，很多食物在逐漸腐爛的過程中，出現強而有力的新感官特質。原因何在？說不定也是因為我們的味蕾對簡單的糖分比對複雜的碳水化合物有反應，或者對胺基酸的反應強過對蛋白質長鏈。演化使我們擁有一部分味蕾去專門感應基本的分子建構組元（鮮味）和簡單的能量（甜味），不論是透過烹煮或發酵，總之我們偏嗜已分解成基本元素的食物。

然而，發酵創造出來的風味分子，有許多卻不是那麼簡單，也並非普世皆愛。這會不會是因為那些分解食物的微生物就跟逐漸變熟的水果一樣，也是為了自身的目的而製造芳香化合物？水果變熟時散發著強烈的香氣和風味，是為了吸引動物來運送種籽。使得水果或其他食物腐敗的微生物，也製造化學信號，有些是為了驅趕競爭對手，有些則在招蜂引蝶。發酵微生物一如植物的種籽，有時需要外力幫忙運輸，特別是在耗盡食物來源以後。有些科學家認為，細菌和真菌可以像舉手招呼計程車那樣，自行製造氣味化合物，藉以招來昆蟲和可以運送自己的其他動物，以便奔赴下一場腐敗的盛宴。

值得玩味的是，這林林總總不同的發酵之味，有多少是因文化而異。這些味道和甜味或鮮味不同，並不是人類天生就喜愛的簡單滋味。相反的，它們是「後天培養的品味」，意即，我們常得克服與生俱來的嫌惡感，才能欣賞其味，這通常是透過文化的力量，並在兒時再三接觸，才可能達成。不分大人或小孩，人們在形容另一文化的發酵食物時，最常用的就是「腐臭」或意思相似的詞彙。我們一聞到腐爛且陌生的氣味，鼻子就會皺起來。很多發酵食物位在生物學的邊疆，緊靠著腐爛，而這邊疆同時也是防備森嚴的文化疆域。

如果將發酵這門古老的技藝當成一項或一套食品加工方法，目的在於將自然物質轉變成安全、營養、耐久並且可口的食物，那麼這方法尚有尋求進步的餘地。現代食品科學帶給我們的事物，有什麼足堪與之比擬？真空罐頭、冷凍食品、微波菜餚、大豆做的素肉、嬰兒配方奶粉、輻照食品、五顏六色添加維他命的早餐穀物、能量棒、果凍粉、棉花糖球、收縮膜包裝食品、冷凍乾燥食品、人工甘味劑、添加纖維的人工甘味劑、人造奶油、高果糖玉米糖漿、低脂和無脂乳酪、植物代用肉、蛋糕預拌粉、冷凍花生醬和果醬三明治，超市的貨架上滿是這種仿真的食品和仿真的味道。拿這些創造物中的任何一種來對照前人產製的葡萄酒、啤酒、乳酪、巧克力、醬油、咖啡、優酪、漬橄欖、醋、各種醃漬菜、乾醃火腿或臘腸，就只能得出一個結論：好幾千年過去了，我們卻未發掘出像微生物發酵這樣強而有力、靈活、安全又營養的食品加工法。

然而，當今種種工業化食品保存和加工法，卻將大多數含有活微生物的食物趕出我們的餐桌。現今仍含有活菌或真菌的食品，少之又少，優酪乳是例外。蔬菜一般多製成罐頭、冷凍起來（或趁新鮮吃），較少醃漬處理。人們少用微生物和鹽製作火腿、香腸，多半改用化學物質。麵包仍需用酵母發酵，只是用的鮮少是天然酵母。就連酸包心菜和韓國泡菜也經過殺菌處理、真空包裝，尚未送上超市貨架，裡頭的培養菌早已死亡。這年頭，大多數的醃漬物已非真正醃漬物，只是泡在殺菌處理過的醋汁中，不含乳酸菌。任意翻開一本現代的醃漬食物食譜書，舊式的醃漬都已簡化成醋浸，想要找到乳酸發酵的食品難之又難。雖說醋本身確是發酵產品，可是多半經過殺菌處理，是已經沒有生命、沒戲唱的產品，而且酸得無法讓大多數培養菌活下去。

現代食品產業見不得細菌，想方設法要將細菌趕出所有待售的產品，優酪乳除外。超市已成為細菌戰的又一處消毒戰場，在這裡，自然發酵大概太自然了。當然，人們對食品安全的憂慮並非空穴來風，食品產業寧可便宜行事，堅決支持巴斯德，而不願述說食物中好菌與壞菌的微妙故事，原因大概就在這裡。活菌食物曾占有人類飲食內容很大部分，如今已被貶抑，成了少數手工作坊，還有喜愛自己動手做並與卡茲的「培養菌文化復興」唱和的人，才會製作的食品。

堅定的慢食人士一心想要挽救並保存行將絕跡的傳統食物，可除了他們以外，說不定並沒有人在意飲食傳統凋零。然而，有一件事或是例外，值得大家注意，那就是，醫學研究人士就快要得出令人驚愕的結論：人必須多多接觸微生物，而非遠離微生物，才能保持健康。不過，所謂西式飲食除了充斥精製碳水化合物、油脂和新奇化學物質外，還有一個毛病，就是缺乏活菌食物。理論上，活菌食物扮演重要的角色，能夠滋養我們體內族群龐大的微生物，而這些微生物對我們整體的健康與福祉的重要性，遠大於我們的理解。無菌食物說不定會害我們生病。

去年夏天，我頭一回獨自動身，到後巴斯德世界的蠻荒地帶探險，自己在家按照卡茲的食譜，試做了幾樣菜。我決定以發酵蔬菜作為我的第一堂課，因為醃菜看來最容易，而且最安全，這一點非常重要。包括史丹克勞斯在內，不止一位專家寫道，發酵蔬菜的安全紀錄良好，就算「製作環境髒亂、不衛生，而且製作者並沒有微生物或化學相關知識、訓練」也一樣（就是我了）。美國農業部有位科學家更聲稱，從來就沒有食用發酵蔬菜而食物中毒的登記案例。

我這下夠安心了，就到五金行買了一箱一夸脫（約九百五十毫升）容量的玻璃罐。我並沒有消毒罐子，就只開了水龍頭用熱水沖了沖。我還上網訂購了七公升半容量的德國酸菜缸。瓦缸的缸口頗深，蓋上密封蓋子後周圍有一圈溝槽，在這溝中注入三到五公分的水，瓦缸便嚴絲合縫，完全不透氣，醃菜時可防氧氣進入、二氧化碳逸出。請注意：瓦缸送到時，我發覺七公升半的容量太大了，除非你打算餵飽一整個德國小村，否則沒有人需要這麼大的缸子。我塞了至少六顆大個頭的包心菜才把缸子填滿。這表示，我們一家人可以吃上好幾年沒問題。

發酵的容器就位，我上農夫市場買了一批適合醃漬的蔬菜，當然有大白菜、包心菜，還有黃瓜、胡蘿蔔、花椰菜、甜椒、辣椒、甜菜、櫻桃蘿蔔、大頭菜等。我又到超市買了蒜頭、薑和各種醃漬物香料，包括杜松子、蒔蘿、芫荽、葛縷子、八角和黑胡椒粒，還買了一大包海鹽。

卡茲說，發酵蔬菜有兩種基本的方法：包心菜等葉菜最好用本身的菜汁浸泡醃漬，其他蔬菜則必須加鹽水浸泡。鹽水多鹹，看各人喜歡，不過我參考的好幾個資料來源都建議鹽分濃度為五%，所以我就從這鹹度開始。我用熱水溶化鹽（大約是二十八公克的鹽兌三杯水），往裡頭又加了各種混合香料。[3]我趁著等泡菜液變涼的時間，將蔬菜裝進玻璃罐中（通常會加進幾瓣蒜頭，偶爾還會加幾片薑），然後倒進鹽水。卡茲交代過，鹽水必須蓋過菜，不過難免有些堅持浮在表面，暴露於氧氣中，這樣就可能發霉腐爛。我試了各種辦法想把菜壓回水中，上頭放小碟子、乒乓球、一塑膠袋的小石頭，還有葡萄葉，葉上再加重物。我在哪裡讀到，含有單寧的葡萄葉可以抑制某種真菌，有助保持蔬菜質地清脆（橡葉、櫻桃葉或辣根的葉子也有同樣效果）。

製作酸包心菜稍微費工一點，首先得把包心菜一切為四，並切除中間硬硬的菜心，接著

3 這裡沒有什麼一定的規則，不過我多少遵循著古典的「風味原則」：亞洲風味的混合香料有薑、蒜，大頭菜和甜菜頭還多加了八角；印度風味香料有薑黃、肉桂，花椰菜和胡蘿蔔多加了小豆蔻；醃黃瓜和青番茄則用了蒜、蒔蘿和胡椒粒。

可以用刨切器刨絲或用刀切絲。我發現用刨切器不但較省事，而且菜汁的量更多，這大概是因為用刨的切面較不平整，反而較利於鹽分滲入菜裡，使菜出水。將刨好的菜絲置於你最大的碗裡，撒鹽，然後用手又捏又擠，毫不留情地摧殘菜絲，直到手都快抽筋為止。接著在菜絲上放置重物，壓出菜汁。可以在上面放滿滿一碗的石頭，或乾脆把泡菜缸壓在上面。不到二十分鐘，菜絲就會整個被淹沒，那全是被鹽分逼出的菜汁。

掬起一把把菜絲，連汁一起裝進缸裡，每裝一層就壓一壓，塞得越緊越好。每塞好一層就加一點蒜頭和香料（第一批菜的香料我用了杜松子、蒔蘿和芫荽），往下壓，盡量擠出空氣。如果你用的是酸包心菜缸，可能附有耐火黏土或磚製成的沉重內蓋。將這內蓋覆在菜上，用力往下壓，直到菜汁淹過表面。接著蓋好外蓋，往溝槽裡倒水以阻絕空氣。把缸放在廚房中，頭幾天不時查看（並傾聽）動靜。

製作韓國泡菜的工序，要麼只有些許不同（按照卡茲和我請教的美國發酵師傅的作法），要不就是大不相同（按照真正韓國人的作法）。卡茲明白事涉「正宗」，但並不以為意，稱呼自己做的是「韓式酸泡菜」，我最早試做的就是這種。我用利刃將大白菜橫切成二．五公分高的圓墩，除了鹽以外，還加了辣椒粉，把菜都染成了紅色。我能磨多少薑和蒜，就加了多少。另外加了新鮮紅辣椒、切片的蘿蔔和蘋果，還有一把蔥。可以用酸包心菜缸或普通的玻璃罐來裝，注意要留點透氣的空隙。我發覺做韓式泡菜，容器不必非得密封不可，這八成是因為辣椒和蒜頭抗菌力很強，真菌無從滋生（我後來得知，韓國人做泡菜時，會先將大白菜浸在鹽水中一晚，然後用清水沖洗菜頭，再將紅辣椒、薑、蒜搗碎做成的辣醬揉進一片片菜葉裡）。

過了沒幾天，一直到入秋，我家的廚房料理檯上都排滿了各式各樣的瓶瓶罐罐和缸子，裡頭裝的是各種醃漬蔬菜。除了酸包心菜和韓國泡菜以外，我還醃漬了花椰菜、胡蘿蔔、黃瓜、牛皮菜莖、甜菜、野生韭蔥頭、蒜瓣、大頭菜和櫻桃蘿蔔。浸在鹽水中的蔬菜顏色愈來愈鮮豔，鹽水也沾染了一點色彩，那些瓶瓶罐罐看來更富異國之美，令我聯想起養著熱帶魚的水族箱，而有些罐子也像水族箱，冒起泡泡。酸包心菜入缸三天後，開始騷動，每幾分鐘便排出氣體，發出卡通片似的嘟囔聲響。發酵過程開始了，這表示得把泡菜缸移到比較涼爽的地下室，以免發酵速度太快。

那厚厚的陶罐裡頭，到底發生了什麼事？這種微生物烹飪既看不見，動作也是慢慢一步步地來，除了偶爾吐個泡泡，或蓋子上升了一點，就沒有什麼精彩的畫面可看。可是在這些容器當中，的確有種戲劇在上演，那是我啟動的微生物劇碼，而我不過就是把已無生命的植物切成絲，往裡頭加了鹽而已。我那麼做，等於創造出非常特殊的環境，那是一個「生態棲位」，有新生命正在那裡開拓殖民地（從這角度來看，泡菜缸也肖似水族箱，只不過養的不是魚，而是微生物）。然而有一點很不可思議，這個環境居民數量的增長，完全自發自動。我並沒有往裡頭加了什麼東西，[4] 可是那愈來愈奔騰的氣泡證明，這缸醃菜這會兒正生機蓬勃。發酵所需的細菌打從一開始就在那裡，不聲不響地躲在包心菜葉子上，耐心等候一切條件到位。等那裡變得很濕、沒空氣、鹽分多，包心菜又受了重傷，擋不住微生物的入侵，

4　不過，喜歡的話，是可以加點東西進去：按照一些老派的發酵食譜，鹽水中必須加富含乳酸菌的乳清。我試了一次，加了一匙優格盒上層的透明汁液，發酵工序似乎加快了，可是，急個什麼勁？

細菌便開始按部就班地進行破壞與創造。

至於在我的酸菜缸中幹活的，到底是什麼微生物，很難說得準，溫度、地點和機運都左右了選擇。不過，我請教微生物學家後得知，我的第一批醃漬蔬菜八成是腸道菌的功勞。此屬細菌到處都有、四海為家，在許多不同的環境皆能生存，包括泥土和植物表面。我訝然得知腸道菌（如其名所顯示）在動物的腸子裡尤其如魚得水，有些（如沙門氏桿菌和大腸桿菌）更是病原體，這是讓我別太早試吃我的酸包心菜的好理由。

腸道菌開啟酸化程序，腸膜白念珠菌迅即接手幹活，接下來還會有好幾種乳酸菌主宰我的酸包心菜自然史。就好像一塊荒地，最早長出的總是雜草，腸膜白念珠菌在許多環境中都欣欣向榮，包括發酵初始階段那既鹹又甜、局部有氧且酸度低的環境。一如許多乳酸菌，腸膜白念珠菌將糖轉化為乳酸、醋酸，以及二氧化碳，即我的酸菜缸冒出的氣泡。二氧化碳趕走生態系統中殘存的氧氣，準備好適合厭氧性生物生存的環境，同時防止正在醃漬的植物變爛，並且保持顏色。

所有微生物的目標都是締造對自己安全而不利於競爭對手的環境。以乳酸菌為例，它們製造出大量的酸，讓環境的酸鹼值遽降，但是腸膜白念珠菌太過拚命，使得環境變得太酸，酸得自己都待不下去，（有沒有讓人想到什麼人？）可是，你之毒藥，我之美食，腸膜白念珠菌為另一種微生物創造了完美的條件，緊接著而來的是更強悍的乳酸菌，像胚芽乳酸桿菌這樣更耐酸的物種。

我說不上到底是哪種菌占了上風，三週以後，我掀開我的酸菜缸看看進展如何，那一缸正在發酵的粉紅色玩意散發出的氣味令我退避三舍，難聞的要命，將之形容為「帶有腐臭味」都算是客氣的說法。在沖天的臭氣中，我拿不定主意要不要試吃看看，不過，我還是竭盡所能效法卡茲處變不驚的氣魄，掩鼻嘗了一口。並不難吃，我也沒生病，我放下心上的大石頭，可是……以食物來講，這東西也真算不上多美味。茱迪絲請我盡快將這缸酸包心菜搬到屋外，令我更加洩氣，我不知道該不該把整批醃漬菜都扔掉，從頭來過。

不過，我並未莽撞行事，決定先請教卡茲的意見再說。他建議我讓酸包心菜再多發酵一會兒，他解釋說，有些發酵過程中途會有「黴臭時期」，若干特別難聞的微生物占了上風。有些發酵蔬菜的細菌是硫酸鹽還原菌，在將硫轉為硫化氫的過程中取得能量，臭雞蛋的氣味就是硫化氫。我肯定是養出了這種菌，不過他說，我的硫酸鹽還原菌終究會有後繼者，接下來出現的會是較良性的微生物。我的醃漬菜極可能正處於尷尬的階段。

給卡茲料中了。一個月以後，我鼓起勇氣再度掀開我的酸菜缸，臭味不見了。本來的那細菌不論是啥，嗜酸的巔峰菌種這會兒都已擠了上來，那就是在幾乎所有醃漬菜中居霸主地位的胚芽乳酸桿菌。當胚芽乳酸桿菌大駕光臨時，你就脫離險境了。醃漬菜變得夠酸，可以殺死任何致病或在其他方面不受歡迎的微生物。胚芽乳酸桿菌建立穩定且酸鹼值很低的細菌政權，多少可以維持好幾月不變，甚至好幾年。

然而，說實話，我的酸包心菜並不怎麼好吃。臭味或已消失，可是缸口長出了一圈毛茸茸的灰黴，教人看了擔憂。我聽從卡茲的勸告，小心地把黴刮掉，一面拚命克制內心深處一股說不定是出自本能的厭惡。不過，那黴在那兒顯然有一陣子了，因為我的酸菜不脆了。有些黴菌絲已深入菜絲，送出酵素，分解植物細胞壁，使得菜絲軟爛得近乎糊狀。先前已有人警告我，在夏季醃酸包心菜往往會有這個下場，因此德國人傳統上採用晚秋採收的包心菜做酸菜。

我做韓國泡菜（或韓式酸泡菜）的手氣就好多了，發酵一個月後，菜葉清脆依舊，酸辣中帶點薑味，十分爽口。至於蒔蘿酸黃瓜，味道還好，但外觀略灰，脆度也未達最高標準。加了印度香料的胡蘿蔔和花椰菜非常好吃，美中不足的是胡蘿蔔表面稍微有點黏，不留意就感覺不出來（大概是酵母菌大量出現之故，這是在天氣溫暖時做醃漬菜的另一項挑戰）。不過，截至那會兒，我最喜歡的是牛皮菜莖，醃漬兩週後依然清脆，呈明亮的紅寶石色，帶著一點點芫荽和杜松子的滋味。美味極了，搭配雞蛋尤其好吃。

醃漬菜這種烹飪形式，既簡單直接（切、撒鹽，加上當令蔬菜，然後等上數週），又幾近神奇：這些普通的微生物就這樣出現，徹底轉化了蔬菜，創造出全新的風味和特性。然而，要做好醃漬菜並非易如反掌。你需要有能力藉著調整微生物環境的溫度和鹹度，一定程度地引導或管理微生物，不過你終究無法掌控。因此，我訪談過的醃漬高手多半同意，控制欲或執念太強的人，不適合從事這門技藝。

「你竭盡所能做好發酵前的準備工作，可是終究還是得放手，讓微生物自個兒來。」一本地的手工醃漬師傅何茲文對我說。我遇見的發酵師對於他們的工作都培養出放鬆且著實謙遜的態度，在他們看來，發酵其實是物種通力合作的成果。可以容忍謎團、疑慮和不確定的狀態，並且不一心要求規則與理由的人，較適合從事這門技藝。發酵人不相信酸鹼度計，信賴自己的感官知覺，而且願意聳聳肩，苦笑一下，將偶爾做壞的一批醃漬物扔掉。

「活菌食物」這四個字當然是委婉的說法，發酵食物可是布滿了活生生的細菌和真菌。說早餐食用「活菌」，聽來可比吃「細菌」更讓人有胃口。同樣地，說乳酪是「洗」過的，比說「裹著細菌和黴的生物膜」更易入口，可是洗浸乳酪的外皮正是如此。我一面吃著我的

「活菌」漬物和韓式泡菜，一面想著我隨著蔬菜一同吞下肚的無數微生物，納悶著它們在我肚子裡不知會幹些什麼事。可是，在我彎彎曲曲的腸子裡面，應該有某個群落的微生物遇見了另一群落。希望它們相處愉快，在那節骨眼上，我並不曉得它們會不會喜歡對方。

我陪卡茲到加州的佛里斯東參加第三屆發酵節時，逐漸收到強烈且令人意外的暗示。活動在燦爛的春天週末舉行，會場是小學校園，裡頭臨時帳篷、舞台和攤位林立，參加的民眾有一千人左右，他們來此頌讚發酵食品的美味、神妙和據稱擁有的保健益處。人群中有不少嬉皮，有老有少，卡茲是人群中的大名人，不管在室內或戶外，他不時得停下腳步，替人簽名或應請留影。如果你想買「紅茶菇」（一團黏乎乎的真菌和細菌，用來發酵古老的中式氣泡茶飲康普茶），或想買培養菌做天貝、納豆、克瓦斯或克菲爾酸乳，就來對了地方，凡此種種都提供試吃。我之前從未如此刻意吃下那麼多種真菌和細菌。除了帶著令人反胃的臭味、黏兮兮還會牽絲的納豆外，我每一樣都毫無困難地吞進肚子裡。

我在書攤間閒逛時，不經意看到並買下厚厚一本自費出版的著作，書名直截了當到令人眼前一亮，就叫《早餐吃細菌：保健的益生菌》，作者是住在賓州的藥師，他耐心地列出發酵食物和「益生菌」的各種保健益處。益生菌多半是發酵食物中常有的乳酸菌，據說，這些「好菌」與其副產品有形形色色的優點，從改善消化、減輕發炎、「教育」免疫系統，到預防消化道癌症，不一而足。

結果，有不少經同儕審查的科學文獻支持以上種種說法，普遍認可許多文化以為發酵食物有益健康的傳統看法（古羅馬人用活菌食物來治療各種疾病，孔子堅決主張長壽與健康的關鍵，就在於每餐必食一種名為「醬」的發酵佐料）。不過，有些死硬派的發酵人更進一大步聲稱，活菌食物是萬能藥，可治療一堆與「腸道健康」無關的疾病，好比後天免疫不全症候群、糖尿病和各種精神失調。我在會場上和一位婦女交談了一會兒，她聲稱用未經消毒的生乳和酸包心菜治好了孩子的自閉症。我聽聞有種「腸道與心理症候群飲食」，從自閉症到注意力缺失症等各種症候都適宜採行。我還參加了一場講座，內容是「腸漏症」，此症的成因是結腸中的壞菌「過度增生」，破壞腸道上皮屏障的完整，使得各種毒素滲入血管，致使問題叢生。我和這些人交談，聽他們滔滔不絕發表長篇大論，不禁想起小說《米德鎮的春天》的卡蘇朋，他深信自己發現了「所有神話的關鍵」。在此地眾多發酵愛好者的心目中，身體也好，心理也好，一切健康的關鍵就在於乳酸發酵的醃漬菜。

起初，我以為自己逛進專門培植偽科學江湖郎中的大溫室，聽到不難駁斥的無稽之談。卡茲自己與較激進的地下發酵派謹慎地保持距離，並對觀眾表示：「我不相信用紅茶菇製作的康普茶可以治療糖尿病。」他在第一本著作《天然發酵》中寫過，他在感染免疫不全病毒後吃了大量的發酵食物，這是他很重要的一種自我治療，許多患者因此深信這道處方，這使得他感到自己必須在新書《發酵聖經》中加上一句否定宣言：「雖然我巴不得事情如此，但是活菌食物並不能治癒後天免疫不全症候群。」不過，卡茲也勸我研讀愈來愈多的相關科學研究，了解發酵食物與腸道健康的關係，還有腸道健康與我們整體健康的關係，「我想你會感到意外。」

我聽話研讀了，也果真感到意外。我按照卡茲的指點，開始閱讀相關文獻，並訪問研究「腸道微生物相」或「微生物區系」的科學家。這兩個名詞基本上指的是棲居在我們腸子裡的龐大有機體群落（包括細菌、真菌、古菌、病毒和原生動物），我們直到晚近才發覺這些生物對我們的生活影響之大，超乎我們原本的理解。有時候，某一特定領域的科學家就是比研究其他領域的科學家來得**激動**，激進的假說、初步的突破和諾貝爾獎之說甚囂塵上，形成振奮人心的氣氛，充滿著各種可能性。當今研究「微生物生態學」的科學家不但就和我訪談過的科學家一樣激動，而且堅信——按照其中一位的說法，他們正「站在典範轉移的邊緣上，我們對健康和我們與其他物種的關係，將有截然不同的理解。」在人體內外發生的發酵，正是這項新理解的核心所在。

巴斯德發現細菌後的數十年之間，醫學研究主要專注於細菌的致病性，大致將我們體內外的細菌區分為無害的「共生者」（基本上是吃白食的）和必須防衛的病菌。科學家往往一次研究其中一種細菌，而非研究一整個群落。這一部分是科學界根深柢固講求「縮減」的習性使然，一部分則是可利用的工具造成的影響。科學家自然而然地會專注於自己看得到的細菌，這意味著少數幾種可在培養皿中培養的個別細菌。他們發現了善類，也發現壞蛋。不過，戰爭的隱喻，影響了我們如何對待環境中已發現的細菌，而在那場戰爭中，抗生素成為我們首選的武器。

然而，棲居在腸道中的絕大多數細菌看來拒絕在培養皿中生長，而研究人員如今已發覺這現象，稱之為「大培養皿異常」（the great plate anomaly）。科學家當時尚未了解這一點，從而實行所謂的「停車場科學」，如此命名是因為人往往會在街燈下尋找遺失的鑰匙，並非由於鑰匙掉在那裡，而是我們在那裡才看得清楚。培養皿就是街燈。不過，在二十一世紀初，研究人員開發出基因循序分批的技術，得以將土壤樣本、海水或排泄物樣本中所有DNA分門別類，科學界突然大放光明，那光亮得無遠弗屆，照耀了整座停車場。光一打亮，我們在人的腸子裡發現成百上千種新物種，做著形形色色讓人意想不到的事。

微生物學家訝然發覺，我們身上十分之九的細胞並不屬於我們，而屬這些微生物所有（它們大多數住在我們的腸子裡），我們身上帶有的DNA，百分之九十九屬於那些微生物。有些專攻演化生態學的科學家開始懷抱著謙遜的新心態，來看待人類：人類是某種超生物體，是數百種共生且互相依賴的物種組成的群落。戰爭的隱喻再也講不通，微生物學家開始從生態學借用新的隱喻。

我們不可以忘記，雖然我們擁有嶄新且有力的探索工具，但是我們體內的微生物世界仍然是未知的領域，探索才剛剛開始而已。不過科學家已確定，人類的腸道微生物相其實是生態系統，是一個複雜的物種群落，它們並非就只是在那兒晃蕩、幫助我們分解食物或害我們生病而已，它們做的事情多得很。

那麼，我們腸中那占了一公斤左右重量、包含大約五百種不同菌種的微生物，到底在那裡做什麼？演化理論提供頭一條大線索。大部分微生物能否存活，要看我們能否存活，因此它們竭力要讓東道主（就是我們）好好活下去。說實在的，要不了多久，我們就會發覺，區分「我們」和「它們」並不適當，因為有一支科學團隊最近在《微生物學與分子生物學評論》中發表論文，主張我們應當開始將人體健康想成是「與人有關連的微生物相的集體資產」，換句話說，人體健康不是個體而是群落的運作結果。

我們腸道中的微生物，最重要的作用或許就是保持腸壁（腸上皮）的健康。腸上皮為一層薄膜，攤開來有網球場那麼大，跟我們的皮膚或呼吸系統一樣，居中調解我們與體外世界的關係。我們一生中，有六十噸食物會通過我們的消化道，我們的腸道從而暴露於危機四伏的世界中。替我們管理這些風險的，似是微生物相，而且大部分時候管理得相當得當。舉例來說，住在結腸中的微生物發酵者將食物中無法消化的碳水化合物（亦即纖維）分解成腸壁最重要的養分，有機酸（腸壁不同於人體大多數組織，並不是由血液中獲取養分，而從結腸中的發酵副產品中獲得大部分的養分）。有些有機酸，好比說酪酸，對小腸細胞而言是絕佳的養分，據信能預防消化道癌症。

在這同時，腸內其他細菌已演化成能夠附著於腸上皮內側表面，讓腸桿菌和沙門氏菌等病菌不得其門而入，並且防止病菌滲透腸壁。我們的腸道中有不少這類病菌，不過只要它們沒找到路離開腸道，進入血液中，就不會害我們生病。有些人較易食物中毒，與其說是因為吃下壞菌，不如說是由於腸上皮未能阻擋壞菌逃亡（以及免疫系統整體的健康使然）。腸道細菌最大的貢獻，就是幫助腸壁保持完整與健康。

腸道微生物作為還算穩定的生態群落，與我們利益一致，和我們休戚與共，也致力反抗外來微生物入侵與殖民。其中有些製造抗生素化合物，有些則透過發出化學訊號，激發或安撫各種防衛機制，從而協助管理並訓練我們身體的免疫系統。不過，將免疫系統和利益形容成「我們的」，如今已不具有意義。整體來看，人體最大並且非常重要的防衛器官，正是由腸道微生物相所組成。[5]

有個問題十分有趣，就是身體何以徵召細菌來執行這些關鍵功能，為何自己未演化出一個系統來幹這些活。有個理論是，由於微生物演化速度遠遠勝過「高等動物」，因此對外在威脅或機會等環境變化的反應，較快也較靈活。細菌反應非常靈敏，又可互相替代，彼此間

5 在口腔、皮膚、鼻管以及陰道等人體其他部位中，某些組成略有不同的細菌群落也有同樣情形。舉例來講，在陰道中有好幾十種乳酸菌在對陰道壁分泌的糖原進行發酵作用，這些細菌製造的乳酸有助保持低酸鹼值，讓陰道不致受害於病菌。

可以交換基因和遺傳物質，基因和遺傳物質幾乎就像工具，可以隨意拾起又扔下。當環境中出現新的毒素或食物來源時，這樣的本領特別便利好用。微生物相可迅速找到完全對的基因，用以對抗或吃掉新來者。

英屬哥倫比亞維多利亞大學學者希曼晚近有一項有趣的研究，發現日本人的腸道普遍有一種細菌，能夠製造可以消化海苔的罕見酵素，西方人體內的同一種細菌卻沒有同樣的功能。研究人員證明，此酵素的基因碼源自海苔中常有的一種海洋細菌。腸道中的益菌顯然從飲食中的海苔擷取有用的基因，融入自己的基因組中，從此保留下來，使得大多數日本人能夠善加利用飲食中的海苔。[6]要不了多久，科學家肯定還會發現其他例子，顯示我們的腸道微生物相如何居中調節我們與自然界的關係，加速我們的適應力。我們的微生物群系大幅開拓我們的基因組，讓我們不必自行演化，便可得到許許多多、各式各樣的法寶。

因此，從演化的角度來看，我們理當與微生物通力合作，它們的生化競爭本領可比我們強多了。在多細胞生物出現前的二十億年間，細菌面對自然淘汰，練就出各種演化的重要代謝花招，包括發酵及光合作用等。（按照生物學者馬古利斯的說法，自此以後生物在演化上僅有三項重要的生化新事物，一是蛇毒，二是植物的迷幻成分，最後一項可就驚天動地了：大腦皮層。她一直到二〇一一年過世以前，一直為微生物奔走發言，是微生物最有力的擁護者。）細菌有一個特別厲害的本領，就是能夠與其他生物合作，棲居在對方的體內或體外，甚至是細胞中，為存活而提供各種代謝服務。[7]

雖非一網打盡，但研究人員已確認棲居腸道的微生物對東道主提供的數項服務。我們往往以為細菌只會帶來破壞，然而它們就跟其他發酵者一樣，也是寶貴的創造者。腸道細菌除了能生產有機酸，還能製造重要的維生素（包括維他命K和數種維他命B）、消化酵素和科學家才剛開始認識的許多生物活性化合物。這些化合物對中樞神經系統可產生影響，調節我們的食欲，並決定我們如何儲存脂肪。

腸道微生物相確實可能在調節體重上擔當要角，我們早就知道給牲口吃抗生素，可以讓牠們體重增加的量多於飼料的重量，雖然造成此現象的是什麼機制尚不得而知，但是有趣的新線索逐漸浮現。聖路易市華盛頓大學的研究團隊發現，肥胖的人和老鼠腸道中主要的細菌種類，與較纖瘦者大不相同，而不同的腸道菌種代謝食物的效率或多或少有些不同。這顯示出，我們能從一定分量的食物中獲取多少熱量，可能取決於腸道中有何種細菌。那麼，改變腸道細菌的組合，能否改變我們的體重？不無可能，研究人員發現，把肥老鼠和瘦老鼠腸道中的細菌分別移轉至原本無菌的老鼠體內，肥鼠體內細菌使得無菌鼠增加的體重，是瘦鼠體內細菌的近一倍。[8] 還有研究發現，幽門螺旋桿菌之類的特定腸道菌，有助調節控制食欲的荷爾蒙。

有沒有可能就像我在佛里斯東遇見的若干發酵愛好者所說的，腸道微生物也能影響心理功能和情緒？這已不再像是無稽之談，愛爾蘭此前不久的研究發現，將發酵食物中的某種益

6 Hehemann, Jan-Henrik, et al., "Transfer of Carbohydrate-Active Enzymes from Marine Bacteria to Japanese Gut Microbiota," Nature 464 (2010): 908—12.

7 根根據馬古利斯的理論，光合作用和動物的細胞代謝從細菌棲居於動植物細胞的演化先祖時便已開始。細菌為動植物細胞提供其代謝長才，這些入侵者最終成為植物細胞的葉綠體和動物細胞的粒線體。

8 參考文獻請見章末注I。

生菌加入老鼠的飼料中，對牠們的壓力和情緒會有重大影響，並改變其腦部神經傳導物質的數值。[9] 腸道中的特定細菌究竟如何影響心理功能，目前仍不清楚，但是研究人員發現，他們可藉由切斷連結腸和腦的迷走神經，而阻斷此一作用。像這樣的研究使人懷疑，有朝一日是否可能培養或栽培我們的腸道微生物，更改其組合，好增進我們的身體健康，或許還能增進心理健康？[10]

當然，今時今日，至少過去這幾十年來，我們卻汲汲營營地反向而行，不但急著擾亂我們體內的微生物群落卻不自知，更對我們面對的危險毫無概念。在廣效抗生素、巴斯德式的「良好衛生」和對細菌很不友善的飲食所帶來的壓力下，人類的腸道微生物相在過去一百年來的變化幅度可能大於先前一萬年，在那一萬年中，人類進入農業社會，改變了我們的飲食和生活型態。我們如今才剛開始了解這些改變對我們的健康造成什麼影響。

我們當中一部分人，一生下來腸道微生物相即面臨有害無益的改變。我們一呱呱墜地，便接種了將一輩子跟著我們的微生物。我們還在胎內時，身體是無菌的，可是嬰兒經由滿是微生物的母體陰道誕生人世時，接觸到許多細菌，這些細菌立刻進駐嬰兒體內，再也不走。剖腹生產的嬰兒因為誕生的方式衛生許多，需要多一點時間才能讓微生物住進腸子裡，而且始終無法獲取完全相同的菌種。有些研究人員認為，這或可說明剖腹生產的兒童過敏、哮喘和肥胖的比例何以較高。

我們想方設法給孩子布置好的無菌環境，這或許也給他們的微生物相敲響了喪鐘。如今大家普遍接受的「衛生假說」，主張兒童應該接觸更多而非更少的細菌，如此才能培養合宜的免疫系統，學會正確區分微生物的好壞。根據此理論，身體倘若沒有受到這樣的訓練，往往會錯以為某些食物中良性的蛋白質有致命的危險，從而據此做出反應。這項假說說明了已開發國家中，過敏性疾病、哮喘和自體免疫性疾病的比例何以日漸增加，而值得玩味的是，在充滿微生物（有些人會形容為充滿危險）的農場環境長大的孩子，卻較少有過敏性疾病，免疫系統一般也較強壯。[11]

已開發國家的兒童在滿十八歲以前，平均接受過十到二十次的抗生素療程，對微生物如此窮追猛打，箇中隱含有什麼意義，科學家如今才開始設法了解。[12]一如對農地施用農藥，抗生素的確「奏效」，至少短期是管用的。可是你如果將目光焦點放大，不僅僅專注在看「敵對物種」，就會見到像這樣並不鋒利的武器間接傷害了更大的環境，以農藥的例子而

9 該益生菌是Lactobacillus rhamnosus JB-1，可見於某些優酪乳中。參考文獻請見章末注II。

10 我們已認識到，自閉症和精神分裂症患者常有消化性疾病，晚近研究顯示，這些患者的微生物相或許有點異常。我們不可忘記有關聯並不代表有因果關係，就算有，我們也不明所以。不過，愈來愈多證據顯示，我們體內有些微生物會基於自利而影響我們的行為。我們已見識到，全球十億人的體內有一種叫做弓漿蟲的寄生蟲，可激發老鼠做出神經質的自毀行為。這種原蟲靠著感染貓來繁殖，方法是讓貓吃掉腦中有此原蟲寄生的老鼠。感染到弓漿蟲的鼠輩，體內多巴胺會增加，使得行事變魯莽，從而更可能引起貓的注意。弓漿蟲寄生的老鼠也會受貓尿味吸引，可是在正常情況下，老鼠一聞到貓尿味，不是連忙鼠竄，就是嚇得無法動彈。這種反常現象稱為「貓咪致命的吸引力」。在人類案例中，弓漿蟲與精神分裂症、強迫症、注意力缺陷與反應時間有關，並增加宿主遭遇車禍的機率。參考文獻請見章末注III。

11 二〇〇〇至二〇〇二年在歐洲五國對一萬五千名兒童進行的PARSIFAL研究，比較華德福學校學童、農家兒童和對照組兒童得哮喘、過敏疾病和濕疹的比例。農家兒童（平日常接觸泥土、微生物和牲口）和華德福學校學童（吃較多的發酵食物、較少服用抗生素和退燒藥），罹患過敏性疾病的比例較低。參考文獻請見章末注IV。

12 參考文獻請見章末注V。

言，其中包括土壤中的微生物群落。有抗藥力的病菌和各種健康毛病很快就出現，土壤滋養植物並幫助植物抗病的能力變低，因為毒素降低了微生物群落的生物多樣性，從而折損其韌性。土壤如此，腸道亦復如此。人們想要控制和秩序，結果卻造成更多的混亂不安。[13]

當然還有飲食，在建構並維持腸道微生物群落這件事情上，飲食或許是最重要的因素。過程從哺乳開始，哺乳從好幾方面，以出乎意料的方式形塑腸道生物相。母親的乳頭是乳酸菌群落的收容所，晚近有人發現母乳本身所含的細菌，可能在殖民嬰兒腸道這項行動上，擔負一定的角色。不過母乳對嬰兒微生物相最重要的貢獻，或許是從一開始就促進「對」的細菌統領腸道。營養學家多年來百思不得其解，母乳中為何含有名喚寡糖的複雜碳水化合物——嬰兒體內並沒有酵素可以消化寡糖。根據演化論，母乳中**每一種**成分，都應該有益於嬰兒的成長。基於物競天擇，為了不浪費母體寶貴的資源，無用的成分極可能被捨棄。可是，為什麼母體會製造寶寶無法代謝的營養成分？結果，寡糖要餵養的並不是嬰兒，而是特定種類的腸道微生物：母乳中有寡糖能確保最理想的菌種（特別是嬰兒雙歧桿菌）能繁殖並建立好地盤，以免劣幣逐良幣。[14]

母乳完全由天擇所打造，是自然界最完美的食物。我們從中學會了許多功課，包括以下兩個關鍵事實：細菌是好食物，餵細菌給嬰兒跟餵食物給他們，一樣重要。用較科學的言語來說，嬰兒的飲食應兼具益生菌（好菌）和益菌質，也就是給益生菌吃的好東西。可是過去這一百年來的大部分時光，我們這些已開發國家的人並未遵照這兩項原則行事。

相反地，我們根本就「抗生」。我們將食物消毒、加工，去除微生物最愛的纖維素，努力消滅飲食中的細菌。除了優酪乳以外，活菌食物完全從我們的餐桌上消失了。且讓我舉一個例子，大多數發酵蔬菜食品都含有大量的胚芽乳酸桿菌，從史前時代以來，這種細菌都隨著醃漬菜出現在人類的飲食中，然而所謂的西方飲食卻充斥著精製碳水化合物和高度加工的食品，缺乏新鮮蔬菜，對發酵食物徹底不友善：不是藉著培養細菌來保存食物，而是殺死細菌，並且奪走能讓我們的腸道細菌進行發酵作用的一切好東西。

匹茲堡大學腸胃病學家歐基夫對我說：「西式飲食有個大問題，就是只餵上消化道，而不餵養腸道。所有的食物都經過加工，以供隨時吸收，下消化道卻什麼也得不到，然而，腸道裡的發酵正是健康的關鍵之一。」含有高脂與精製碳水化合物的飲食容或提供大量能量給我們的身體，可是飲食中缺乏纖維質，卻餓壞了我們的腸道與棲居於腸道的微生物。歐基夫和許多專家深信，攝取西方飲食的人常有腸道疾病，成因就在於飲食不均衡。人類的飲食被我們作了太多變動，再也無法餵養這整個超生物體，而僅能餵飽人類自己。我們需要為無法勝數的生物而吃，我們卻只為自己而吃。

不過，腸道問題可能是最不嚴重的。百多年來，醫界已了解西式飲食和心臟病、中風、肥胖、癌症和第二型糖尿病等慢性病有關，這些病症直到近代方盛行於西方，卻已奪走許多人性命。保持西式飲食習慣的人口中，罹患這些疾病的比例很高。醫界如今仍爭辯不休的話題是，這類飲食如此危險，元凶到底是**什麼**。是因為其中有飽和脂肪、精製碳水化合物或膽固醇等「壞」營養成分？還是由於缺乏纖維或Omega-3脂肪酸等重要的「好」營養成分？

13 想一想人的胃部原本常有的幽門螺旋桿菌，長期以來被視為造成胃潰瘍的元凶，慣常遭受抗生素的攻擊，以致如今幾近絕跡，現在只有不到十分之一的美國兒童被檢查出有幽門螺旋桿菌。直到前不久，研究人員才發現，幽門螺旋桿菌對我們的健康亦有正面影響，有助於調節胃酸和飢餓素，後者是與食欲有關的重要荷爾蒙。人在服用抗生素消滅此菌後，體重會增加，這可能是因為沒有了幽門螺旋桿菌來調節食欲。參考文獻請見章末注VI。

14 參考文獻請見章末注VII。

飲食中含有或缺乏這些營養成分，都可能是好幾種慢性病的元凶。可是近來有數位研究者開始懷疑，西式飲食造成的問題說不定並不那麼直接，而是比較關乎全身的，還有，絕大多數的重大慢性病，可能都有類似的病原。雖然仍無人敢如此放言高論，但是好幾門學科的科學家看來正努力研擬「飲食與慢性病的大統一場論」。此一理論扭轉了發炎的概念，而人類的微生物相在這件事上可能扮演關鍵角色。

愈來愈多醫學研究人員改變觀念，認為即便不是大多數，也有許多慢性病起因於發炎：身體免疫系統對真實發生或感受到的威脅，持續而顯著地作出反應。舉例來講，醫界原本以為動脈中血小板聚集凝結，是飲食中的飽和脂肪和膽固醇使然，如今則視之為動脈為自我治療而產生的發炎反應。有代謝症候群的人常出現各種發炎的徵候，代謝症候群指的是身體出現複合的異常現象，這使人容易罹患心血管疾病、第二型糖尿病和癌症。美國五十歲以上的人如今有百分之四十四有代謝症候群。是什麼原因造成這麼多人、這麼多不同器官和系統產生發炎反應？有一個理論說（截至目前仍只是理論）問題源於腸子，因為腸道（尤其是腸壁）的微生物相失調了。腸上皮一旦破損，各種細菌、內毒素和蛋白質就可能流入血液中，使得身體的免疫系統作出反應，造成的發炎會影響整個人體組織，很可能永遠不會消失，時日一久，就引發與飲食有關的慢性病。

以上至少是種理論，聽在我耳裡，再也不顯得荒誕無稽。不過話又說回來，我跟發酵愛好者相處的時間可能太多了，這些人認為糖尿病也好，其他什麼讓人不適的疾病也好，療方都是紅茶菇。事情顯然不是那麼簡單。然而，攝取更多活菌飲食（特別是我們的下一代），眼下已是必須正視的問題，而且愈來愈刻不容緩。讓我們來看看這十年才公諸於世的一些研究，我們會看到，人體經由發酵食物或營養補充素而攝取的益生菌，可以安撫免疫系統、舒緩發炎[15]、縮短兒童感冒天數並減輕病情[16]、緩合腹瀉[17]和大腸激躁症[18]、減少氣喘等過敏反應[19]、刺激免疫反應[20]、可能減少數種癌症的風險[21]、減輕焦慮[22]、預防念珠菌症[23]、降低牲口大腸桿菌0157:H7型的含量[24]和雞隻的沙門氏菌量[25]、改善腸上皮的健康和功能。[26]

關於腸道微生物相和發酵食物，尚待探討之處還有很多。科學家仍然不了解發酵食物的益生菌如何達成這些功效，它們只在偶然的情況下才永久定居於腸道中，其中有一些（特別是胚芽乳酸菌）遷入並黏附著腸上皮，有助於排擠病菌，鞏固腸壁。不過，還有些益生菌似乎只是微生物群落的過客，而訪客一旦路過必留下痕跡，這些益生菌也對微生物相貢獻了寶貴的事物，比方說，有用的基因或質體、生物活性物質，還有體外微生物環境的情報。不知怎的，這些過客似乎促使當地居民更有效抵抗入侵的病菌。近年的一連串研究報告已顯示，即便是路過的細菌也能改變腸道常駐菌的基因表現，有時則會改變基因組，並教導腸道常駐菌新的代謝花招。[27]

總體來看，腸道微生物相可能具有某種感官功能，為身體帶來最新的環境動態，還有應付新狀況所需的工具。亞特蘭大疾病控制與防範中心的營養科學家暨流行病學專家季蒙斯說：「腸中的細菌一直在觀察環境並作出反應，它們是這瞬息萬變的世界的分子鏡，由於演化速度飛快，因此可以幫助我們的身體對環境變化作出反應。」

顯然，謎團尚未解開，然而食用活菌食物看來確實有益健康，而其中又以發酵蔬菜為

15—27為參考文獻，請見章末注VIII至XX。

優。[28]因為醃漬蔬菜不但能夠引進大量益生菌（包括格外受人注目的胚芽乳酸菌），而且還能供應許多益菌質，滋養腸道裡的細菌。所以，對於我一直在忙著醃菜、努力做好酸包心菜和韓式泡菜，你應該不會感到意外。這些發酵食物既已流傳數千年，這會兒早已和人類生命密不可分，這也是合情合理的事。我們和許多生物共同演化，不單是植物，還有發酵所含的大量微生物，特別是胚芽乳酸菌這樣的物種，就我們所知，這種菌可能是保衛人類健康的無名英雄。

不難看出我們為何拖了這麼久才認識並理解這些食物錯綜複雜的特性和林林總總的關係，因為事情實在複雜到讓人很難明瞭。土壤中的微生物相是另一個不斷在發酵的宇宙，就跟腸道中的微生物相一樣萬般複雜，難以了解。西方科學始終較擅長了解個體（病菌、可變因素、元素等等），卻見樹不見林，直到晚近才發現微生物整體的好處遠大於壞處。還有一項事實就是，微生物相完全不符合我們的觀念（包括我們的審美觀）中生理系統或器官該有的模樣。讓我們面對現實，住在我們腸道裡的一團微生物，的確貌不驚人。我們覺得微生物挺噁心的，更是於事無補。

II 動物

我認得一位威爾斯酪農，他與兒子製作的切達乳酪好吃極了，這位仁兄告訴我，「任何事情」都可以對他的乳酪品質和風味造成影響，其中包括「擠奶人的心情」。我覺得他這番話動聽又浪漫，但難免有幻想意味，於是極力要求他解釋。「事情其實很簡單，如果擠奶人心情平靜，乳牛就也會平靜。平靜的乳牛在牛奶棚中排放的屎就會少一點，這表示擠出來的奶會乾淨一點。所以，女性擠的牛奶，品質總是比較好。」

這則小故事當中有幾點，我前所未聞，尤其是牛奶中可能有屎這個讓人不安的事實。吾友製作的切達乳酪是用有機生乳做的，而他對衛生那種貌似漫不在乎的態度，讓我心中有了一點警惕。他說，沒錯，牛奶中的糞便越少越好，酪農場的真實狀況卻是，牛奶絕不可能完全無菌，無論如何，這結果不見得是人們所樂見的。酪農往往拍胸脯保證，生乳製造的乳酪品質優良，其中有個原因就是，乳酪中含有形形色色的菌種，使得乳酪風味複雜。我**以為**那些風味到底是打哪兒來的？

巴斯德派和後巴斯德派的對陣愈來愈火熱，生乳乳酪或已成為雙方較勁最激烈的戰場。我並未透露吾友的大名，因為他那番牛奶含屎的率直談話，八成會使得衛生當局對其小酪農場炮火全開。製造活菌酸包心菜和韓國泡菜的業者，並沒有理由害怕巴斯德派警察拂曉突擊，然而暫且不問是對是錯，銷售生乳和生乳乳酪的人卻有這樣的恐懼——他們正受細菌戰炮火猛烈轟擊。製造生乳乳酪的業者**是**美國食品藥物管理局拂曉突擊的對象，特警小組會揮舞著槍枝突然出現在農場，將一桶桶新鮮牛奶倒在地上。

一九〇八年從芝加哥開始，鮮奶成為第一種依法必須「殺菌消毒」的重要食品。因此，我們大可不必驚訝，在公衛當局和生乳酪農這場因世界觀而起的衝突中，鮮奶和乳酪已成為

28 季蒙斯說，而且最好是家庭自製的醃漬菜，「在理想的狀況下，最好在自家培養細菌，因為（這些本地菌株）最能夠反映你的生活天地。」

一級戰區。公衛當局的權力正奠基於巴斯德發現的病菌領域，而生乳酪農卻尋求重訂我們與微生物宇宙的關係。

其實，雙方在這場爭鬥中都提出相當令人信服的論點，然而似乎也都看不見己方辯詞中嚴重的缺點。巴斯德派迅速指出，我們當初之所以開始用巴氏法消毒牛奶（先用攝氏六十二·七度煮牛奶三十分鐘，再用攝氏七十一·六度煮十五秒，以殺死細菌），原因很簡單，那就是生乳害死了很多人。牛奶含有糖（好比說乳糖）和蛋白質（好比說酪蛋白），是細菌滋生的溫床，在十九世紀成為傳播肺結核和傷寒症的一大媒介。巴氏消毒法拯救了成千上萬人的性命。

然而，此一時，彼一時，後巴斯德派如是表示。十九世紀都會地區的牛奶污染嚴重，一點也不令人驚訝。當時並沒有儲存和運送貨品的冷藏設備，鮮奶一般並非擠自鄉下的乳牛，而來自被帶進都市的牛。牛隻進城後被關在潮濕陰暗的地窖，吃的是釀酒的廢料殘渣，擠牛奶的又是帶有傳染病的貧民，難怪生乳奪人性命！巴氏消毒法有如工業生產的ＯＫ繃，用來對付工業化產生的問題。乳牛只要得到恰當的食物和適切的管理，就不必再用巴氏法給牛奶消毒。

可是直到現在，即便大多數乳牛生活在農場，巴斯德派人士仍回應說，牛奶可能會受到污染，包括大腸桿菌0157:H7型和李斯特菌等足以致命（且新奇）的病菌。其實，生乳和用生乳製造的乳酪每年仍奪走一些人命，害更多的人生病，所以，既然有科技可以保障乳品安全，我們何必冒險呢？

後巴斯德派人士答覆：殺菌消毒**過**的乳酪和其他乳製品也會讓人生病，巴氏法並不保障安全。牛奶和乳酪在消毒後仍可能受污染，而且經常如此。再者，實施巴氏殺菌消毒法反倒降低牛奶業的清潔水準，因為酪農心想他們將牛奶送出農場，和其他農場的牛奶混合後，還會經過消毒處理，所以就沒那麼注意衛生。

如今，後巴斯德派人士可以舉衛生假說來支持他們的說法，這說不定是他們最有殺傷力的論點，不過此一假說也有不為人知的弱點。根據這項假說，問題的癥結主要並不在於牛奶所含的細菌，對於牛奶中有細菌這件事，他們已準備好讓步。癥結在於我們這些喝牛奶的人，免疫系統已經受到損害，這是巴斯德派多年來倒行逆施，施用抗生素、消毒食品，養育兒童的方法更唯衛生是尚的後果。巴斯德派幹勁十足地想全面控制微生物，使得人體出現新的弱點，微生物產生抗藥性與出現新病菌，正反映了這種情形。

後巴斯德派想要我們別再信賴科技，而對微生物本身有信心，並和微生物締造一種更健康、對微生物更容忍的關係。他們舉出實際調查研究為例，顯示喝生乳的兒童遠比其他兒童健康，過敏和氣喘的比例也小了很多。其中有些兒童生活環境充滿大腸桿菌和李斯特菌等致命病菌，卻並未因而患病。後巴斯德派人士進一步指出，保證不被牛奶和乳酪中壞菌所害的上策，並不是巴氏消毒法，而是要讓各種「好」菌與壞菌勢均力敵，對抗壞菌，巴氏消毒法卻不分青紅皂白，把好壞菌全都殺掉。牛奶和乳酪是複雜的生態系統，至少在一定程度上可以自衛並維持治安。

我不久後就會發現，這項主張絕不瘋狂。諾艾拉修女是乳酪師也是微生物學家，她想必會自認屬於後巴斯德派（但是這裡有個重點必須說明，我稍後再詳述）。其實，她之所以回校攻讀微生物學（那時她已三十多歲，製作乳酪有成），有一個原因就是，想要以科學角度檢證這項主張。

無數關於諾艾拉的平面和電子媒體報導，都免不了稱她為乳酪修女。她從一九七〇年代便開始在康乃迪克州運用法式聖奈克戴爾乳酪的製造法，生產伯利恆乳酪，所屬的本篤會雷琴娜勞蒂斯修道院，就坐落在利奇菲爾德郡鄉間的伯利恆小鎮。諾艾拉修女的乳酪是用生乳製造的黴菌熟成半硬乳酪，作法遵古，法國的奧維涅地區至少從十七世紀起便採行此法。這一套技法通常是家族或村落的不傳之祕，一九七七年，第三代傳人法國乳酪工匠薩維絲拉應修院之邀前來作客時，將方法傳授給諾艾拉修女。諾艾拉修女早就想要利用修道院供過於求的牛奶製作乳酪，卻發現靠著看書無法確實學會這門技藝。

「所以，我開始祈禱會有一位法國老太太來教導我。」她回憶說。她的禱告獲得回應，薩維絲拉來訪了（不過薩維絲拉並不老）。自古以來，修道院一直維繫了傳統食物的製作技術，包括發酵法，都在修士或修女的不斷細心改良下保存下來，並日趨完美。薩維絲拉願意將家傳的聖奈克戴爾乳酪方子托付給諾艾拉修女和修道院。

這個已流傳數百年的方子，肯定會令美國的衛生督察大發雷霆。說實在的，用生乳作原料還不算嚴重，讓衛生督察不安的是儲存牛奶、任奶水凝結的老木桶，以及用來攪拌凝乳的木槳。那木槳是山毛櫸材質，由奧維涅工匠打造，槳面還雕刻了十字架形狀的凹槽。在美國，製造乳酪向來使用不鏽鋼桶及不鏽鋼工具。不鏽鋼易於清潔和消毒，由機器打造，表面光滑無瑕，只要洗清擦淨，便閃閃發亮，散發出衛生良好的特性，是巴斯德派人士的優選材質。木頭卻相反，擁有天然材質種種不盡完美的特性，表面凹凸不平，有溝槽，有縫隙，細菌極易躲藏其間。諾艾拉修女的乳酪桶內側也的確常年蒙著一層白色物質，那是牛奶固形物和細菌組成的生物膜，就算再怎麼努力消毒也消毒不乾淨，而根據聖奈克戴爾乳酪的製作方法，根本連試都不能試著去消毒。薩維絲拉告訴諾艾拉修女，做完一批乳酪要換下一批時，只能稍微用水沖洗一下木桶。

一九八五年，加州發生二十九人死亡案，死因涉及食用生乳乳酪，之後康州衛生督察便要求諾艾拉修女不得再用木桶，須改用不鏽鋼。

在諾艾拉修女心目中，她的木桶和木槳可不光是古色古香的骨董，而是製作傳統乳酪工序中重要的元素。木頭中藏有細菌其實是好事，在她看來，這些細菌並非汙染物，而「較像酸麵種培養菌」。因此她為衛生督察作了一項實驗，她用同一批生乳做了兩批乳酪，一批用的是木桶，另一批則用不鏽鋼桶，兩桶牛奶中都故意加了大腸桿菌。

接下來發生的事，至少在巴斯德派人士看來，實在難以理解。用消毒過的不鏽鋼桶製作的乳酪，大腸桿菌含量甚高，用木桶製造的卻幾乎沒有。這結果正如諾艾拉修女所預料，木桶中的「好細菌」（大部分是乳酸菌）創造出大腸桿菌無法存活的環境，從而打敗了大腸桿菌。這就像我的酸包心菜，好菌以及好菌製造的酸，排擠掉壞菌。生乳乳酪中的微生物群落其實會自我防衛。

諾艾拉修女強而有力地證明了她的論點：以古法製作聖奈克戴爾乳酪這類傳統食品的師傅，在不知不覺中實踐某種民間微生物學。一代代人透過反覆試驗，培養出這一套微生物學，從而保障了自己的安全。木頭和藏身其間的細菌是傳統工序中不可少的一部分，改用另一種較衛生的材料，只會讓工序變得較不衛生。衛生督察眼見此一簡明小實驗的成果，收回成命，同意讓諾艾拉修女繼續用她的木桶。如今又過了不止四分之一個世紀，她仍在用這木桶做乳酪。

諾艾拉修女成為後巴斯德派心目中的英雄，既擁有修女袍，又有微生物博士學位——修道院送她進康乃迪克大學深造，好讓她更能保衛她的乳酪不致受到病菌和衛生當局的攻擊。

這兩樣堪稱無敵組合，起碼到目前為止，儘管食品藥物管理局常常刁難生乳乳酪製造業者，卻不敢輕易招惹諾艾拉修女。然而，前不久當我到修道院拜訪她，想要拜她為師學做乳酪時，她談起生乳的語氣卻比我所預料的來得模稜兩可。

「大家都以為我是生乳鬥士，其實不然。」她一面示範如何用那惡名昭彰的木槳輕輕地將珍珠白的凝乳聚攏成團，一面解釋說，「大家都說，既然我們的爺爺喝生乳都沒事，那我們為什麼不能喝？因為你不是你的爺爺，現在的微生物也不是你爺爺時代的微生物，有些微生物已變得頑劣多了。我們面對是不同的現實，所以生乳乳酪並不是自然而然就安全，必須小心製造。」

諾艾拉修女言下之意是，許多後巴斯德派人士其實在想法上是前巴斯德派，念茲在茲的是生物學上的純真時代，當時的人比較吃苦耐勞，細菌也比較無害。我們別無選擇，必須考慮到歷史，包括巴氏殺菌法對我們的免疫系統和微宇宙的衝擊。[29] 傳統乳酪製造技術雖仍提供保護，但是美國的乳酪文化尚淺，並不是每位乳酪師都精擅其道。

我和諾艾拉修女一起在乳酪房中工作，說是乳酪房，還有點誇大，其實就是修道院境內一幢有護牆板的房子後方的廚房，天花板很低，裡頭多設了幾個洗滌槽，還有一座巨大的牛奶桶。乳酪房的後面有一片架有圍籬的牧草地，修道院養的荷蘭種白帶乳牛閒盪在草地上，一頭頭酷似特別肥胖的巧克力夾心餅乾。我已在修道院過了一夜，睡在（或設法睡在）有紅色聚光燈照明、穀倉改裝成的男宿舍樓上，一個小的不能再小的房間裡一張小的不能再小的床上。這裡是輔祭少年、實習生和訪客等少數男性的住處。修女除了工作時間，好比在菜園種菜、在穀倉照料牲口、在商店製作木頭、皮革或鐵製手工藝品，或做乳酪以外，一律不得與男性接觸。我當天早上在望彌撒時見到諾艾拉修女和其他修女在護柵後合唱，那歌聲超凡入聖，像來自天上，非人間所有。那一排格了窗，正象徵著修女與外界及男性保持距離。

雖然修道院生活一如預料中寂靜、肅穆又管理嚴格，諾艾拉修女卻不會道貌岸然，拒人於千里之外。相反地，她喜歡逗人笑，而她的燦爛笑容也很有感染力。乳酪房裡不時笑聲連連，有些玩笑話還相當直白。要不是她包著頭巾、穿著修女袍，你簡直不會想起她是修女（修女在幹活時可以改穿藍牛仔布裁製的特殊制服）。

諾艾拉在波士頓市郊一個義大利裔大家庭長大（兄長是五〇年代懷舊樂團「夏那那」的創始團員），在莎拉勞倫絲學院苦挨了一年後（她在一九六九年入學，正是六〇年代反文化風潮騷動的高峰），開始追尋較和諧也較井然有序的環境。一九七〇年，她聽從朋友的建議，造訪雷琴娜勞蒂斯修道院，三年後她跨出第一步，入修院當見習修女，踏上成為修女的漫漫長路。

我對諾艾拉修女的第一印象是，這位女士入世多於出世。不過我很快就明白，對她而言，基督行使的神蹟太多太多，即便在最不可能的地方都見證得到，包括在一桶牛奶中或在顯微鏡底下。她眼神發亮地向我指出，眾所周知，基督有好些神蹟與發酵有關，好比葡萄酒和麵包，乳酪即是由尋常事物轉化成不凡事物，這過程帶有超越的意味。

「我始終不明白聖餐為什麼沒有乳酪。」她曾這麼對我說，我本來以為她是開玩笑，可是她說著說著就認真起來。諾艾拉修女說，如果把乳酪當成聖餐，可以辦到葡萄酒和麵包辦不到的事。「乳酪使你不得不思考死亡，人的靈性要有所成長，就非得勇敢地面對死亡。」

29 另有其他理由或可說明人們為何愈來愈不堪病菌侵擾：人口老化，再者，有不少人的免疫系統因化療和免疫抑制藥物而受到折損。

我夠了解諾艾拉修女，知道她指的不是食物中毒的危險。不過她這番肺腑之言指的到底是什麼，我得在乳酪房和地窖裡待一陣子，方能明瞭。

學習乳酪製法時，我不追隨勢力正快速茁壯的手工乳酪師，而追隨諾艾拉修女，這有利也有弊。就正面而言，她採用的方法十分舊世界，工序完全回歸基本。她不但不消毒牛奶、不用不鏽鋼，而且只仰賴自然滋生的細菌和真菌，完全不添加商用培養菌，這在現代乳酪製造業中，簡直是聞所未聞的事。這從而形成我向諾艾拉修女學藝的缺點：她的方法離主流太遠，完全不能代表現今大多數乳酪製作的實況，包括手工乳酪。不過，跟她學習有一大優點：我拜見和訪問的乳酪師，大多只肯讓我旁觀他們工作，而我僅需走過一池消毒劑，穿上化學防護衣，諾艾拉修女就樂得讓我動手去攪拌、碰觸凝乳。

乳酪的活兒經悉心安排，融入修道院日常生活的節奏，配合白天舉行七次、半夜舉行一次的禮拜儀式。每天早上六點在作完晨禱後，給修道院養的五頭乳牛擠奶，溫熱的奶汁隨即被送至乳酪房，倒進木桶中。八點彌撒快要開始前，諾艾拉修女會往桶裡加兩小瓶凝乳酵素，讓牛奶開始凝結。她和其他修女在彌撒儀式上吟唱葛利果聖歌、領聖餐時，大桶內展開了複雜的生化鍊金術。

生乳裡面和木桶表面的乳酸菌開始大量繁殖，吞噬乳糖，將之轉化為乳酸。牛奶的酸鹼值逐漸下降，不受歡迎的細菌，好比奶中可能含有的大腸桿菌，也逐漸無法存活。愈來愈酸的環境也使得凝乳酵素更加活躍，開始發揮神奇的力量，把奶液變成滑順的白色乳膠。諾艾拉修女在十點半作完彌撒回來，伸出食指往表面一畫，在乳膠上畫出一條溝，才不過一兩小時前，桶內還只有液體而已。乳膠看起來像軟豆腐，表面卻閃閃發光。對大部分我認得的乳酪師而言，這正是魔法的時刻，諾艾拉修女亦不例外。

點石成金的，是凝乳酵素。這東西太奇妙，簡直像神話事物。「從幼獸的肚子撕下」，就是這麼一回事。凝乳酵素取自小牛、羔羊或小山羊的第一個胃的內膜，裡面含有一種叫凝乳酶的酵素，其效用就是讓幼獸胃中的母乳凝結，從而減緩吸收的速度，並重新排列牛奶蛋白質，幫助幼獸消化。任何人只要替嬰兒拍過奶，身上濺過嬰兒打嗝吐出的奶，就已見識過凝乳酶對奶汁做了什麼事。

數千年前，大概有牧民在宰殺幼年的反芻動物時，畫開牠的胃，看到裡面有一塊塊凝結的奶，而發現凝乳酵素的功效。也可能是古代牧人拿幼獸的胃袋當容器，用來儲存或隨身攜帶乳汁。奶汁接觸到胃內膜的凝乳酵素，會變成很像乳酪的東西。不論其滋味如何，人們很快就發現，此一「加工」奶品勝過鮮奶，在尚無冷藏技術的時代，游牧民族尤其受益匪淺。凝乳去除了奶汁中大部分水分，更易於攜帶，在動物胃袋中經過酸化，可保存更久。

這顯示出，人類更像是「發現」乳酪，而非「發明」乳酪。一如其他發酵飲食，製造乳酪是一種「仿生學」，仿傚的是自然而然發生的生物過程。在胃袋中凝結的奶顯然有很多改進的空間，包括滋味、外觀和保鮮期。不過，就像其他發酵飲食，對人類來講，乳酪打從一開始便有如上天恩賜：易腐敗的食品經過處理，變得比原來更易消化、更有營養、更耐久，而且更美味。

往往取自幼畜胃內膜的凝乳酵素[30]，必須在酸性環境下，才能徹底發揮神奇的凝乳功

30 當今許多製酪人改用「蔬菜凝乳酵素」，即以基因工程改造過的細菌、黴菌或酵母菌製造的凝乳酶。

能。在製造乳酪的過程中，提供酸性環境的是細菌發酵過程，並非胃酸。就像發酵醃漬菜和酸包心菜，所需的細菌普遍存在於環境中和「基質」上，而這裡的基質就是生乳。將奶用巴氏法消毒，會殺死其中的微生物，必須把乳酸菌加回去，才能讓奶汁變酸，形成風味。用沒有微生物的奶做乳酪有其好處：製酪人可以決定要加哪種菌，而且不會出現令人驚訝的情況——法國人就將製造乳酪時遭遇的慘事，稱為「乳酪意外」。因此，不單是製造乳酪，現今用白紙般的原料來發酵已成為主流。大多數的啤酒和葡萄酒釀造業者也採用同樣的工序，先殺死原有的細菌和酵母菌，再把想要的菌種加回去。不過，在工序取得控制的同時，也得付出產品風味失去複雜層次的代價。據倡導生乳乳酪和其他天然發酵飲食的人士所言，此一缺失是嘗得出來的。

你可以在生乳乳酪嘗到的滋味中，有一種就是特定地方的滋味。諾艾拉修女當年為了寫學位論文，曾開車周遊法國鄉間，實地調查，收集各種生乳乳酪外皮上的微生物樣本。她全心留意一種我從未聽過的真菌，即念珠地絲菌，然而我這一輩子其實吃了不知多少這種菌，這也是卡門貝和布里乳酪這類以真菌熟成的乳酪，外皮上那一層絨毛似的白黴（法文稱之為「美衣裳」）。諾艾拉修女運用基因定序技術比對她的樣本，發現地絲菌菌株「形形色色、五花八門」。她也發現同一種黴的不同菌株攝取的是牛奶中不同的營養成分，從而製造出不同的化學副產品，使乳酪含有不同風味。她下結論說，法國乳酪之所以有多到驚人的種類和風味（戴高樂就問過：「誰有辦法治理有二百四十六種乳酪的國家？」），一部分原因是法國有太多不同的微生物。

這顯示出，法國人所謂的風土味，不單單來自地方氣候或土壤，也來自各地不同的細菌和真菌。諾艾拉修女愈來愈覺得，這種微生物多樣性也是國寶。她對我說，「人們知道保護瀕臨絕種的白犀牛有多重要，可是沒有人看過或聽過的真菌株，就很難教人買帳。」然而在她看來，後者的重要性並沒有比較低。正如卡爾維諾在《帕洛瑪先生》中所寫：

在每一塊乳酪後面，都是不同天空下綠得很不一樣的草地，有的牧草地帶著一層鹽，是諾曼第的潮汐每晚堆積而成；有的牧草地被普羅旺斯陽光與和風薰香了。有不同的牛羊群，牠們的窩和移動的步伐遍及整個鄉間。有千百年來世代傳承的祕方。這間（乳酪）商店是博物館……展示的每件物品背後，都有既賦予其形、又從中成形的文明。

那天下午，諾艾拉修女在她設於修道院境內的小實驗室中，對我詳細說明「風土味」這難以理解的概念。她認為那是一個地方的特殊滋味，由許多細微的自然與文化滋味緊密織合而成，而這些滋味倘若分開來，便難以嘗出。牛奶的品質（是什麼品種的牛？放牧牛的草地上有什麼植物？天氣如何？[31]）肯定會影響乳酪的味道，然而就連最細枝末節的製酪技術，也會構成影響。雖然我們往往將這些細節視為人類文化的產物，並非自然因素，可是這些細節對乳酪滋味的作用，卻仰賴微生物居中調節，換句話說，就是與自然有關。舉例來講，桶的溫度有多高、各步驟相隔多久、用什麼工具切凝乳、乳酪置入成形的模子是什麼形狀、壓乳酪的力道多大、加了多少鹽、熟成窖的濕度是多少，甚至乳酪熟成時下面墊的是哪種乾草，凡此種種細節都能決定何種微生物會占有優勢，而這一點又可以決定乳酪成品的感官品質。（為何用裸麥乾草？諾艾拉修女說明，裸麥草有利於又稱為「黴之花」的粉紅單端

31 另一位乳酪師告訴我，天冷的時候，小牛需要更多熱量來給身體保溫，因此母牛的乳汁在冷天含脂比例會增加。

孢菌生長，使得乳酪外皮帶點粉紅，備受法國人讚賞。）

諾艾拉修女解釋說，「乳酪是生態系統，製酪的技巧就像天擇的力量，決定物種的勝負。」而這又創造出聖奈克戴爾乳酪特有的味道、氣味和質地，使其有別於其他乳酪，好比說金山乳酪或霍布洛雄乳酪。在這件事上，乳酪很像酸麵種麵包的培養菌，只是其微生物群落更複雜，也更長壽。確實，我們吃乳酪的時候，微生物還活著，而麵包的培養菌則已死於烤箱中。

薩維絲拉女士在傳授修女製酪之道的兩年後，重訪修道院，訝然發覺康州聖奈克戴爾乳酪長出的黴和在奧維涅熟成的乳酪一模一樣，包括粉紅單端孢菌。有沒有可能是薩維絲拉當年造訪時，無意間帶來那些法國微生物？諾艾拉修女說，沒這回事。

「每個地方都是什麼都有」，諾艾拉修女說，她指的是環境中無處不在的無數真菌和細菌，「是我們用技術選擇有那些種類」會蓬勃生長。不過，這種擇菌的作法不是等於在反駁「風土味」之說嗎？如果你所謂的風土味，侷限於某地的自然風味，答案是肯定的。然而一個地方並不只是一塊土壤，還有在土地上生活的人，以及他們遵循的傳統，這些人會不自覺地幫助某一些微生物生長，而這些微生物則投桃報李，給了人們想要的風味和氣味。這些非常獨特的性質（發酵食物的風土味似乎尤其明顯）[32]，至少有一部分歸功於微生物與人的互惠關係，並透過發酵，傳達出自然與文化結合的滋味。因此，會影響風土滋味的，除了土壤、花草植物、傳統、技藝和故事等元素外，還必須加上一樣事物，就是能滿足人之所欲的微生物。

諾艾拉修女對乳汁的凝結程度感到滿意之後，請我將手伸進這質地如果凍的白膠，把凝乳捏成細碎的粒狀凝乳。我跟修道院最資淺的見習修女史蒂芬妮一起幹活，三十歲的史蒂芬妮身材苗條，有一雙褐色的大眼睛，負責照料修道院的乳牛，前不久才開始幫忙做乳酪。我們在桶旁各據一側，兩手伸進桶中，仔細地將凝乳捏成豆粒狀。按照作法，凝乳必須保持跟乳牛體溫一樣的溫度，因此諾艾拉修女不時需沿著桶邊倒進一點熱水，以免凝乳溫度降低。史蒂芬妮判斷凝乳全都夠小時，從牆釘上取下木槳，沿著桶邊慢慢划動，把凝乳粒全部攏在一起。

凝乳粒似乎喜歡成群結黨，那是因為凝乳酶已剪斷一種特定的酪蛋白，這酪蛋白在鮮奶中的作用像是緩衝器，可以讓粒子來回彈跳、彼此衝撞，而能各自散開。蛋白質少了充當緩衝器的酪蛋白，就彼此相連，形成一張網，網住脂肪和水，牛奶便凝結了。我用手輕捏凝乳，用意是要去除水分，但盡量留住脂肪。

凝乳味道甜且清新，但失之寡淡，比較像是新鮮熱牛奶，不很像乳酪。這寡淡的滋味完全沒有透露出凝乳在成形與再成形的過程中，內部活動都激烈得很。創造成熟乳酪所需的微生物DNA這時已全部就位，開始負責發酵。乳酸菌在溫熱的牛奶中迅速繁殖，將乳糖轉為乳酸，賦予風味，降低酸鹼值——我隱約聞得一股逐漸變強的酸味。酸化過程將持續好幾週，然後反向進行，真菌（真菌孢子原本就在牛奶中）接手，在外皮展開第二階段發酵。不過，我操之過急，想太遠了……

32 說不定這正足以說明，一般認為最能夠顯現風土味的飲食，好比葡萄酒和乳酪，為何有那麼多都是發酵產品。

史蒂芬妮用木槳將凝乳聚攏成形狀並不工整的一團後，開始用平底鍋舀去乳清，接著伸手按著凝乳團，往下壓。我也靠在桶邊，低著頭，跟著她盡量慢慢且輕輕地壓凝乳團，這樣才不會破壞寶貴的乳脂。

「別妄動。」諾艾拉修女不斷提醒我們，她解釋說，每回薩維絲拉女士把手伸進凝乳桶，她的母親就會這麼說。「不可妄動」，動作越少越好、越輕越好。要是沒有耐性，用力過大，擠出乳脂，乳酪的內蕊質地會變得像橡皮，一切就毀了。因此，乳酪師的心情會影響乳酪風味。我的手腕和下背部肌肉開始痠痛，但是我並未罷手，繼續盡量慢慢地、小心翼翼地往下壓。諾艾拉修女一週數次做著這樣的活兒，已有數十載，也已做過幾次腕隧道手術。

好不容易，諾艾拉修女總算宣布對凝乳的狀況感到滿意，這時桶裡已有一層七、八公分厚的雪白凝乳，上面則浮著一層泛黃的酸乳清。我以往從未感到直起腰竟然這麼舒服，可惜，我的腰桿並沒挺直多久，這會兒得切凝乳了。史蒂芬妮遞給我一把長刀，請我將凝乳切成三份，先由上往下切，然後橫切。接下來，我們捧起這白色乳磚，疊放入模子裡。乳酪模是圓柱形，尺寸像深的派模，材質不是木頭就是白色塑膠，底部鑽了孔。修女一面提醒「別亂動」，我一面緩緩地將凝乳塊壓進模子裡，不時將模子翻面。乳清汩汩流出模孔，凝乳這會兒已密實成形，外觀和感覺都像乳酪，只不過是全白且無味。我們在外露那面撒了鹽。

按照行話，這種鮮乳酪叫做「青乳酪」，不可思議的是，約二百公升的牛奶只做出三個乳酪。接著，我們將乳酪堆疊起來，用木頭壓榨器開始壓乳酪。壓榨器有很大的鋼質螺桿，可手工調整力道，逐漸給乳酪加壓，繼續壓出更多水分。我們的工作到此結束，青乳酪將在壓榨器裡過夜，流下最後幾滴乳清淚，第二天早上用清水沖洗後，移至地窖，在那裡待上兩個月，熟成。

乳酪是長大成熟的奶汁……正是有男子氣概的食物——越陳年的乳酪越有男子氣概，到了晚年高齡階段，幾乎是唯我獨尊，必須擁有自己的空間。——龐亞德，《美食家指南》

相較於採用蔬菜、穀物或葡萄為發酵原料的飲食，將鮮奶發酵為乳酪需仰賴天南地北的物種共跳一支繁複的舞蹈，包括哺乳類、細菌和真菌。或許，我該說是不止一次的發酵，因為在熟成窖中發生的事，和奶桶太不相同，根本是另一種狀況的轉化。

奶桶中大多數的活動，需要厭氧菌將乳糖變成乳酸，內蕊（乳酪不透氣的內部）逐漸熟成時，這項活動仍持續進行，而且頗為精巧，因為細菌製造的酵素會將脂肪、蛋白質和糖分解成較簡單且一般而言較美味的分子。不過，當乳酪師給凝乳定型時，就創造了新的東西，內有軟蕊，外面則是初成的硬皮。外皮構成了新的生物環境：通氣、潮潤而不濕答答，適合不同的微生物生存，那就是好氧菌。這些好氧菌的孢子早就存在於牛奶中、空氣裡，附著於熟成窖的石壁和瓦磚上（每個地方都是什麼都有）。因此才不過數小時，新的微生物就和一群嗜酸嗜氧的真菌一同上場，殖民乳酪皮這個不設防的邊界。

站在修道院的「地窖」中，可以觀察到不同種微生物輪流出現的過程，宛如縮時攝影。這個地窖其實只是地下室裡隔出的一間房，面積不到三坪，有空調，以便終年維持熟成窖的溫度和濕度。紗門木櫃沿牆而立，層架上依據進窖時間的先後次序，擺放著需熟成兩個月的乳酪。每個乳酪的一側都用藍筆標記製作日期和製作者姓名縮寫。我從昨天才做的豐滿白潤的乳酪看起，由乳臭未乾看至年高德劭，外皮從帶著白粉逐漸變成有點灰，然後慢慢出現斑點且縮水，最終成為聖奈克戴爾乳酪皺縮還帶有臭味的灰褐色——經過兩個月的熟成，乳酪已完全成熟，可以吃了。

乳酪皮在這八週當中經歷了多少算是按部就班的腐敗過程。不同回合的腐爛階段輪流發生，一種微生物把另一種製造的廢物當成食物，在過程中為下一種微生物創造了適合的環境，往往還供給了食物。其中大多數真菌你以前就耳熟能詳，而且有理由厭惡，它們就是讓白麵包變藍、過熟番茄長出白毛或使梨子生出鮮明褐斑的黴。乳酪師至少在一定程度上學會管理或引導這些熟悉的野生物種，讓它們多少能以符合預期的方式表現。

諾艾拉修女帶我參觀地窖中真菌生死歷程的各個階段。熟成到了第二天，新鮮的乳酪上已遍布酵母菌（主要是德巴利酵母菌和球擬酵母菌），不過需用顯微鏡才看得見。看不見的細菌也已殖民，比如乳酪鏈球菌正致力將奶中的乳糖轉為乳酸，後者將是真菌的食物。到了第六天，乳酪上已長出白色菌絲，那是叫毛黴的真菌。法國人有時稱此真菌為「黑美人」，布里和卡門貝乳酪倘若長出這種黴就慘了，聖奈克戴爾和薩瓦鐸姆乳酪卻是歡迎都來不及。第九天，毛黴孢子成形，（在顯微鏡底下看來）乳酪皮遍布著如雛菊種籽般的黑粒，使得外皮的顏色從潔白轉為灰褐。這時，乳酪看來已不再青澀天真，而平添幾許歲月滄桑，由於水分不斷蒸發，個頭也明顯縮小了。

在泛黑毛黴的陰影下，諾艾拉修女最愛的念珠地絲菌正一面大啖乳酸，一面長出自己的菌絲，不過肉眼仍看不出來。有些美國乳酪師將念珠地絲菌簡稱為「地黴」，就是這種真菌為聖馬瑟林乳酪披上一層毛茸茸的白皮（「美衣裳」）。此真菌引進強而有力的酵素，分解脂肪和蛋白質，有助發展乳酪的風味，並令乳酪釋放數種強烈的氣味，包括地窖中那股隱約的阿摩尼亞味。諾艾拉修女最看重的就是地黴，博士論文也以此為主題。她提到，地黴的酵素可以令塑膠穿孔，有些地黴似乎也使得李斯德菌在乳酪中難以存活。

念珠地絲菌藉著分解乳酸，製造阿摩尼亞，中和了乳酪皮的酸鹼度，改變了環境，使接下來的一波波細菌和真菌可以存活。此真菌將其菌絲送入內蕊，無異於在乳酪皮上「耕地」，挖掘微細的溝渠，讓青黴菌等好氧性微生物得以深入乳酪，締造出新的風味和氣味。滲透而入的微生物使得外皮漸厚，微生物的數量和種類也以倍數增長。不久以後，乳酪皮堆積了一層灰色的「黴灰」，那是真菌的孢子和死去的真菌，並散發出疏於照管的潮溼地窖的那股霉味。到了第十三天，外皮上開始出現粉紅單端孢菌的粉紅色粉塵，讓乳酪的外皮呈現聖奈克戴爾的紫羅蘭色。這時，外皮已經酸鹼中和，適合像短桿菌這樣的棒狀桿菌生活，這種桿菌最終將賦予熟成中的乳酪強烈的氣味。

聖奈克戴爾乳酪兩個月的熟成過程就像這樣，每一種菌都改變了外皮的環境，為下個菌種鋪路，諾艾拉修女在她的論文中小心記錄了這可以預測的生態演替。在這過程中，每一菌種都釋放自身的酵素，每一種酵素都是量身訂製的分子武器，用以將特定的脂肪、糖或蛋白質分解成胺基酸、胜肽或酯，各自為熟成中的乳酪貢獻特定的風味或氣味。僅僅數週時間，生態演替的過程就達到頂點，建立相當穩定的真菌和細菌群落。此一微生物群落尚有很多部分科學界尚未及探討。不過諾艾拉修女和一群積極研究乳酪皮生態系統的微生物學家保持連絡，希望能得知各菌種是如何競爭、合作，又如何在通稱為「群體感應」的過程中，彼此溝通，保衛地皮（還有下面的乳酪），對抗入侵的敵人。

聽諾艾拉修女頌揚腐敗乳酪上這滿是斑癬的外皮，稱其為生機蓬勃的生態群落，讓我明白乳酪是人類多麼奇特又美妙的成就：我們的祖先如何琢磨出方法去管理牛奶的腐壞，運用柔道一般的功夫，巧妙地以腐制腐、以真菌制真菌，讓腐敗說停就停，然後展開防衛，從而使得牛奶不致無法抑制地一路腐壞到底，而能暫時停下，讓我們有美味的乳酪可吃。其他的發酵飲食也運用同樣的通則去延緩腐敗，可是不同於葡萄酒、啤酒或醃漬甜菜頭，成熟乳酪的氣味令我們一刻也不會忘記腐敗在創造乳酪的過程中扮演了什麼角色。

乳酪皮上的真菌生生死死，逐漸將環境的酸鹼變成中性，以兩個重要的方式加速乳酪熟成。首先，內蕊和外皮的酸鹼值不同，造成「傾斜度」，或不均衡狀態，促使外皮氣味強烈的化合物深入內蕊，使乳酪從外熟成到內，滋味不再單調。在這同時，外皮的酸鹼值上升，創造出的環境適合一種臭名遠播的短桿菌生存，此菌俗稱紅菌，大約在第三週出現，這時外皮會變成此菌所特有的橘紅色。不過，用不著看也知道紅菌來了：很多臭乳酪的臭味就是紅菌帶來的，紅菌和其近親如棒狀桿菌，正是某些成熟乳酪必須有單獨儲存空間的原因。

聖奈克戴爾乳酪含有許多健全的紅菌，因此當乳酪完全成熟時會有特殊的畜棚場氣味。不過，在乳酪師的助長下，此菌在艾波瓦斯、林堡和塔雷吉歐等洗浸乳酪中特別活躍，在美國，則有較晚近才研發的紅鷹或溫尼米爾乳酪，這些乳酪因而散發著強烈的氣味，有時令人退避三舍。用鹽水（有時用葡萄酒或啤酒）沖洗乳酪皮，可創造出再適合紅菌也不過的環境，而紅菌則可獨力創造讓人愛惡兩極化的氣味。有些人喜愛或學會欣賞那氣味，有些人則覺得噁心。也有些人是又愛又恨，被那或可稱為「令人厭憎的情色魅力」所吸引。

「哦，我真喜歡這說法。」當我委婉地向諾艾拉修女提出她的乳酪有惡臭時，她如此表示。我發現不少乳酪師都不怎麼喜愛討論乳酪令人作嘔這個問題，至少旁邊有記者時並不愛談。然而諾艾拉修女樂於談論其絕活中較粗鄙的面向，至少願意談到某一個程度。

「乳酪裡處處是生命的陰暗面。」有一天下午，我們爬坡走到實驗室的路上，她這麼對我說。她告訴我，她認識一位人稱納塔納爾神父的法國乳酪師，他在上薩伏瓦的修道院製作一種名為塔米耶的濃味乳酪。她有一回問他，怎麼判斷乳酪是否已成熟。翻過來，聞聞底部就可以了，納塔納爾神父如是表示。「聞起來像牛的氣味。」他生怕這樣講不夠清楚，又補充說，「是牛的臀部！」

我頓時恍然大悟，乳酵商常用來讚美某幾種臭乳酪夠味的形容詞「畜棚場」（barnyardy），原來是糞肥的委婉說法。（咄！）農場動物的糞肥，好比說牛糞，顯然不是毫無吸引力，至少牠們出外吃了牧草以後排出的糞就有點吸引力。不過，容我這麼講，有些乳酪暗示的事物，在社交場合並不是那麼容易得到接納。我們常以人體的各個部位來比擬洗浸乳酪的各種氣味，有位法國詩人講過一句名言，將幾種乳酪的氣味形容成「上帝之腳」，且讓我說得更清楚一點：再怎麼歌功頌德，腳臭味終究還是腳臭味。

諾艾拉修女對我說起另一位做乳酪的美國朋友，名為史提維根，住在法國，對乳酪氣味有著特別坦率的見解。她前不久才在一份乳酪皮微生物手稿的結尾，引述他講的一段話，不過她不敢確定文章經編輯後，這段話會不會留下來。她和史提維根有一回討論到形容葡萄酒的詞彙何以遠比乳酪來得豐富且微妙，她引用的句子就來自那一席話。葡萄酒的語彙有各種生動的隱喻，好比說，將酒比擬為不同的水果和花朵，然而正如史提維根所說，乳酪的風味引出的評語卻含糊不清且籠統，比如：「嗯，還不錯！」「有意思！」「好極了！」

「如果我們坦白說出乳酪令我們想到什麼，就能明白乳酪詞彙何以如此之少。那麼，乳酪令人想到什麼？潮濕陰暗的地窖、黴、各種蕈菇、待洗的髒衣服和高中體育館更衣室、消化過程和體內發酵、不會讓你聯想到香奈兒的公山羊……簡單講，乳酪教人想起大自然或人體組織中令人遲疑，甚至厭惡的地方。可是，我們卻愛吃乳酪。」

乳酪給人的聯想，既像又不像人類烹飪或發酵的許多食物。是火烤、水煮也好，透過微生物發酵也好，人類運用的這幾種轉化可食自然物質的方法，不論在滋味、氣味或外觀上，都比較含蓄，帶有暗示意味。我們喜歡用一層層的隱喻和影射來豐富我們的語言，同樣的，我們顯然也喜愛給我們的飲食打比方，不但從中吸收養分，也擷取意義——算是精神養分吧，如果你願意這麼說。乳酪師從牛奶當中引出的那些生動、散發氣味的比喻，不巧都有點粗鄙，將我們帶往有禮社會不愛去的地方。

可是，問題來了：別的先不說，我們為什麼想要去那裡呢？乳酪師既已做出甘甜清鮮的莫扎雷拉乳酪，為什麼不就此罷手，卻要繼續做出成熟的生乳卡門貝乳酪，而後者卻令人想起，呃，疏於保持衛生的環境？

相較於其他哺乳類動物，我們人類長期以來都少用嗅覺。我們從開始直立步行的那一刻起，眼睛的地位便超過鼻子。至少這是佛洛伊德的理論，指出人類何以抑制那麼多鼻子提供的感官資料，而我們形容味道的詞彙又何以相對地貧乏且籠統。（嗯，還不錯！）我們抑制的氣味當然是來自下半身和地上，步行使得我們超越地面，或至少忽略腳下，人類長久以來可是一心一意要藉此讓自己大大有別於其他動物。不過這麼做得付出代價，依然以四足爬行於地面的哺乳動物之所以折服於那些氣味，是因為其中包含值得深究的資訊，擁有高智慧的兩足動物卻漏掉這些資訊。佛洛伊德雖未如此表示，但可想而知史提維根可能會說：氣味濃烈的乳酪讓我們回到四足爬行的狀態。

這當然是隱喻的說法。不過，說不定不是。關於給予乳酪氣味的細菌，我認識到一件很值得玩味的事，就是至少在部分事例中，這些細菌和製造人類體味的細菌密切相關。是短桿菌嗎？此菌不但存活於洗浸乳酪中，在人類鹹而濕的腋下和腳趾間，亦悠遊自在，如魚得水（我給你「上帝之腳」）。汗水本身並無特殊氣味，你所聞到的汗味，是短桿菌代謝的副產品，它們忙著發酵，呃，你。這種發酵也不止出現在腳趾和腋窩而已。[33] 臭乳酪讓人想到人體部位，其實很可能是明喻，而非隱喻。在食物形式上，「這個也是那個」的成分大過於「這個代表那個」。若干乳酪發生的狀況，不僅令我們想起人體，在一定意義上，就是人體，至少是某部位或裡面正在進行的發酵作用。

正如你或已預料到的，法國人看來比美國人更能坦然接受以上的想法，還有這些乳酪。確實，有些法國人認為美國人吃不慣生乳乳酪（往往比用殺菌奶製造的乳酪臭），進一步證明美國對肉體之事抱持著清教徒思想。法國社會學家柏瓦薩盛讚生乳卡門貝乳酪是「動物組織製造的活物，不斷地讓我們想起身體、感官的快感、性的滿足和所有的事物」，只有「經由營養衛生的後門捲土重來、偷偷摸摸的清教徒思想」，才可能解釋美國政府為何禁絕生乳卡門貝乳酪。李斯德菌和沙門氏菌的威脅，並非真實原因。[34]

我一直沒對諾艾拉修女提及此一理論，沒有機會……好啦，其實是因為我始終想不出該如何啟齒。你怎麼能問修女是否相信政府打壓生乳乳酪，背後的理由與性壓抑有關？

不過，我離開修道院前，的確問過她能否幫我聯繫她的朋友史提維根，或介紹一些他寫

33 可參考本章注5對陰道中發酵作用的說明。
34 根據現行法令，生乳乳酪必須熟成至少六十天，才准予在美國銷售，可沒有人想吃那麼老的卡門貝乳酪——真熟成那麼久，乳酪應已液化，臭不可當。這條規定背後的理論是，較長的熟成期使得乳酪較安全，可是目前看來這種看法並沒有什麼科學基礎。

的文章給我。在她的描述中，這人不但是乳酪師，也是哲學家。他是否出版過著作，闡述他對於乳酪中的性和死亡的想法？他有沒有個人網站呢？

「沒有，說不定這樣也好，我不敢肯定這世界已經準備好接納他。」

開車回家的路上，我把諾艾拉修女成熟的聖奈克戴爾乳酪擺在駕駛座旁。香氣一陣陣襲來，我不禁納悶，法國人說得到底對不對，我們有時嫌濃烈的乳酪太臭，會不會是性壓抑的結果——這禁忌仍在運作。情況似乎是，乳酪的氣味充斥著人或動物的體味，但這些氣味在自然界中未必全部與性有關。當我們想到「身體」，當然會想到性的層面，可是箇中不也牽涉到死亡嗎？我也懷疑，說不定在理論上（完全與佛洛伊德學說相反），有時雪茄就只是一根雪茄，憎惡就只是憎惡，沒別的。

到家以後，我到處挖掘談論憎惡的文獻，過去這幾十年來，這個主題吸引了幾位有趣的思想家，他們來自不同領域，有心理學界（羅辛）、哲學界（柯爾奈）甚至法學界（米勒）。我獲悉憎惡是人類原始的情緒，也是人類主要的情緒，其實是唯人類才有的情緒（雖然你不由得會懷疑，真是這樣嗎？）達爾文在發表於一八七二年的著作《人類和動物的情緒表達》中寫到憎惡，將之描述成我們對嘗起來不快的事物所起的反應（憎惡的英文字為disgust，來自中古世紀的法文desgouster，亦即不對味），而這反應根植於排斥危險食物的生物需求。

羅辛以達爾文的學說為本，主張憎惡的情緒來自於「令人不快的事物可能將進入口腔而引起的強烈反感」，憎惡從而成為雜食性動物的重要工具，用來應付可能吃下有毒物質這無時不在的風險。不過，憎惡情緒早已被人類更高等的能力所吸收，好比說，道德感，因此我們憎惡某幾種在道德上引起不快的行為。羅辛寫道：「避免身體受到危害的機制，成為避免靈魂受到危害的機制。」

憎惡既是人類才有的情緒，也有助於我們與自然界其他成員保持距離，這是文明成形過程的關鍵成分。羅辛指出，不論是什麼事物，只要能提醒我們，人類仍是動物，就會引起憎惡的情緒。這些事物包括生理的分泌作用[35]、性事和死亡。不過，對羅辛而言，最重要的是死亡。

他指出：「人類憎惡的氣味原型正是死亡的氣味。」因此，我們可以將憎惡理解成是在抵禦對死亡的恐懼，怕死湊巧也是人類所獨有的情緒[36]。羅辛表示，根據心理測驗，「對憎惡敏感程度」分數高的人，畏懼死亡的程度也高。

我們排斥腐敗，因為這提醒我們自己最終的命運，我們高尚又錯綜複雜的肉身將潰爛發臭，崩解於無形，回歸泥土，成為蟲蛆的食物。真菌和細菌將執行這分解工作，而方法就是發酵。怪的是，我們憎惡的是分解腐化的過程，並不排斥腐化的結果：腐肉令人作嘔，骸骨卻不會。

那麼，令我們憎惡的過程和產品（原因如羅辛所述），為什麼又會吸引我們呢？這顯然很變態，不過，既然說憎惡讓人類得以有別於其他動物，人們故意讓自己處於會引起憎惡的情況中，不就正可以強調並鞏固人獸之別。說不定我們「樂於體會」憎惡情緒，因為此一反

35 眼淚則是例外，眼淚並不令人憎惡。
36 當然，人類厭惡腐敗物、屍體和排泄物，也涉及演化論中的適應值——這些東西往往含有病菌。

應間接取悅了我們——鼻子一皺，明白顯示出我們比較高等，是萬物之靈。

我愈來愈好奇史提維根對此有什麼看法，有關憎惡的文獻讀到一半時，我就上網搜尋他。當諾艾拉修女告訴我，他並沒有出版任何著作時，我的敏感神經被觸動，覺得箇中或有蹊蹺。史提維根聽來像是那種就算真想保持低調，也無法不開口發表高見的人。我用他的名字搜尋，果然沒有他的著作或網站，不過我找到臉書網頁，頁面上有網址。賓果，我的電腦螢幕上出現「乳酪、性、死亡與瘋狂」幾個大字，下面有張照片，是一個男人，穿著圍裙，正在攪拌一銅盆的牛奶。旁邊還有一張特別可怕的乳酪照片，那乳酪皮破肉綻，黃色的內蕊都流出來了。

這個網站一半法文一半英文，本身就像氣味強烈的發酵物，對性、死亡和乳酪有著實瘋狂的想法。按照史提維根的定義，乳酪是「掌控得未盡完美的自然」。我覺得這在總體上給各種發酵物下了很好的定義（簡直可以給整個人間下定義了）。他接著形容乳酪是「典型的基督受難劇，刻畫其一生（大致上比我們的一生來得短），從出生、少年、青少年、成熟時期一直演到衰老。」乳酪是血肉，自有血肉的榮與辱。我按下首頁的「吸引與排斥」，發現以下這一段激越、爛熟且不合文法的注釋文：

「乳酪也具有引力／斥力的模稜兩可，就是這模稜兩可，將我們的生殖器和肛門部位，標示並描繪成具有通路的特性，從已擦淨並通風的外部，通往有機且未經探索、管控的內部：逐漸在發酵、分解腐化、煉獄般的微宇宙，非人的微生物翻騰的天堂……

「我們在乳酪和性這兩個領域中，被吸往我們舒適地帶的邊緣。這兩種經驗領域都邀請我們越界，打破限制，去試驗，去發掘，拋開我們的矜持，相對化我們對於限制、渴欲、好與壞、美與醜的觀念和原則。這趟發現之旅的方向，是從純潔與簡單走向不純與複雜，從受到悉心照料、有形的美感，走向無形，那是離棄與墮落之美。」

哇……

史提維根單槍匹馬，將酒神狄奧尼索斯拉出安穩地待了三千五百年的酒界，來到乳酪的世界裡（讓人意外的是，他在這兒還滿賓至如歸）。史提維根和諾艾拉修女都有很大的抱負，希望我們正視乳酪對人世的重要意義，不過我絕對可以了解她何以覺得世人尚未準備好接受他的著述。史提維根瘋狂的網站展現出違常卻卓越的才智，附帶著幾張邪惡敗壞的乳酪照片，偶爾還有法文剪報（包括一篇報導，說根據法國調查，男性的體味成熟時聞來比女性的體味更像水洗乳酪，女性的聞來較像白蘇維翁葡萄酒）。不過，我發覺「乳酪、性、死亡與瘋狂」措詞太濕太熱，就退出來沒再往下看，而回頭去看佛洛伊德，後者的文字從來沒顯得如此溫和又合乎情理。

佛洛伊德的確沒有特別對乳酪說過什麼，不過他對憎惡的看法依然發人深省。對佛洛伊德而言，憎惡是「反向作用」，目的是防止我們耽溺於我們的文明想抑制的欲望。我們被引向憎惡，是因為憎惡掩護了正巧最有吸引力的事物。佛洛伊德指出，兒童一點也不憎惡排泄物，相反地，他們著迷於排泄物。不過他們在逐漸社會化的過程中，學會厭惡排泄物。憎惡從而成為某種內化很深的禁忌，其作用在抗拒文明需要壓抑的欲望。

然而，禁忌總是熟到隨時都可以分解，特別是在分解也不會對個人或社會造成嚴重傷害的情況下。帶有糞肥或性行為臭味的乳酪，讓我們既可玩弄禁忌的欲望，又相對安全。就連帶有死亡氣味的乳酪，好比說成熟的瓦許朗牛乳酪，已完全分解腐化為無固定形狀的液體，也能提供變態的快感。既然等在我們人生盡頭的發酵作用，可怕得讓我們連想都不敢想，那麼在乳酪拼盤上先瞧瞧少許腐敗事物，就彷彿讀嚇人的故事，看恐怖電影那樣，讓我們演練一下我們最恐懼的事物，得到一點戰慄的快感。

佛洛伊德說得沒錯，憎惡是經由文化的調停，後天學習而來的反應。根據人類學家詳盡的紀錄，雖然普世人類皆有憎惡這種情緒，但是在某一文化中令人憎惡的事物，另一文化的人卻不見得有同感。乳酪就是完美的例子，直到晚近，大多數美國人都排斥氣味強烈的法國乳酪。當紅鷹乳酪約十年前問世時，美國僅生產為數不多的洗浸乳酪。李維─史陀寫過，美軍一九四四年登陸諾曼第後，將好幾座生產卡門貝乳酪的酪農場夷為平地，因為那些酪農場太臭了，美軍以為是屍臭味。哎。

許多亞洲人覺得不管哪種乳酪都令人討厭，臭乳酪更是噁心，竟然還有人吃，真令人不解。為免你以為亞洲人嗅覺比西方人敏感，請你想一想幾樣臭氣沖天的東方美食。日本人愛吃納豆，那是黏乎乎還牽絲的發酵黃豆，教人強烈地聯想到垃圾。許多東南亞國家用魚露調味，那是將死魚曝曬在赤道陽光下，任其徹底腐爛後流出的液體，臭不可當。華人愛吃的「臭豆腐」，是將豆腐浸在陳年腐敗又烏黑的蔬菜臭水中。臭豆腐實在太臭，沒法帶進屋裡，所以常被當成街頭小吃，不過即便露天食用，那臭味還是可以傳至一條街外。

前不久，我有機會在上海試吃臭豆腐，那臭味肯定是腐臭味，而且至少就嗅覺而言，比我吃過的任何一種乳酪都來得令人退避三舍。不過話說回來，我並不是亞洲人（令人意外的是，只要讓臭豆腐安全地通過你的鼻孔，就還滿好吃的，而且我深信豐富的當地細菌也費了不少勁，安撫了水土不服的腸胃）。亞洲人若嘗過像侯克堡這樣濃烈的乳酪，肯定會發誓說，腐敗的牛奶比腐敗的黃豆更令人憎惡，因為乳酪中的動物脂肪會附著在口腔裡，留下餘味。在他們看來，臭豆腐比較好，因為味道比較「清爽」，不會留太久。可是，對一種你應該要喜歡的味道，這算是什麼賣點呢？

爭論哪一文化有最噁心的美食，不會有什麼結果。但在這件事上，有一點很有意思：許多文化似乎都有一種既濃烈又臭的食物，受到人們的熱烈喜愛，其他文化卻不以為然。在某些地方，具文化特色的美食是以辛辣而非氣味聞名，比如墨西哥或印度的辣椒。不過就算不是大多數，也有許多具代表性的食物，好比納豆、臭豆腐、乳酪、魚露、酸包心菜和韓國泡菜，力量都來自發酵。值得玩味的是，熱愛這些濃烈發酵食物（或辛辣食物）的人，往往會被其他文化的人無法輕易嚥下這些食物而逗樂。食物有一項功能，那就是讓人們滋生團體感——我們是愛吃腐爛鯊魚的人。說不定就是因為別人覺得某種食物無法下嚥或令人作嘔，而讓愛吃這種食物的人能夠界定自我。這有助於畫分文化的界線，和人類藉著憎惡情緒來與禽獸畫清界線，是同樣道理。

顯然文化需要發揮充分的力量，方足以令人克服抗拒心理，接受自己要吃下去的東西帶著腐爛植物或動物臀部的臭味，所謂後天培養的品味，正是此意。倘若說文化能夠喚起憎惡，就也能幫助我們克服憎惡，只要那符合文化自身的目的。文化極為強大，特別是在文化需要界定和防衛自我的時候。

前不久，我在南韓看到幼兒園的小朋友成群結隊參觀首爾的泡菜博物館。首爾有兩間泡菜博物館，全國還有更多。那裡有婦女把香料揉進白菜葉的立體模型，還展示著泡菜甕。大人以溫和的方式將此國民菜餚的文化灌輸給孩子，讓他們學習泡菜的歷史，並實地動手試做。有一位講解員對我說明，「小孩子並不是天生就愛吃泡菜。」換句話說，他們必須學會愛吃，為什麼？為了成為百分之百的韓國人。甜美豔紅的草莓辦不到這件事，如果說食物有助於塑造文化認同，那**鐵定**是某種後天培養的品味，而非普世皆然的口味。這顯然說明了發酵食物何以往往可靠地擔任這個角色。

發酵食物的味道，是我們的口味，或他們的口味

我頭一回造訪雷琴娜勞蒂斯修道院時，諾艾拉修女邀我作早晨彌撒。望彌撒的場所坐落在修道院上方山坡的樹林中，外觀像是新英格蘭常見的古老穀倉，裡面卻是巍峨的木造大教堂，光線充足明亮。我坐在後面的位子，看得見諾艾拉修女、史蒂芬妮與其他修女坐在祭壇後以黑欄柵隔開的座位，有位又瘦又高的年輕神父在祭壇上主持彌撒。穿著黑袍的修女兩兩一組，輪流出現在隔欄上的小窗口，從伊恩神父手中領取聖餐，首先伸舌含住薄餅，然後從神父的杯中啜一口葡萄酒。

這會兒，我已全心全意接受諾艾拉修女那說不定算是旁門左道的看法，同意聖餐除了有葡萄酒和麵包，應該也要有乳酪。乳酪看來跟麵包一樣，大可以象徵肉身，或許還是比麵包更好的象徵：乳酪顯然可以更清楚且深刻地提醒我們肉身終將腐朽。她曾對我說：「乳酪的林林總總，都讓我們想起死亡。熟成乳酪的地窖就像地下墓室，還帶有腐敗的氣味。」不過，你也可以明白早期教會神父為何不願在儀式中用乳酪，或許正因為乳酪太容易令人聯想到血肉之軀，而說到底，儀式並不單只與轉化和死亡有關，也關乎超越。

伊恩神父那天早晨講道時，湊巧就談到發酵。那一天的講道內容是耶穌和法利賽人的一段談話。耶穌對於舊約中的「約」抱持什麼立場？伊恩神父說，祂並不勸人丟棄舊約。「沒有人喝了陳酒，又想喝新的。」耶穌對法利賽人說。傳統如陳酒般珍貴，不該拋棄。然而基督的教義的確引進新的、轉化過的事物，伊恩神父將此過程的結果比擬為發酵作用。「發酵作用在分解麥子、葡萄汁或凝乳的過程中，釋放出能量，所以耶穌是在表示，他對約的詮釋與發現就是，以能夠賦予生命並促成轉化的方式來介入約……」

我不確定伊恩神父有多努力想要把耶穌比喻為真菌，為了創造新約而分解舊約。如果說

舊約已是醇美陳酒，又何必再度發酵？不過將精神信仰描述成某種發酵作用——將自然或日常生活的基質轉化為遠遠更為有力、更有意義和象徵意味的物，在我看來，完全正確。這給了我們一條路，正如伊恩神父在講道結尾所說：「將我們當中古老的事物，土地的果實和人雙手努力的成果，轉化為新事物。」諾艾拉修女坐在神父後方，我勉強能看得見她的側臉，只見她緩緩地點著她那包著頭巾的腦袋。

III 酒

不過，萬一教宗還真的注意到諾艾拉修女的建議，修訂天主教的禮拜儀式，讓好吃的臭乳酪也登場，我衷心希望不會因此犧牲了葡萄酒。因為發酵作用，植物的糖被轉化為足可改變我們意識感受的液體，我們因此有了酒。這過程有如神蹟，足以撐起整個信仰。誠然如此，很久以前，早在基督尚未運用葡萄酒的神效使追隨者相信祂的神性之前，葡萄酒、啤酒或蜂蜜酒便在宗教儀式中擔當要角。[37] 許多偉大的文化都相信酒能讓人進入神聖領域——

37 耶穌對佣人說：把缸倒滿了水。他們就倒滿了，直到缸口。耶穌又說：現在可以舀出來，送給管筵席的。他們就送了去。管筵席的嘗了那水變的酒，並不知道是哪裡來的，只有舀水的佣人知道。管筵席的便叫新郎來，對他說：人都是先擺上好酒，等客喝足了，才擺上次的，你倒把好酒留到如今！這是耶穌所行的頭一件神蹟，是在加利利的迦拿行的，顯出他的榮耀來；他的門徒就信他了。（約翰福音2:7-11）

不論是神還是祖先的領域，箇中原因不難了解。在缺乏科學解釋的情況下，人們不將如此神奇的轉化作用解釋成神賜的禮物，還能怎麼解釋？我們的感知，我們眼前看到的景象都變得不一樣，如果不是另一個世界，一個生動有趣得多的世界，居然來到我們眼前，讓我們瞥上一眼，還會是什麼？

在人類所有的發酵飲食中，酒的年代最古老，迄今也最受人喜愛。有史以來（肯定在史前時代亦然），除了極少數外，幾乎所有文化都飲酒。如果說植物和奶的發酵物區分了文化，那麼，讓果汁、蜂蜜和穀物發酵，卻使不同的文化團結在一起。一種名叫釀酒酵母、閃閃發光的藍褐色單細胞酵母菌，擔負起釀製各種酒的重責大任，每年製造出約二百億公升的葡萄酒、啤酒和蒸餾酒，人類不分男女老幼，平均每人一年分到三公升左右。你能說出還有哪一物種可以給我們這麼多嗎？這還不包括發酵用來當燃料和另一工業用途（通常叫做乙醇）的酒精。釀酒酵母也會出現偶然間自發的發酵，見於墜落或裂開的水果、潮濕的穀物和樹汁，這些發酵成果的主要受惠者則是動物。

原來，有很多動物幾乎跟我們一樣愛好杯中物。著有《酩酊：對麻醉品普遍的本能需要》的洛杉磯加大精神藥理學家席格說，昆蟲喜歡發酵水果和果汁帶來的微醺[38]，鳥和蝙蝠亦然，這有時會危害自己，如因喝醉而從空中跌落死亡。樹鼩會用兩爪捧花，啜飲發酵的花蜜。在馬來西亞的叢林，榴槤一墜落林中土地，會很快腐爛，野豬、鹿、貘、老虎、犀牛等「形形色色的叢林野獸」（和人），迅即蜂擁而來，享用含有酒精的果肉，必要時不惜爭搶打鬥。大象為了要喝醉，會運用可觀的智力，確保自己能取得足量的酒精，要麼大啖發酵水果（於是「開始搖搖晃晃，一副昏昏欲睡的樣子」），要不就乾脆闖進疑似釀酒處所或儲藏有酒的建築物，印度便曾發生這樣的事例。

在實驗室進行的實驗中，有些動物會喝到過量，甚至直到醉死。如果無限制地供應酒，黑猩猩會讓自己一直醉下去。不過，有些物種比較明智，喝酒會適可而止。給老鼠源源不絕的酒，牠們會像人類那樣喝：晚餐前小聚喝點雞尾酒，臨睡前喝一杯，然後每隔三、四天聚會，大喝一場，不醉不歸。不光是老鼠，其他物種也認為獨樂樂不如眾樂樂，這有其道理：動物酒醉以後更易受到掠食，聚眾比較安全。

有位名為杜德利的生物學家提出「醉猴假說」，說明我們可能是在演化過程中培養出對酒的愛好。我們是由靈長類動物演化而來，而水果在靈長類動物的飲食中占了很大的部分。成熟的果實一旦碰傷，皮上的酵母菌就開始發酵果肉中的糖，過程中產生乙醇。這些揮發性的分子很輕，可以飄浮在果實上方，受到此種氣味吸引的動物就占了絕大優勢，得以在果實營養價值最高時找到果實。根據此一假說，喜愛酒精氣味和滋味的動物會得到較多食物，因而比不愛此味的動物繁衍出更多後代。

然而，酒精不巧也是毒物。酵母菌之所以製造酒精，首先是為了防止別的物種奪走食物。由於大多數微生物的酒精耐受度都不如釀酒酵母，釀酒酵母製造大量酒精，其實是很聰明地污染局部的食物來源，就好像小孩因為想獨占盤中餅乾，就先舔了每一塊再說。可是，此毒物正好也含有豐富的能量（畢竟酒精可當汽車燃料），而大自然不會坐視能源長期閒置不用。有能力解毒並代謝酒精的物種終將前來，也果然來了：大多數脊椎動物擁有代謝乙醇

38 有一種名為黑腹果蠅的果蠅會為醫療用途而攝取酒精，酒精可以毒死其腹中危害性命的寄生蟲。酒精使得小蟲的內臟自肛門脫出，從而殺死小蟲。

的器官，可將之燃燒，轉為能量。人類肝臟有十分之一的酵素就是用來代謝乙醇。

酒精是自然而然產生，這表示酒精發酵作用是人類在無意間發現，而不是人類所發明創造，麵包和乳酪的發酵亦如此。蜂窩掉進樹洞中，或將蜜滴進洞裡，樹洞逐漸積聚雨水，被水稀釋的蜜開始發酵，變成了蜂蜜酒。粥狀的禾草種籽糊（大麥或小麥的野生始祖）發酵，變成了啤酒。膽敢試喝這些新飲品的人，想必感到其滋味「新奇又誘人」（套用一位專研酒類的考古學家之言），因此不斷回頭來找，並受到啟發，運用天賦才智來掌握發酵工序。不過，我發現製造酒精雖然並不困難，要製出好喝的酒，卻困難多了。

我年僅十歲時，頭一回嘗試發酵酒。我並不是想要釀酒來喝，我跟大多數兒童一樣，覺得葡萄酒不好喝，但我想到，如果我釀出酒，愛喝酒的父母應該會覺得高興。然而我主要的動機還是想練習鍊金術：我自幼便著迷於各種變形事物，那並不是我第一次想要化腐朽為神奇。其實，我在那之前數年便已試過身手，當時我聽說只要有足夠的熱力和壓力，同時假以時日，一根普通的煤炭最終將變成鑽石。想像一下，這可是製造鑽石的配方耶！

時值六〇年代初，仍有船隻靠燃煤鍋爐提供動力，我在海邊偶爾可拾到黑得發亮的無煙煤。一定有什麼辦法可以讓炭更快變成鑽石，在我看來，我家最強而有力的能源，是高度可伸縮的強光檯燈。那燈看來非常高科技，光線特別強，而且光束集中。所以我就把一塊煤炭放在光束的正底下，讓它一星期七天，一天二十四時接受光線照射。我每天早上都會去查看我這未來鑽石有沒有變得亮一點，顏色變得淺一點。

把葡萄汁變成酒的實驗，多少比較成功。當時是九月天，我家周遭的野生葡萄籐結實纍纍，深紫色的葡萄一串串重得往下墜。我摘了好幾串最熟的葡萄，放進家母用來混合冷凍濃縮柳橙汁的紅色塑膠罐中，罐上還有紅色的螺旋塑膠蓋。我用搗碎馬鈴薯的工具，直接在罐中將葡萄連皮帶籽統統壓碎。我打算做紅酒，我不記得當時有沒有加酵母，我猜沒有。不過，我的確將蓋子扭得很緊，把塑膠罐放在客廳的茶几上，以便我時時查看。

我的眼睛顯然不很利，因為我絲毫不記得看到罐子逐漸膨脹。罐子起初只脹了一點點，罐中的二氧化碳越積越多，開始脹得很誇張。不過我的確記得，有天晚上我和父母很晚才回家，一開燈，就看到客廳的白牆和天花板上到處是深紫色的污痕，潑濺得十分均勻，在半世紀過後，那幅景象仍歷歷在目，刺目驚心。有些污跡只是紫色的印子，有些還帶著活像五彩碎紙似的碎葡萄皮。果蠅滿屋狂舞，客廳出現顯然完全不同的氣味，聞起來像葡萄酒！

「眾人醉飲甘露，因當時世上尚無葡萄酒。」柏拉圖寫道，這裡的甘露指的是蜂蜜酒，亦即發酵的蜂蜜，蜜酒大概是世人最早刻意發酵釀造的酒精飲料（當我們讀到古人愛喝甘露時，大可認定他們指的是發酵的甘露）。酒精發酵仰仗糖，至少在人類進入農業時代前，蜜蜂採集花蜜做成的蜂蜜是自然界最甜美也最易取得的糖分來源。不過，蜂窩中的蜂蜜糖分太飽和，沒有生物可在那蜜中生存，包括酵母菌。不論哪種微生物，一掉進蜜中，體內水分會立刻被靜水壓吸乾，這正中蜜蜂下懷。不過我（在卡茲的書中）讀到，蜂蜜一遇水稀釋，發酵作用立即展開。

我渴望探究釀造蜂蜜酒是否真的那麼簡單，倘若果真如此，我想嘗嘗人間最早的酒精飲料有什麼味道。也不知是福是禍，我恰好有蜂蜜：吾友羅傑斯在鄰鎮養蜂，我只要上他那裡，往往就會帶一罐蜂蜜回家。這會兒我的食材櫥就有一整排蜂蜜，其滋味可口，老少咸宜，集聚各種開花植物的精華，而在東灣這裡，一年四季都有百花爭妍。

我在三．八公升的水罐中稀釋四百五十公克左右的蜂蜜，蜜和水的比例約為一比四。罐口裝上氣塞，那瓶塞連著曲線優美的塑膠管，底下彎曲的部位有儲水小裝置，可以防止氧氣進入，卻可讓二氧化碳逸出。我每天都會檢查罐子，聽聽有沒有發出嘶嘶聲，觀察液體中有無氣泡出現，可是這一罐淡金黃色的蜜水毫無生命跡象，命運想來一如檯燈下的煤炭。

我差一點想加酵母菌進去，好引發一點動靜。羅傑斯和賣我氣塞的「橡木桶商店」發酵師都這麼建議，那是本地的家庭釀酒設備零售商。但是，我和卡茲相處一陣子後，便愛上利用本地酵母進行天然發酵的想法，就傳電子郵給卡茲，請教高明。

他回覆說：「我建議你換個作法，稀釋過的蜜水不要加蓋，暴露於空氣中幾天，不時攪拌，直到出現明顯的氣泡，這時才塞上氣塞。」通風或許可以刺激酵母菌，空氣中或蜂蜜中可能有酵母孢子。

他有此建議，是因為我想誘來的那種酵母，具有與眾不同的特性。釀酒酵母可以視環境採取完全不同的代謝途徑，既可好氧代謝也可厭氧代謝。按演化論的說法，此一雙重代謝是釀酒酵母的新近發展。約莫八千萬年前，在開花植物（與其果實）尚未出現在世上之時，酵母菌的始祖只能靠好氧代謝產生能源。這種方式效率很高，是酵母菌的常態功能。然而在被子植物出現後，釀酒酵母學會新的代謝招式，讓自己在競爭中穩占上風，這新招式就是，能夠在果實或花蜜的無氧環境中生存，一旦進入這樣的環境，就將糖轉化為酒精。新的代謝途徑產生能源的效率雖較低（產生的酒精尚需進一步燃燒），卻有一大優勢，可以擴展酵母的棲所，毒害競爭者，更別說能讓自己博得高等動物的喜愛，尤其是我們。39

由於好氧代謝使得酵母菌能從食物中獲取最大的能量，在蜂蜜水中注氧就成了啟動發酵的好方法。於是，我就再用一批蜂蜜，重新試釀蜜酒：一份蜂蜜兌上四份水，未加蓋，放在廚房料理檯上好幾天。我讀到蜜酒常會加入各種香藥草和香料調味，為了給我的蜜酒一點酸味、少許單寧，同時給酵母一點營養，我加入一片月桂葉、幾粒小豆蔻、一顆八角和幾湯匙紅茶（添加香藥草和香料的蜜酒舊名「香蜜酒」）。為了預防屋內沒有天然酵母，我從院子裡摘了一顆熟過頭、已迸裂的無花果扔進去，我想那上頭應該爬滿了天然酵母。

我只要經過那一盅蜂蜜水，就用木杓大攪特攪一會兒，讓更多空氣進去。大約過了一週以後，我注意到表面浮現微細的氣泡，隨著一天天過去，氣泡逐漸變大，活動力也變強。我好像聞到若隱若現的酒精味，就將這汁液倒進罐中，拴上氣塞。第二天，我看到白胖的二氧化碳氣泡爭先恐後地穿過氣塞的儲水袋。發酵了！

這罐蜜水興奮了一週左右，每幾分鐘就冒個泡，跟著沉默一會兒，很有節奏感。搖一搖罐子，裡頭會快活幾小時，不過隔了一陣子以後，發酵作用告終，是試味道的時候了，於是我拔出氣塞，把汁倒進葡萄酒杯中，金黃色的液體很混濁，像未過濾的淡黃色蘋果西打。

我聞得到酒精和香料馥郁的香氣，舌尖感覺有刺刺的氣泡，味道像香料熱紅酒，甜且濃。這就是古時所謂的香蜜酒了，我認為並不難喝，肯定能吸引人，不過太甜了，喝多了也許會覺得膩。天然酵母顯然尚未將蜂蜜中的糖都發酵完，就已經認輸。

天然酵母似乎往往如此，只將含糖的汁液發酵到最多含有約百分之五的酒精，然後就

39 釀酒酵母遇到再也沒有糖可分解的情況時，能夠啟動一種酵素，讓自己能夠存活於自己所製造的乙醇環境中，這又是漂亮的一招。

「落跑」，橡木桶櫃檯後面的小伙子艾卡拉這麼說。百分之五的酒精，也就是十度，看來是自然發酵飲料相當標準的含量。這可以說明野生動物為何並沒有什麼酒精中毒的問題。再者，對酵母菌來講，蜂蜜是很麻煩的東西，因為其中含有各種防止蜂蜜變質的抗微生物化合物。從蜜蜂的觀點來看，蜂蜜發酵就是壞掉了。艾卡拉建議我下一回試試用香檳酵母釀酒，賣了一包給我。他說：「我叫它必殺技酵母菌，隨便丟進什麼東西裡，都能發酵到無可再發酵、乾透的地步。」

我很好奇，想要試試，不過說實話，我家免費又自動自發的天然酵母，單憑己力就有這樣的成績，對此，我刮目相看。它們終究替我釀了一罐蜜酒，那是上古時代英雄的佳釀。誠然酒精度很低，可是畢竟還是酒精飲料。我還沒喝乾這一杯蜜酒，腦裡便一陣陶醉的茫醺，這種輕飄飄的感覺頗為宜人。這罐蜜酒大概不會令橡木桶商店的小伙子翹起大拇指，不過這可是我在家自釀的第一罐酒（我兒時黏在客廳天花板上的那一瓶不算），我很有成就感。

對我們的老祖宗而言，琢磨出如何製造像我的蜜酒這樣的飲料，是無上寶貴的成就。先不去討論醺醉的好處（誠然是好壞皆有，但總的來看，人因此受益），發酵飲料帶給先人不少利益。飲用蜜酒、啤酒和葡萄酒都比喝水安全，因為這些飲料中的酒精可以殺死水中的病菌（而且事實上包括啤酒在內，有好些飲料都煮沸過）。就像其他許多發酵的作用，發酵的過程本身使得原本的食物或飲料更有營養，較不易腐壞，而且風味變得更有意思。發酵我的蜂蜜水的酵母菌，也貢獻了維他命（B群）、礦物質（硒、鉻、銅）和蛋白質（就是倍數繁殖的酵母菌自己）。人類開始熱中於釀啤酒，約莫就是在農耕時代來臨那當兒，有些人類學家認為，人類從狩獵採集許多不同的食物，改為食用單一的穀物和根莖植物時，釀製啤酒正有助於早期的農民彌補下降的營養品質。舉例來講，啤酒中的維他命B群和礦物質可彌補飲食中無肉的缺失。

酒本身不僅讓古人更快樂，對他們的健康大概也有貢獻。酒富含熱量與營養素，適度飲酒者（百分之五的蜜酒保證適度）比完全不喝和喝過量的人來得長壽，罹患許多疾病的機率也較小。到底是什麼機制造成這些結果，目前尚未找出答案，不過科學界如今有個共識，適量飲用（任何一種）酒，有助於預防心臟病、中風、第二型糖尿病、關節炎、失智症和數種癌症。滴酒不沾的人罹病的風險較飲酒者高，也比較早死。

酒是強效且多用途的藥物，在人類歷史的大部分時光中，都是藥典中最重要的藥物——簡直就是萬靈藥。酒可以減輕壓力、緩和疼痛，而且在歷史上大多數時候，是人類主要的止痛劑和麻醉劑（人類應該是直到公元前三千四百年才開始栽植鴉片）。此外，包括鴉片在內，有不少草藥必須用酒當溶劑，才能釋出有效的化合物，以利人體吸收。其實，給啤酒和葡萄酒添加各種會影響精神狀態的植物（包括鴉片和苦艾），曾經是常見的作法，在啤酒中添加蛇麻草（即啤酒花）正是此一古風的遺緒。[40]

釀酒酵母大大造福了人類，倘若人類看得見釀酒酵母，搞不好會認定它比狗更當得上「人類最好的朋友」這項頭銜。有些演化生物學家主張，釀酒酵母是世上最早被人馴化的物種。他們運用DNA分析，為釀酒酵母建構演化譜，顯示出在一萬多年前，由於受到人類汰

40 當今有些釀酒人認為，十五世紀的德國啤酒法規定啤酒花是唯一容許的添加物，這是早期對抗麻醉品的戰爭中令人遺憾的勝利。相較於曾准予加進啤酒的其他精神活性植物，具有鎮靜效用且與大麻是遠親的啤酒花，算是相當溫和。

擇的壓力，其中少數幾個（可能只有一個）始祖分化成好幾種不同株系。當人類開始製造蜂蜜酒和葡萄酒，釀製啤酒和清酒，並且烘烤麵包時，酵母菌隨之逐漸多樣化，以便淋漓盡致地把握人類提供的豐富新機會或利基，比如碎爛的穀物、稀釋的蜂蜜或壓碎的葡萄。數千年以後，不同株系的釀酒酵母在特性、釀出的酒精含量（和耐受性）與風味上，都有很大的不同。塑造這些酵母的「人擇」過程，很像將野狼逐漸轉變成不同犬種的過程，只不過在釀酒酵母這件事上，人類很早就不自覺地作了選擇。

釀酒酵母為取得需要的基因，有時似乎會和其他品種的酵母雜交，以便徹底利用人類進行的發酵過程。想一想拉格啤酒，這種氣泡豐富的淡味啤酒是在低溫條件下以發酵穀物糊而釀成的飲品。大多數釀酒酵母在攝氏十二度七以下就會休眠，可是當巴伐利亞人冬季期間也開始設法在地窖發酵啤酒時，很快就出現一種可以在那樣的環境中欣欣向榮的新株系（我們如今稱之為巴氏酵母菌）。新的基因分析工具顯示，這種健壯的拉格啤酒酵母帶有其遠親「真貝酵母菌」的基因，後者源自巴塔哥尼亞，存活於某些樹木的樹皮。研究人員提出的假說是，在哥倫布航行至美洲後不久，這種耐低溫的酵母菌到達歐洲，也許是隨著木材運送，或是附著在後來被用來釀啤酒的桶子上。看來，一如番茄、馬鈴薯和辣椒，拉格啤酒也是新世界送給舊世界的禮物，也是「哥倫布大交換」的產物。

釀酒酵母以非常巧妙的手法利用人類對酒的愛好，尤其是竟有辦法從一批原料移到另一批。有些菌株藉著賴在發酵酒的容器或用來攪拌的木質工具上，而得以進入下一批。在非洲有些地區，「釀酒棒」是非常寶貴的財產，據信用以攪拌穀糊，便可啟動發酵的奇蹟——這就像諾艾拉修女的木槳。其他酵母，比如釀造愛爾啤酒的酵母，逐漸培養出可以浮在發酵液體上層的本領，在那裡比較有機會搭便車前往下一場糖的盛宴，因為釀酒人一般會舀取上層的酵母來製作下一批酒。最成功的酵母學會成群結隊，巴著上升的二氧化碳泡沫一起浮到表面——那當然就是它們製造的交通工具。

不過，釀酒酵母逐步演化出的本領中，最了不起的應該是（當然是無意識地）發現，原本用來毒害仇家的分子，也能夠讓它們成為人類的共同演化夥伴，而人類既強大、足智多謀，又行遍天下。人類對酒的欲求令釀酒酵母受益匪淺，我們則為了供應源源不絕的發酵基質給釀酒酵母，重新分配地表遼闊的土地，在成千萬上億畝的地裡種植穀物和水果，從而建造可發酵糖的天堂，好供養此一極其進取的菌族。

一九八〇年代，賓州大學人類學家凱茲提出備受矚目的理論，主張人類並不是為了取得穩定的食物來源，而是因為嗜酒，才從狩獵採集轉為農耕定居的生活型態。換句話說，啤酒比麵包重要。凱茲認為，人類一旦嘗過酒味，就想喝到更多，而單靠採集種籽、水果或蜂蜜卻無法供應足夠的酒。這項假說難以實證，卻似乎很合理。這肯定有助於說明，先民何以放棄狩獵採集這相對輕鬆的生活型態（狩獵採集食物所花的時間和力氣，可比務農少多了），而選擇既辛苦且食物較差的早期農耕。在野外要找到可靠的食物來源，遠比找到可發酵糖要容易得多，在野外要採集到可發酵糖，是罕見且困難的事。只有森林中才有蜂蜜，蜂窩又有蜜蜂看守。要確保終年都能得到充足的可發酵糖，唯有務農一途。根據酵母DNA分析的結果，馴化的株系歷史起碼和馴化品種的穀物一樣悠久，說不定還更古老。

有一項新證據顯示啤酒早於麵包的假說或許無誤。對南美洲古人骨骸所作的碳同位素分析顯示，雖然早在公元前六千年，玉米便已馴化，可是年代緊接其後的人骨並未出現人類飲食中含有玉米蛋白質的證據，這暗示人們當時種植玉米，並不是拿來當固體食物，而是釀成酒喝，而由於玉米釀成的酒並沒有多少蛋白質，人骨中也就沒有多少蛋白質痕跡。美洲原住民喝玉米很可能早於吃玉米。

不過，人類是怎麼著手將玉米或其他穀物釀成酒，並非不言自明的事。學習釀造啤酒讓人不由得讚歎先人如此心靈手巧，竟能領悟釀啤酒之道，其步驟遠比做蜜酒或做葡萄酒複雜，工序也繁複得多。戴維斯加州大學的安海斯布希釀酒科學講座教授班福斯，每回演講一開場，都愛講個小笑話：「各位知不知道耶穌為什麼施展神蹟，把水變成葡萄酒？因為那可比釀啤酒容易多多了。」

玉米粒跟許多禾草種籽一樣，含有大量糖分，但是釀酒酵母無法使用這種型態的糖。這些糖被緊綁在長鏈碳水化合物中，微小的酵母菌無法分解。這符合種籽的需求，種籽想要保護寶貴的糖貨不受微生物攻擊，以便供應發芽時所需。不過有若干種類的酵素可以劈開那些長鏈，將之分解成可發酵的單糖，早期的啤酒師發現，人的口水中就含有這種酵素，唾液澱粉酶。最早的啤酒製法就是先咀嚼玉米粒和其他種籽，讓這些種籽與口水混合成漿狀後，吐在容器中，這漿糊就可以開始發酵了（人們那時可真是嗜酒如命）。直到現在，南美洲依然有土著部落仰仗咀嚼法釀製一種名為「奇佳」（chicha）的玉米加口水啤酒。

肯定有更好的辦法，人們也總算發現了。我們的祖先不再靠咀嚼來釋放穀物中的糖，只要讓種籽短暫發芽，然後加水搗爛，稀糊就會甜得足以發酵。這道工序叫做麥芽化，基本上是要誘使種籽釋出澱粉酵素，以便將碳水化合物分解成糖，供應養分給（本該萌芽生長的）新植物。製作啤酒時，需先將種籽（多半是含有大量可發酵糖和酵素的大麥）浸濕，任其發芽數日，之後再烘乾。熱會殺死正在發芽的大麥，可是在那之前酵素便已釋出，開始分解種籽的碳水化合物。

後來，麥芽師想出辦法，只要調整烘乾時間和爐中的溫度，便可利用褐變反應（梅納和焦糖化反應）來操縱啤酒的風味、香氣和色澤。在橡木桶商店中，沿著中央的長走道擺著玻璃窗木箱，展示十餘種麥芽——烹熟的大麥，顏色從淡金黃至烏黑，散發著各種不同的香氣，有葡萄乾、咖啡、巧克力、新鮮麵包、焦吐司、比司吉、太妃糖、煙燻泥煤和焦糖的香氣。各式各樣的味道和香氣（真的是感官隱喻）匯集一堂，透過加熱，本來既單純又沒有什麼滋味的禾草種籽，被誘引出各種風味。

但是，我不久之後就會發現，釀造啤酒的作法變化多端，選擇麥芽不過是其中一環而已。還有啤酒花，不同的種類可以釀成截然不同的風味（香料味、水果味、藥草植物味、青草味、泥土味、花香、柑橘香或常綠植物的味道）。還有，酵母也有助於決定啤酒究竟有多甜、多苦、果味多重，以及多辣。最後，發酵的溫度與時間也會影響風味，以攝氏七度左右的低溫發酵（四十五天），可製成清爽、泡沫多的拉格啤酒，如在室溫中發酵（十四天），則可釀成柔和香濃的愛爾啤酒。我頭一回踏進橡木桶商店裡，發覺釀造啤酒得作那麼多決定，當場氣餒（不過就是啤酒！），於是什麼也沒買，掉頭就走。

二度上門時，我買了橡木桶商店成套的釀酒裝備，在我兒子艾撒克的協助下，釀造了我的第一批啤酒。我們選釀英式淡愛爾啤酒，套裝替你做好一切困難的決定，需要的東西應有盡有：麥芽（英式風味的麥芽，我們的這種名為「水晶」）、啤酒花（名字分別是麥格儂、純銀和瀑布）、添加風味的穀物（發芽的焦糖小麥），還有給啤酒裝瓶時需要用到的發酵糖。不過，買這種套裝產品，原料的發芽穀物都已是萃取液（將發芽大麥磨碎了浸泡熱水，再將這「麥汁」熬煮成又甜又黑的漿），啤酒花則是乾燥壓製成淡綠色的小丸子。在艾卡拉包裝我們買的東西時，我不禁納悶，用套裝釀酒包算不算作弊？

結果，即便是用套裝產品釀啤酒，都讓我和艾撒克度過愉快的星期天午後。十八歲的艾撒克對啤酒興致勃勃，釀酒時一絲不苟。釀酒是成年人做的事，只是我了解的並不比他多，但這一點或許無妨，況且這還隱約帶著一點從事不法行為的意味。他媽媽就不很確定這件父子合作計畫是否適當，也很懷疑釀出來的酒會有何等滋味。這件活兒需要兩雙手和一個堅強的背部（好抬起近十九公升的鍋子和沉重的大玻璃罐，並將液體從鍋中倒進罐裡），需兩人同心協力才辦得到。要想和青少年輕鬆聊聊天，並肩幹活一直是個好辦法，而關於啤酒所帶給人類的，我在過程中學到的，比我可能想知道的還要多，但大多關乎飲用，而非釀造。

我們按照橡木桶商店的配方作法，用近十九公升容量的鍋將自來水燒開，倒進麥芽萃取液，加進麥格儂啤酒花來給啤酒製造苦味。艾撒克用麵棍將棉布包中的穀物壓碎，然後像吊茶包一樣，將這穀物包加進沸騰的麥汁中。計時三十分鐘後，我們加進純銀啤酒花。一小時後，將鍋子離火，加進第三種叫做瀑布的啤酒花，目的是為增加香氣。我們將這一鍋液體放涼至室溫，然後隔著過濾器倒進近十九公升容量的玻璃罐中，接著把酵母「投」進去。這整個過程從頭到尾，花了兩小時多一點的時間，坦白講，感覺上有點像用預拌粉做蛋糕，烤出來的蛋糕說不定還不錯，但是最後的成品不論有多美味，可以理直氣壯地稱其為「家常自製」嗎？

不過，第二天上午，當我和艾撒克到地下室查看我們的玻璃罐時，兩人都興奮極了。這一大罐蜂蜜色的液體一夜之間活了過來，表面積聚了厚厚一層泡沫，就像啤酒頂上的白泡沫，我們隔過罐壁可以看到褐色的麥汁在翻騰，那一圈圈漩渦好像天氣圖上的颶風。氣塞的小蓄水槽猛冒泡泡，逸出潮濕、帶著酵母味的氣體，滿好聞，像英國酒館的氣味。雖說我早已摸透酵母菌的脾性，知道它們愛吃糖，但我還是不禁覺得，我家的地下室正在上演絕非開玩笑的魔法。

過了幾天，發酵沒有那麼猛烈，偶爾才有氣泡浮現，可以一一數算，看著氣泡成形，然後很快地通過氣塞，散至房間裡。麥芽汁中的漩渦運動也變慢了，玻璃罐底部沉澱了一層灰白色的酵母和叫做「冷卻殘渣」的碎屑。只有致力釀製啤酒好幾世紀的英國人，才有辦法創造出那麼多深具鄉土氣息的釀酒術語，好比「冷卻殘渣」（trub）、「麥芽汁」（wort）、「投」（pitch）入酵母、「造麥芽」（malt）、「糖化槽」（mash tun）和我最愛的「洗槽」（sparge）。按照作法指示，我們兩週後可以裝瓶，因此在一個星期天的早上，我和艾撒克把玻璃罐抬到後門廊，用虹吸管小心地將發酵汁液輸進瓶中，然後裝上金屬瓶蓋。我們先前已給啤酒加了釀酒用葡萄糖，以便激發酒液在瓶中作最後一次大發酵。酵母製造的二氧化碳被禁錮在瓶蓋底下，會變成氣泡散布至酒液中，兩週後就可以飲用了。

我們的英式愛爾啤酒也還算好喝，我的意思是，喝起來有啤酒味，對於現階段所學仍不全面的我來講夠好了。艾撒克就比較挑剔，宣稱「氣泡絕對還可以再活潑一點，啤酒花可以少加一點。」因為是英式風味，我們的愛爾啤酒自然偏苦，有明顯的啤酒花和香氣。我們釀了整整兩箱，不知道喝不喝得完。不過，時間一週週地過去，這啤酒愈來愈好喝，啤酒花味道變圓潤了，溫暖的麥芽香氣變得鮮明。在瓶中「沉潛」一個月後，我對自家的淡色麥芽啤酒夠有信心了，就帶了一瓶冰過的啤酒去找橡木桶商店的艾卡拉，請專家評鑑一下。艾卡拉是認真的年輕釀酒師，金黃色的長髮綁成馬尾巴，粗壯的前臂有哥德異教風格的刺青。他給自己倒了一杯，嗅了嗅，迎著陽光舉起杯子看了看，啜了一口，然後盯著啤酒看，似乎看了好久好久。

「第一次做？」他低吼道，語氣和善。「依我看，還不壞。」他二度將杯子湊向鼻尖，深吸了一口氣，「不過最後有一點點異味，你明白嗎？新鮮OK繃，對，就是這味道。」我喝了一口，不得不承認他說的對，隱約是有一股讓人想起急救護理的化學味。「這來自一種叫做氯酚的化合物，我猜你的發酵溫度有一點偏高，就算只高了幾度，也可能造成這個結果。」

說來也好玩，隱喻如果選得好，就可以整個改變事物的風味，變好變壞都有。從此以後，我只要喝到波倫牌自家啤酒，就一定會想起OK繃。我們釀的這第一批啤酒，取名「嬌生牌」大概還比較適合。不過，我並未洩氣，我改正在八月份釀造第一批啤酒過程中的瑕疵，冬季釀的第二批啤酒果然好多了，一點點會令人聯想到醫院的味道也沒有。不過，用現成套裝這件事還是讓我心裡有疙瘩，後來機會來了，我可以幫忙真正從零開始釀造啤酒，我趕緊把握機會。

我聽說有位數年未見的朋友非常熱中於在家自釀啤酒，他是精神科醫師，兒子是艾撒克的國中同學。我知道這位朋友麥凱是善於修修補補的工具達人，就算稱不上執迷，也夠頑固的（他熱愛演奏電吉他，擴音機和音箱都是利用廢棄零件自己拼湊而成）。我一聽說他改裝了自家後院，挪出部分空間蓋了釀酒房，立刻打電話給他，問他願不願意讓我幫他釀造下一批啤酒。我有把握，麥凱絕不會用套裝便利包。

一個星期天的上午，麥凱自豪地領著我參觀後院的裝置。他一頭華髮，亂蓬蓬的並未梳理，一雙湛藍的眼睛閃閃發光看著自己最新的DIY設備，其人其貌還真能讓人聯想到瘋狂的科學家。麥凱十幾歲的兒子早就對老爸的釀酒計畫失去興趣，這位鍊金術士看來樂於有個熱心的新學徒。他在屋後搭蓋的單坡棚屋底下，豎立很高的鋼架，一層層分別放置著各式各樣可用丙烷爐加熱的煮鍋和桶子，所有的容器都連著透明塑膠管，管上有各種閥和水龍頭。溫度計、濕度計、一罐罐消毒化學物、唧筒、濾器、漏斗、大玻璃罐、酒瓶、氣塞和丙烷罐，讓整間釀酒房架勢更足。我不經意想到，麥凱透過學習釀啤酒，已發現再完美也不過的方法，可以結合其工程天賦與專業興趣，即腦部化學及人類如何從改變腦部化學中得益。

他在無比複雜的釀酒軟體協助下，以傳統的愛爾蘭愛爾啤酒作法為本，擬出了製造啤酒的方子。不知何故，他將此款啤酒取名為「洪保德濃啤酒」。他將麥芽、啤酒花、酵母的種類，還有溫度與時間長短等各項參數，輸入他的筆記型電腦中，軟體便會告訴他，釀好的啤酒麥芽味、甜味和苦味（苦味的單位是IBU，意即國際苦味單位），還有原始與最後「比重」（溶解的固形物）以及酒精含量各是多少。麥凱的這套方法不但運用到電腦軟體，而且一板一眼又講究衛生，和卡茲的作法完全南轅北轍。麥凱千方百計就是不要讓他的大玻璃罐中產生天然發酵。

他前一天在橡木桶商店挑選好他的原料，包括幾種麥芽，主要是名為「馬利斯奧特」的英式麥芽，搭配較少量的「勝利」、「小甜餅」、「紅卡拉」（取其色），還有幾盎司烤過（換言之，未麥芽化）的大麥。至於啤酒花（他自豪地帶我參觀自己沿著後院圍牆栽種的啤酒花），我們用「美國戈爾丁」來提供苦味（但不是很苦，愛爾蘭風味的啤酒苦味比英式淡很多），用「威廉密特」來添香。酵母呢，我們要把酒平分成兩批，分別加進兩種不同的酵母：英格蘭酵母和蘇格蘭酵母。麥凱建議我把其中一罐帶回家，在我的地下室發酵，然後我們可以比較不同的酵母對啤酒會有什麼影響。控制實驗，或該說是接近控制實驗。

從零開始釀啤酒又稱「全穀」釀酒，第一道工序是用熱水（但不是滾水）浸泡麥芽。在我們給壓碎的穀物加進熱水前，我嘗了幾粒大麥，出奇的好吃，甘甜，帶有堅果味，充滿纖維素，像是纖維質高得離譜的早餐穀物。泡水一個小時使得大麥中的酵素能夠將穀粒中的碳水化合物分解成可發酵糖。我們站在糖化槽邊（那是底部附有篩子的煮鍋），看著熱水浸泡穀物，麥凱問起我截至那會兒的釀酒經驗。他既是精神科醫師又是加拿大人，聽到我用套裝現成材料釀酒的事，非常客氣又極之成功地掩飾住不屑之情——他也有過同樣的過去。

雖然浸泡熱水需多花兩小時，但是看來是我能力所及的事。下一步驟亦然，就是給煮好的大麥糊沖熱水。麥凱將糖化槽底部的閥打開，讓泡過穀物的褐色甜汁流進第二口煮鍋，然後從上方將第三口煮鍋中的沸水沖進大麥糊，以便溶濾出穀物中寥寥無幾的殘存糖分，這一道工序又稱洗槽。水通過麥糊後，底下的水龍頭流出黃褐色的溫水，芳香四溢。我又嘗了嘗穀物，完全沒有味道了。

這會兒，我們已做好麥汁，那是將近五十公升的褐色甜汁。麥凱倒了一點麥汁到玻璃試管中，插進看來特大的溫度計，那其實是比重計，可以測出麥汁的濃度，或是比重，也就是汁液溶解了多少糖，如此一來，釀酒者就比較能夠推測最後釀好的啤酒會含有多少酒精。比重計一側的指針顯示，「原始比重」為十．五，恰如軟體所預測（根據軟體，當比重降至十．一四時，發酵就完成了）。麥凱表示滿意。為了讓麥汁盡快變涼，他臨時拼湊冷卻系統，把螺旋形的銅管插進汁液中，然後將銅管和冷水管連接起來。麥汁冷得愈快，被細菌污染的風險就愈低（啤酒花含有抗微生物化合物，添加啤酒花也有助於防止污染）。

在兩道釀酒工序之間的空檔，主要的工作就是晃來晃去，查看鍋中情況，因此有很多時間可以談話（還有喝酒，不過因為那是星期天的上午，我們主要喝咖啡）。我和麥凱聊了很多，從家庭到工作，還有其他發酵計畫。無所不談。他問起這本書，我告訴他我的前提，就是四大元素對應著人類用來將自然物質轉化為美味飲食的主要方法。

「那麼啤酒符合哪一元素？」土，我解釋說，因為發酵仰仗土壤中既破壞又創造的微生物活動。可是那時我想到，其實釀造啤酒的過程囊括了四大元素。大麥首先需用火烘烤過，然後用水煮，啤酒在發酵後碳酸化產生了氣體。啤酒兼具四大元素，我發覺，這正是你會指望啤酒激發的洞見。

四十五分鐘後，麥汁降到目標溫度攝氏二十一度，這時我們將汁液分裝至兩個大玻璃罐中，加進酵母，一罐加英格蘭酵母，另一罐是蘇格蘭酵母。為了讓酵母接觸空氣，我們用力搖晃旋轉玻璃罐，直到麥汁冒泡，然後塞上氣塞。在用熱水浸泡穀物的五小時後，我們收工了。麥凱幫我把玻璃罐搬進我的車裡。

開車回家的路上，我一手把著方向盤，一手扶好玻璃罐頸，一面思索有關釀酒酵母的事，這種看不見的單細胞生物今天一上午可是持續不斷地受到關注。「人類最好的朋友」，到這會兒，我已聽到好幾位釀酒人如此形容這種酵母。然而在花了週末的五個小時，為這物種建立美好的家園（一整罐甘甜的褐色麥汁）以後，在我看來，說我和麥凱還有其他釀酒人是「釀酒酵母最好的朋友」，也不為過吧。

「共同演化」是強烈的詞彙，暗示著雙方皆因彼此的關係而改變。要讓大家看到人類對酒（還有麵包）的愛好是如何促成此菌改變演化方向，並不是難事，我們人類根據酵母不同的能力而選擇酵母，以發酵各種基質，製造不同分量的酒精和二氧化碳。可是，說到我們與釀酒酵母的關係，若要符合共同演化的資格，這改變必須是雙向的。那麼，我們能否證明釀酒酵母也改變了我們？

我想，答案是肯定的。在我們改變釀酒酵母的基因組之際，它們也改變了我們：我們的老祖宗演化出可分解乙醇毒性的代謝功能，好讓人類利用乙醇龐大的能量（可想而知，還有其他的好處）。即便到了今日，並不是每一個人都擁有分解乙醇毒性的基因，有些種族的肝臟無法製造必要的酵素，酒精對他們來說仍是穿腸毒藥。不過，由於人類物種一直很認真在喝酒，帶有代謝酒精基因的人口已上升，幾乎是可以肯定的事。同樣的情況，在有些地方，能夠消化乳糖的成人數量也增多了，比如牛奶十分普及的北歐地區。在這兩樁事例上，身上有基因可以利用新食物來源的人，比沒有此種基因的人，繁衍出更多後代。

然而，酒對我們這物種造成的改變，並不僅限於基因組或肝臟。釀酒酵母對人類文化容或發揮了更深奧的影響力，儘管這種影響更難以標明。究竟基因在哪些地方止步，而文化又從何處邁開（或相反），從來就不易畫出明確的界線，因為有用的文化行為和價值終究會影響生育成功率，從而在我們的基因中留下痕跡。雖然我們尚未掌握全貌，無法為人類的群居性、宗教或詩意想像等重要特性，寫出詳盡的自然史，可是一旦我們有了撰寫的能力，釀酒酵母（以及其他數種為人類製造重要麻醉品的物種）顯然將擔任主角。這小小的酵母菌幫助我們變成現在的樣子。

酒大概是人類所擁有最能促進社交的麻醉品，人必須合作才能製酒，我們常常是和別人共飲。在古代蘇美人描繪的飲啤酒場景中，人們結伴用空心麥稈從同一只葫蘆中吸酒（早期的啤酒頂上有厚厚一層死酵母菌、泡沫和浮屑，通常得用空心麥稈吸取）。人類學家說，在大多數文化中，飲酒是社交儀式，這個儀式很像狩獵大型動物並在火上烤肉，也有助於凝聚社會。

然而，酒醉確實也可能導致侵犯和反社會行為，因此許多文化都嚴格規範飲酒。雖然聽來容或自相矛盾，可是酒使人不得不制定規範這項事實，在另一方面卻也促成了社會化。

這項詭論顯示出，要歸納出酒對我們和人類物種的影響，有多麼不容易：有關酒的各種言論幾乎全數為真，完全相反的說法卻也並不假。同樣的分子能夠使人變得暴力或溫馴，柔情蜜意或冷漠無情，饒舌多話或悶不作聲，心滿意足或灰心喪志，興奮激昂或沉著安靜，口才便給或痴傻糊塗。[41] 說不定是因為酒精對許多神經通路都能起作用，因此效果非常多變，不限一格，因人因團體而異，甚至因文化而異。英國作家艾德華在其所著《酒：最受世人鍾愛的毒品》中說：「酒品如何，因文化而有深刻的差異。」（說得太好了。）

艾德華認為，酒的可塑性這麼高，適足以說明酒雖是娛樂用藥，卻為世人普遍接受：「從玻利維亞到大溪地，含有此一物質的麻醉品居然既符合文化傳統，又為文化所禁止。」將酒和其他精神藥物（迷幻藥或快克古柯鹼等）相比，便可清楚看出，社會較擅於疏導、規範個人對酒精的反應，使得這種藥物比別的藥物更能為社會所用，造成的威脅也較小。

因此，人類群居性的自然史必須考慮到酒精複雜的影響力，我相信宗教的自然史亦然。考古學家麥高文寫道，「不論是研究古代或現代世界，我們都會看到人們與神明或祖先溝通

41 賀拉斯針對一桶陳了四十年（與其同年）的葡萄酒發表談話時，說了以下幾句話，適足說明酒的可塑性有多高：「不論你心有怨懟或滿懷喜悅，不論你遏制了衝突和瘋狂激情，或是令人酣靜入睡，酒啊酒，你真是忠誠。」

時，都用到酒精飲料，好比基督教聖餐的葡萄酒、蘇美人用來祭寧卡席女神的啤酒、維京人的蜂蜜酒和亞馬遜或非洲部落用的藥酒。」在宗教中，酒是上帝存在的證據，是進入神聖領域的方法，是肅穆的儀式（比如基督教聖餐），或狂喜的儀式（比如對酒神的崇拜或猶太教的普珥節慶典）。人們有個顯然相當奇特的想法，相信在我們所能感知的物質世界之外、之上或之內，存有另一個精神世界，這個想法肯定至少有一部分源自於酩酊的經驗。即便到今日，當我們舉起並互碰酒杯敬酒時，豈不是正在召喚超自然的力量？水或牛奶並無法達到同樣的效果，原因就在這裡。

美國哲學家暨心理學家詹姆斯在《各種宗教經驗》一書中，將酒置於宗教經驗的中心地位。「酒對人類有巨大的影響力，肯定是由於酒有辦法激發人性中的神祕能力。」他寫道，這樣的能力「在沒有喝酒的清醒時刻卻往往被冷酷的事實所擊潰，備受無情的批評。清醒削弱事物，區分你我，給出否定的答案；酒醉則放大事物，團結你我，給出肯定的答案。酒其實大大激勵人作出肯定的反應。」

詹姆斯對酒精的看法也許太過於陽光，低估其潛藏的破壞力。古希臘人崇拜酒神狄奧尼索斯，可是也始終把酒精自相矛盾的特性放在心上，知道同樣的藥物可以讓我們有如天使，也可把我們變成禽獸；會賜福給我們，或帶來詛咒。確實，酒神崇拜的核心就存有此一詭論。[42] 葡萄酒「如奇蹟一般來到人間」，古典學者奧托在《酒神》一書中如是寫道，然而酒神的酩酊崇拜儀式變成了一種本身即帶著詭論的瘋狂，因為當中同時具有（他在這裡引述尼采的話）「生產力和破壞力」。

奧托自己的文字最終也中了酒神的魔法：「這位神明結合所有地上的力量：生產、滋養、酩酊癡狂，源源不絕的生命力，撕裂般的痛苦、死一般的灰白面容、醉後無語的夜晚。」（你會想起那一場酒神的狂歡，結局悲慘：狂歡作樂而酩酊大醉的人最後攻擊酒神，把他的手足一支支折斷，吃掉他的血肉。）「他是籠罩著每一次受孕、生殖的狂喜，他的狂野總是蓄勢待發，要出動施行毀滅與死亡。」

要不要再來一杯？

每喝一杯酒神的酒，就又多溶解了太陽神澄明清醒的特性，混淆了毀壞與創造、物質與精神、生與死之間的明確界限——事實上，也讓「區別」這個概念變得模糊了。酒神掌握「土地的力量」，其重力拉著我們鑽回原始的泥地。然而，創造正始於這泥濘中，從死之地孕育出美麗的花朵（形體！），從死之腐朽創造新生。

「就像發酵。」我急忙在我那本《酒神》書頁的空白處寫下這幾個字。古希臘人無從以科學角度理解這個過程（得等到巴斯德後來發現辦事的是微生物），不過在我看來，他們對於發酵照樣有深刻的了解。他們壓碎葡萄，看著一大罈一大罈黑紫葡萄液在他們歸功給酒神的轉化魔力的影響下，開始冒泡、呼吸，活了過來。他們喝了如是創造出來的液體，感受到那同一股力量也施展在他們的身心上，這液體似乎發酵了他們：把心神從物質世界轉移到精神世界，加重日常感受，使得他們以全新的眼光看待再熟悉不過的事物——創造新的隱喻。酒神的發酵魔法既是自然的資產，也是人類靈魂的資產，而且可以打開心靈的枷鎖。

「自然壓倒理智」，尼采如是形容酒神之醉，不過一如古希臘人，對他而言，酩酊並不只是一樁小事或嗜好，而是某種創造力的泉源。這讓我想起第三種自然史：詩的自然史，釀

42 雖然狄奧尼索斯最為人所知的功蹟是將葡萄酒帶給了世人，但是世上有啤酒和蜂蜜，一般也歸功於他。

酒酵母在其間肯定也會占有重要地位。

幾百年以來，詩人便一直設法告訴我們，酒精啟發了隱喻。「只喝水的人，寫不出萬古流芳的詩。」賀拉斯兩千年前寫了這一句話。那麼，我們為什麼不聽從詩人的話就好？或許是由於我們身為笛卡兒的傳人，不免為單細胞酵母製造的分子竟與人類意識和藝術等崇高事物有關而感到不安。物質應該留在這一邊，精神則在那一側。

尼采寫道：「為讓藝術生存，為讓各式各類的美學活動與看法生存，勢必要有某種生理上的先決條件：酩酊。」可能有人主張，尼采提出的是隱喻，酩酊這心智狀態未必得仰靠某種分子。我們就姑且承認有其他非化學的方法可以改變人的意識狀態好了[43]，然而我們為何老是用酩酊這個特定的隱喻來形容呢？大概是因為那是意識狀態改變的模式，或是其中一種方法（作夢則是另一種）。由於改變意識最快也最直接的路徑，就是酩酊大醉，因此在人類大部分的歷史中，最隨處可得的，也就是釀酒酵母製造的這種分子。

愛默生寫過，詩人「並非用才智，而是用暢飲甘露的醉中才智」傾訴。換句話說，在酒神之液瓦解了太陽神所拑制的理性時，新的看法和隱喻油然而生。「就像迷途的旅行者拋開馬頸的韁繩，聽任馬兒憑藉本能找路，我們對載著我們馳騁世界的神聖動物，也必須這麼做。」韁繩有其用處，甚至是必要的（好比詩的格律），但是倘若沒有動物的本能，詩人無法行至遠方。「只要我們能想方設法激發這樣的本能，新的道路就在面前敞開，帶領我們走進自然……詩人之所以熱愛葡萄酒、蜂蜜酒、麻醉劑、咖啡、茶、鴉片、檀香木和菸草的燻煙，或其他任何能帶來無羈之樂的事物，原因即在於此。」對於力圖將日常生活散文轉化為各種比喻的詩人來講，乙醇這種分子堪稱強而有力的工具。

青年愛默生所崇拜的詩人柯立芝，因毒癮纏身而聲名狼藉。在柯立芝看來，他稱之為

「次級想像」的心智活動，是創作某種詩的泉源。柯立芝寫道，次級想像是人的一種能力，可以「溶解、擴散、消弭，以便重新創造」事物。透過扭曲心智，將司空見慣的已知事實，天馬行空地加以轉化，這樣的概念後來形成浪漫主義，遍及各門藝術，從抽象畫到即興爵士樂皆有。沒有酩酊大醉的經驗作參考，真的能夠了解柯立芝的轉化想像嗎？[44]

不論是藉由開花植物或肉眼看不見的微生物，就讓自然壓倒我們，打破陳腐的想法，開啟新的眼光，詩人一直抱持這樣的信念。我們容或無法精確地清點數算，可是詩意的想像需大大歸功於釀酒酵母，這一點還有疑問嗎？

酩酊的話題講了這麼久，讓我起了興致，想嘗嘗我的自釀啤酒，然而我的愛爾蘭愛爾啤酒還在地下室發酵，我測了啤酒的比重（十．一八），知道還需要幾天才能喝（無比的耐心是釀酒成功的關鍵條件）。我手邊現成且已堪飲用的，是我的那罐野蜂蜜酒。前一個星期，我讓野蜂蜜酒重新發酵，希望能減少甜度，增加酒精含量。香檳酵母是釀酒酵母經過多年汰擇得出的株系，活力和酒精耐受度都特別好，而且能製造多得驚人的二氧化碳，這一點對於香檳很重要。艾卡拉提醒我，一定要用有陶瓷瓶蓋的厚重啤酒瓶或香檳酒瓶，如果用一般啤

43 或至少是非物質世界的化學方法，因為誰知道冥想、斷食、冒險或從事各種極端耗費體力的工作，會不會對意識產生影響？

44 欲更加了解浪漫的想像力與酩酊，可參考林森（David Lenson）的《論藥物》（*On Drugs*，明尼蘇達大學出版，一九九五年），和他一九九九年在維吉尼亞大學的講詞「The High Imagination」，以及我在《慾望植物園》中討論植物性藥物與大麻的篇章。

酒瓶，酵母極可能掀飛瓶蓋。

我家的地下室有過一次爆炸了。在愛爾蘭愛爾啤酒發酵的第二天半夜，我被砰的一聲巨響吵醒，但沒多想——這個城市夜裡常有各式各樣模糊的聲音，更別提偶爾還有地震。可是第二天早上我下樓去查看我的啤酒時，罐口被掀開，氣塞不見了，我聽到的那聲巨響，顯然是氣塞撞到天花板。燕麥色的泡沫自瓶頸緩緩流下，玻璃罐正上方的白色天花板有一塊塊褐色麥汁潑濺而成的污漬。我心想，別忘了告訴我爸媽，事情真的沒變多少。

我把必殺技酵母加進低酒精蜂蜜酒已經兩個星期了，由於發酵在封閉環境中進行，因此沒有氣泡從氣塞跑出來，無從觀察，也就無從得知瓶中有何變化。但是我想，不管會發生什麼情況，這會兒都應已發生，於是冰了一瓶蜂蜜酒，打開陶瓷蓋，開瓶時發出「啵」的一聲，這一聲真令人滿意。細微而冰涼的泡沫往上湧至瓶口。我將蜂蜜酒倒進葡萄酒杯，立即看出香檳酵母盡了本分：蜂蜜酒顏色變淡了幾分，而且變得活潑多了。我測量最後的比重，估計酒精含量達到百分之十三。

這蜜酒幾乎已沒有甜味，氣泡豐富，說實話，味道有一點像香檳，不過還是明顯不同的酒類：有濃烈的蜜香，還有無花果與甜香料味，另有一種我以前沒注意到的氣味，肯定是花香味沒錯。這酒不單與眾不同，而且很好喝，勁道也夠。我一杯喝到快見底時，杯底有灰白色粉狀的酵母渣，這時我已感覺到全身都是暖洋洋的酒意，微醺的滋味如溫柔的春風拂過，無比舒暢。想喝就儘管喝，可是那樣的感覺再也無法喚回。

事情真的沒變多少，你還是同樣的人，坐在同一張廚房桌旁，可是感覺起來一切就是有一點不一樣：少了幾分真實感，輕飄飄的。不論這一種心曠神怡的感覺有沒有真正的價值，又值不值得為此花上一段日常時光，但這似乎真的為生活開啟了較脫俗且較宏闊的視野，哪怕有多麼短暫。

我發覺柯立芝的那段話一直迴盪在我的心頭，把想像力當成是某種精神演算法，能夠「溶解、擴散、消弭，以便重新創造」。好吧，柯立芝講到的顯然是用藥後亢奮的狀態。不過沒有那麼明顯，也是眼下帶給我幾分衝擊的，就是柯立芝對想像力的看法，呼應著（你知道我要說什麼了嗎？）發酵的過程。發酵是什麼呢？無非就是與想像力有同樣效果的**生物**能力：透過「溶解、擴散、消弭」前方的一切，來轉化自然界的普通物質，因為這正是創造新事物必經的過程。發酵是自然界的次級想像。

嘿，我說過我喝了酒。可是即便此刻我已清醒，不再醺然，我還是納悶，是否有什麼隱喻值得延展彎曲一番，看看能為我們帶來什麼。試試下面這個隱喻吧：就像酵母分解植物單糖，以創造比原來強力許多（也更複雜、更多影射）的事物，柯立芝的次級想像也一樣，分解普通經驗或意識，以創造較不刻板、更富隱喻的事物——如日常果汁的散文，被提煉成濃酒般的詩。可是，這兩種現象並不只是兩個平行的比喻而已，說實在的，兩者有交集，因為兩者都有酒精的成分：一個是生物發酵作用的最後成品，另一個則是觸發次級想像的催化劑。酵母對糖下工夫，以便製造酒精，酒精則對日常意識下工夫。酒精發酵我們（因此醉漢說，我醉得像醃菜），以便製造……什麼？嗯，林林總總，大部分是愚蠢、錯誤百出又容易忘記的事物，不過那受到酒精啟發的精神發酵，不時會吐出泡泡，當中就包含有用的意念或隱喻。

我想把最後一段的隱喻當成呈堂的第一項證據。

第四章　章末注

I Peter J. Turnbaugh, et al., “An Obesity-Associated Gut Microbiome with Increased Capacity for Energy Harvest,” *Nature* 444 (2006): 1027—31; P. J. Turnbaugh, et al., “A Core Gut Microbiome in Obese and Lean Twins,” *Nature* 457 (2009): 480—84; Peter J. Turnbaugh, et al., “The Human Microbiome Project,” *Nature* 449 (2007): 804—10.

II Bravo, J. A., et al., “Ingestion of Lactobacillus Strain Regulates Emotional Behavior and Central GABA Receptor Expression in a Mouse via the Vagus Nerve,” *Proceedings of the National Academy of Sciences* 108 No. 38 [2011]: 16050—55.

III House, Patrick K., et al., “Predator Cat Odors Activate Sexual Arousal Pathways in Brains of Toxoplasma gondii-Infected Rats,” *PLoS ONE* 6 No. 8 (August 2011): e23277. and Benson, Alicia, et al., “Gut Commensal Bacteria Direct a Protective Immune Response Against the Human Pathogen Toxoplasma Gondii,” *Cell Host & Microbe* 6, No. 2 [2009]: 187—96.)

IV Douwes, J., et al., “Farm Exposure in Utero May Protect Against Asthma,” *European Respiratory Journal*, 32 (2008): 603—11; Ege, M. J., et al., “Prenatal Farm Exposure Is Related to the Expression of Receptors of the Innate Immunity and to Atopic Sensitization in School-Age Children,” *Journal of Allergy and Clinical Immunology* 117 (2006): 817—23. Alfven, T., et al., “Allergic Diseases and Atopic Sensitization in Children Related to Farming and Anthroposophic Lifestyle—the PARSIFAL Study,” Allergy 61 (2006): 414—21. Perkin, Michael R., and David P. Strachan, “Which Aspects of the Farming Lifestyle Explain the Inverse Association with Childhood Allergy?” *Journal of Allergy and Clinical Immunology* 117 (2006): 1374—81. (Floistrup, H., et al., “Allergic Disease and Sensitization in Steiner School Children,” *Journal of Allergy and Clinical Immunology* 117 [2006]: 59—66.)

V Blaser, Martin,. “Antibiotic Overuse: Stop the Killing of Benefi cial Bacteria,” Nature 476 (2011): 393—94.

VI Blaser, Martin J., “Who Are We? Indigenous Microbes and the Ecology of Human Disease,” *EMBO Reports* 7, No. 10 (2006): 956—60.

VII Zivkovic, Angela M., J. Bruce German, et al., “Human Milk Glycobiome and Its Impact on the Infant Gastrointestinal Microbiota,” *Proceedings of the National Academy of Sciences* 107 No. suppl 1 (2011): 4653—58.

VIII Isolauri, E., et al., “Probiotics: A Role in the Treatment of Intestinal Infection and Infl ammation?,” *Gut 50* Suppl 3 (2002): iii54—iii59.

IX Leyer, Gregory J., et al., “Probiotic Effects on Cold and Infl uenza-like Symptom Incidence and Duration in Children,” *Pediatrics* 124 No. 2 (2009): e172—79.

X Vrese Michael de, and Philippe R. Marteau, "Probiotics and Prebiotics: Effects on Diarrhea," *Journal of Nutrition* 137 No. 3 (2007): 803S—11s.

IX Quigley, E. M., "The Effi cacy of Probiotics in IBS," *Journal of Clinical Gastroenterology* 42 No. Suppl 2 (2008): S85—90.

XII Michail, Sonia, "The Role of Probiotics in Allergic Diseases," *Allergy, Asthma, and Clinical Immunology: Official Journal of the Canadian Society of Allergy and Clinical Immunology* 5 No. 1 (2009): 5.

XIII Pagnini, Cristiano, et al., "Probiotics Promote Gut Health Through Stimulation of Epithelial Innate Immunity," *Proceedings of the National Academy of Sciences* 107 No. 1 (2010): 454—59.

XIV Saikali, Joumana, et al., "Fermented Milks, Probiotic Cultures, and Colon Cancer," *Nutrition and Cancer* 49 No. 1 (2004): 14—24.

XV Messaoudi, Michael, et al., "Benefi cial Psychological Effects of a Probiotic Formulation (*Lactobacillus helveticus* R0052 and *Bifi dobacterium longum* R0175) in Healthy Human Volunteers," *Gut Microbes* 2 No. 4 (2011): 256—61.

XVI Falagas, M. E., et al., "Probiotics for the Treatment of Women with Bacterial Vaginosis," *Clinical Microbiology and Infection* 13 No. 7 (2007): 657—64.

XVII Brashears, M. M., et al., "Prevalence of Escherichia Coli O157:H7 and Performance by Beef Feedlot Cattle Given Lactobacillus Direct-Fed Microbials," *Journal of Food Protection* 66 No. 5 (2003): 748—54.

XVIII Coillie, E. Van, et al., "Identifi cation of Lactobacilli Isolated from the Cloaca and Vagina of Laying Hens and Characterization for Potential Use as Probiotics to Control Salmonella Enteritidis," *Journal of Applied Microbiology* 102 No. 4 (2007): 1095—106.

XIX Corridoni, Daniele, et al., "Probiotic Bacteria Regulate Intestinal Epithelial Permeability in Experimental Ileitis by a TNF-Dependent Mechanism," *PloS One* 7 No. 7 (2012): e42067.

XX Smillie, Chris S., et al , "Ecology Drives a Global Network of Gene Exchange Connecting the Human Microbiome," *Nature* 480 (2011): 241—44. Arias, Maria Cecilia, et al., "Eukaryote to Gut Bacteria Transfer of a Glycoside Hydrolase Gene Essential for Starch Breakdown in Plants," *Mobile Genetic Elements* 2 No. 2 (2012): 81—87.

後記　手工味

I

兩個星期後，又一個星期天上午，我帶著大玻璃罐回到麥凱家，預備給我們那近三十八公升的洪保德濃啤酒裝瓶。麥凱居然還上網找到英國維多利亞時代的啤酒標，運用影像後製軟體，把酒標上的酒名逐畫素塗掉，換上我們的自釀啤酒名。

我們一面用虹吸管將新鮮啤酒小心地輸進酒瓶，蓋好，我一面忍不住想，這整個計畫是否明智？兩個大男人手邊有一大堆更急迫的事情待辦，卻在兩個週末花了大把時間，去做只要花幾塊錢就能輕易買到的東西（這年頭，即便在超市也買得到「精釀」啤酒）。我們何苦費這麼大的勁，來製作無論如何也不會超越市售產品水準的東西？

要從完全務實的角度給自己釀啤酒（或自己做麵包、發酵酸包心菜或優格）找到好理由，並不容易。為了省錢嗎？做麵包或可省錢，每天在家燒菜肯定可以，但是自釀啤酒得花錢買設備，需喝很多才能回收投資。那麼，我們幹嘛自己來？我想有一個理由是，只是想看看自己做不做得到。不過，若只是這個理由，你在釀了頭一批尚可的酒以後，不見得會繼續做。如果你繼續做了，你會發現自己能夠送人非常具有個人特色的禮物——自釀啤酒（或自醃的泡菜、自烘的麵包）的確會帶來深深的滿足感，這種禮物既適切又具體地表達出烹飪每一道步驟所蘊含的慷慨大方。

學會某一樣日常事物的製作方法，也給人快樂，製作的過程常常不像你以為的那麼簡單或那麼複雜。我的確可以讀遍釀啤酒的文字資料，或去啤酒廠參觀整套過程。可是唯有自己動手做，讓自己一切的知覺感官，從裡到外都熟悉那一套錯綜複雜的工序和箇中道理，學到的東西才深刻。你得到的會是第一手、實質的知識，正好與抽象的學術知識對立。我認為這也是具體化的知識，你的鼻子或指尖可以告訴你，麵團是需要再翻一次，還是可以進烤箱了。學會用自己的雙手烘焙麵包或釀造啤酒，可以讓自己在有幸品嘗到優質的啤酒或麵包時，更能深刻體會其味——那純然美妙的滋味！你不會視之為理所當然，你也不會容忍人工合成的虛假滋味。

不過我發覺，更美好的是，能夠暫時脫離自己慣常扮演的角色，令人打心眼裡感到滿足。我們平日的角色是某一事物的製造者（不管那是什麼，總之就是我們賣給市場、賴以謀生的事物），在其他事物上，扮演的則是消極的消費者。特別是，如果我們的謀生工具是文字、想法和「服務」等抽象的事物，那麼製作某種實質又有用的產物，某種可直接給自己（以及親友）的身體享用的東西，在這上頭花一點或很多時間，會特別讓人感到愉快。我在想，在這歷史性的一刻，當我們發現自己睡眠以外的時間多半無感或幾近麻木地待在螢幕前的現在，愈來愈多人熱中各種ＤＩＹ自己動手作的嗜好，應該不只是巧合而已。眼下，我們的五感中的四感，加上我們的右半腦，想必覺得閒得發慌，這林林總總的手作計畫給我們極佳的喘息機會，是讓我們不再空想發呆的解毒劑。

加入世上的製造者陣營，始終是為了讓自己覺得多少更自立自主、比較全能。有人說，人人烘麵包，自行釀啤酒，太沒有效率，按一般標準來看，這話大概沒錯。專業分工才是較好的作法，這也使得羅伯森可以靠烘製麵包維生，我能夠以寫書為業。然而，儘管仰仗無名無姓也無緣相見的他人供應我們的日常需求，肯定較便宜也輕鬆，可是這麼做需付出代價，尤其會減損我們的成就感與獨立感。我們看重這些美德，可是這與現代消費資本主義的效率風馬牛不相干，說不定只暗示了，現代消費資本主義存有弊端。

在經濟學家畫分給我們的角色中，「消費者」絕對是最不崇高的一個，暗示著我們只接受，不付出，呈現出我們的依賴。這更是全球經濟的一種手段，讓我們忽視我們所消費的各種事物的來源、產地。這東西是誰製作的？是世上哪個地方來的？裡面有什麼？用了什麼方法製造？在我們和遠方供應我們糧食的人中間，有一條條經濟與生態的連結線，這線愈來愈細長，使得產品本身還有產品跟我們和世界的關聯，變得徹底不透明。你如果以為一瓶啤酒後面不過就只有某地的某家企業、某間工廠，沒有人會因此責怪你，他們根本就鼓勵你懷抱如是想法。那不過就一項「產品」。

釀啤酒、製乳酪、烘焙麵包、煨一大塊豬肩肉，讓我們不得不想起以上種種並不只是產品，甚至不盡然是「東西」。我們在市場上看到的大多數產品，其實是人與人的關係網，也是我們和我們仍依賴的其他物種的關係網。飲食特別能讓我們與自然界有所牽連，而工業經濟憑藉著漫長又難以辨認的供應鏈，卻要我們遺忘這樣的關連。我一開始自己釀造啤酒，就想起瓶中的酒並非來自工廠，而是從自然界而來──來自麥浪迎風搖曳的大麥田，來自攀上棚架的蛇麻草藤，來自大啖糖分、看不見的微生物。想要製造這瓶愛爾啤酒，必須悉心策畫，才能讓動、植物和菌類這三界截然不同的生物通力合作。偶爾自己釀造啤酒，動手處理大麥，嗅聞啤酒花和酵母的香氣，成為一種儀式，一種週末的緬懷儀式。

一旦我們受到提醒，記起這些關係，世界便變得更美妙（妙的是，也更真實）。這些關係不但呈現在漫長的演化過程中，也展露於星期天在鄰居家後院度過的幾個小時裡。我想的是大麥草、釀造者（智人）和那非凡菌類（釀酒酵母）的關係，三者合作創造種種有趣的新分子——當然有那令人酩酊大醉的分子，但是也有發酵作用從禾草種籽中哄出的各種神奇化合物。當愛爾啤酒從舌尖順著喉嚨滑下，我們就必然會想到許多出乎意料的東西：新鮮麵包、巧克力、堅果、餅乾、葡萄乾（偶爾還有OK繃）。一如我們統稱為烹飪的其他轉化作用，發酵作用既是轉變自然的方法，也從大自然中創造出糧食生計以外的寶貴意義。

II

自我完成半正式的廚房教育後約一年以來，好幾種我尚未充分掌握的轉化自然之道，已進入我的日常生活，其他數種則或已不再出現，或偶一為之，僅供特殊場合之用。有哪些留下，又有哪些消失，頗值玩味——就看該種轉化合不合你的性情，又能不能融入日常生活的節奏。動手試做新事物，也可以讓你對自己多一些發現，這也是回到廚房的另一個好理由。

在所有的轉化之道中，燉煨是我最能夠保持一定水平，也最持久的一種。我刀工有所長進（對切洋蔥這事的心態也變得較積極），學會在鍋中慢煮菜市場上的幾乎所有食材，凡此種種都改變了我家的飲食，特別是一年當中較冷的季節。不很久以前看來困難得令人卻步的事務，如今已成為度過星期天半日時光的宜人活動：將一堆洋蔥、胡蘿蔔、西芹切成細丁，一面慢慢燉煮，一面將平價的肉煎黃，加進葡萄酒、高湯或水後，就不去理會這鍋菜，任憑所有材料煨上幾個小時。我們不但在接下來的幾天都有晚餐可吃，也比我們從前在星期二或星期三晚上吃的食物美味又有意思多了（而且不貴）。

我必須說，向燒烤師傅請益後，我烤肉時的確變得更有自信，烤出來的成果也比較出色（我不想誤用「ＢＢＱ燒烤」這神化的術語）。有幾天晚上，我甚至用柴火烤，先將木材慢慢燒成通紅的炭，才開始烤肉或魚。一般說來，我以火燒烤時，比以前細心且不求快，烤出來的成果既嫩又美味，著實值得這一番工夫。不過，週間夜晚較沒有空時，我還是會打開瓦斯烤爐，快烤幾塊腓力。

我在北卡州度過的那段時光留給我的意外財富是，我們每年秋天都會舉行年度烤豬宴。我尚未認識米契爾和幾位瓊斯先生前，絕對不是那種會想到要在自家前院烤一整頭動物的人，更不曉得該怎麼去烤。如今，我想我是這樣的人了。不過，主要是團隊合作，有茱迪絲、艾撒克、莎敏和我的老友（兼業餘燒烤師傅）傑克擔任要角，還有一批志工在慢火燒烤的漫漫長夜不時過來看顧窯火。十一月初，我向尼卡西歐的農夫巴斯特納訂一頭豬，星期五早上要麼連同傑克，要不跟莎敏一同開車去取貨。同一天下午，等我們給豬調好味，生好柴火以後，我和傑克會把豬搬到烤窯上，烤上二十小時左右。

烤窯設備已升級好幾倍，包括置放全豬的結實鑄鐵爐柵，還有包著鋁箔和防水帆布的半球形鋼架（我的連襟亞當斯貢獻的，不過他還是恪守猶太戒律，不吃豬肉），這樣就成了封閉型的烤箱了。這玩意還是挺像窮鄉僻壤飛來的太空船，就這麼降落在我家院子裡，可是保持熱度的功能非常好，我們好幾個小時才需要添一次木炭（或煤炭，為了能多幾小時睡眠，我們不反對在夜裡用一點環保炭）。我們裝了六個烤箱溫度探針，好檢視烤窯內和豬肉裡面的溫度，讓烤箱溫度不要超過攝氏九十三．三度。星期六一整天，我們忙著做配菜（包心菜沙拉、豆子飯、玉米麵包），不時有朋友和鄰居被烤豬的炊煙和香氣吸引，來院子裡晃晃。

當溫度計顯示豬肉內部溫度接近八十七．七度時，豬就烤好了，那通常是星期六傍晚，客人都抵達後不久。大夥圍在烤窯邊上，看著我們掀開烤箱，露出裡面那頭體積已縮小很多、通體油亮又香噴噴的烤豬。好戲上場了，傑克把肉自骨架上取下，在大型木頭砧板上剁肉、調味，我則施展向米契爾學來的招數，用瓦斯烤爐烤豬皮，將這橡皮似的豬皮翻來翻去，烤到那神奇的一刻到來，豬皮突然脆如褐色玻璃片，脆皮大功告成！我們把熱得冒氣的肉和珍貴的脆皮混在一起，讓各人自己包餡做三明治，令人難忘的三明治。

這整個活動費神費事到離譜，我們每一年都發誓這是最後一次，下不為例，可是到目前為止還沒罷手，八成也不會罷手。當初只想做個實驗，如今已成為傳統，而傳統會隨著時光的流轉，逐漸積聚動力。夏天尚未結束，大家便開始問下一次烤豬宴是哪一天，他們都萬分期待。茱迪絲說，烤豬宴最好的部分在第一位賓客光臨前許久便已開始，對她來講，重點在於眾人同心協力辦活動。對我來講，烤豬宴是我和更多朋友重新聯絡感情的機會，也讓我與傑克、烤豬小組其他成員、供應豬的農夫和整個ＢＢＱ燒烤的文化，又有了關聯。

當眾烤一整隻動物，每一次感覺起來都像在舉行儀式，具有儀典的重量。說不定是因為現場那整隻的牲口，如此鮮明地提醒我們，我們每吃一口肉，都呼應著獻祭。也或許是由於眼前有五、六十人分享同一頭豬，津津有味地吃著烤肉。說到烹飪足以凝聚人的感情、創造社群——哪怕只有一個晚上，還有比這更美妙的例證嗎？米契爾那天下午在威爾森對我說，「那道菜餚裡面有種強烈的力量，別問我那是什麼。」

我和艾撒克一直在討論下一回要不要釀造特別的啤酒來搭配烤豬，也許父子倆能及時釀好酒。不過，坦白講，我想釀啤酒充其量只會是我們偶一為之的消遣，是他從大學放假回家時，我們也許會做的事。然而前兩天，當我打開冰箱，拿出來的並不是市售啤酒，而是波倫牌淡色愛爾啤酒時，我領悟到我們的釀酒技術確實進步了（結果，洪保德濃啤酒不怎麼樣。麥凱和我判定，啤酒花加得不夠，無法與濃厚的麥芽味取得平衡）。可是，即使我一年頂多釀一兩次啤酒，對於真正優質的愛爾啤酒是怎麼回事，也已有更好的了解，從而比以前更能體會其味之妙。

我當初根本沒想到烘焙麵包會成為我生活的常態，後來卻顯然如此。我不是每天都做麵包，但一個月會做兩三次，每回成果都令人滿意。我發覺烤麵包這件事很契合我在家寫作的節奏，這讓我每隔四十五分鐘就從椅上起身，回去翻轉（嗅聞和試吃）麵團。每逢有朋友要來家裡吃晚餐，或我想給家人大快朵頤時，我都會在星期六烤上兩條麵包——烘焙總能讓家裡的氣氛變得更好。有好長一陣子，我覺得自己要對酸麵種麵包的酵頭負起責任，因此有點被困住了——那就像養寵物，必須每天照料、餵養。不過，最近我學會如何讓酵頭安全休眠，一次睡上好幾週。我會把酵頭餵得飽飽的，等一兩小時後再多加麵粉，讓酵頭變成乾麵球，接著把容器收到冰箱深處，不再理會。在我又打算烤麵包的前幾天，才將容器拿出冰箱，一天兩次地餵麵粉並攪拌，把酵頭叫醒。每一次我將酵頭拿出冰箱時，酵頭都像灰泥般死氣沉沉、毫無生機，而且酸到我確信培養菌這一回終於沒命了。可是在照顧兩天後，酵頭又開始吐泡泡，聞起來又變得像蘋果，我又可以上場烤麵包了。我學到一堂課，那就是，借用卡茲的話來講，「培養菌文化復興」永不止息，一再重生。同時，我烤的麵包愈來愈美味，我發覺，只要烘焙漲力出色，我那天就特別開心。

III

我學會利用不同的方法來將自然物質轉化為美味的文化創作，每一種方法都以不同的方式呼應世界，有的比其他的更能引起共鳴。燒烤師傅在公共舞台表演用火燒烤動物的技藝，廚師在家將芳香植物的滋味融於一鍋。這兩種烹調方式都已在我的生活中占有一席之地，第一種在特別的日子上場，第二種比較家常。可是我必須承認，在這所有的轉化方法中，最令我鍾情的，是發酵。

也許這是因為發酵和園藝有太多共通之處，釀酒師、麵包師、醃漬師和乳酪師跟園丁一樣，都積極地跟自然對話。端上餐桌的活菌食物都在維護自身的利益，我們如果想成功，就必須了解並尊重這些利益。我們能將我們的利益和它們的利益做多大的結合，就能得到多大的成功。我從卡茲、諾艾拉修女和羅伯森等發酵師身上認識到一件事：人只能部分或暫時地掌握過程。奧克蘭有位釀酒師聽到我恭維他的黑拉格啤酒時對我說：「老兄，不是我做了這啤酒，是酵母製造了啤酒。我的職責不過就是把它們餵飽而已。只要我辦好這件事，它們就會做好其他工作。」

然而，在另一層面上，發酵也是合作事業，帶著我接觸到發酵師的次文化，還有更多我在書中並未提到的名字。我想到每一位釀酒師、製酪師、醃漬師和麵包師，在我決心學習他們的技藝時，他們便像野酵母和乳酸菌似的，突然一個個冒了出來（「每個地方都是什麼都有」）。林林總總的發酵藝術，每一種都仰仗微生物培養菌和人類的文化。我原本以為現代食物鏈的工業化（和巴氏消毒法）早就擊潰這兩者，然而它們仍有生命力，與你我長相左右，只是躲在不起眼的地方，一旦條件成熟了，就會重新露面，恢復生機。

在我看來，做這件完全沒有必要的事有種莫大的快樂，那就是自發的社群紛紛出現並集合。我發覺從事發酵的人都特別大方，不吝於分享知識、作法和培養菌，也許是因為微生物讓他們學到謙虛，或是由於他們了解各種培養菌或文化如果想生存下去，就需由一手交給另一手，薪火相傳。也說不定是他們自覺屬於少數族群，故而有休戚與共的意識，而在這量產與工業化消毒食品的時代，他們肯定是少數族群。

自己做發酵飲食不啻於為感官知覺與微生物挺身而出，對席捲全球的風味與飲食經驗均質化現象，發起規模雖小卻深具說服力的抗議。這也是對經濟體制提出獨立宣言，當前的經濟體制較喜歡我們消極地消費標準化的商品，而不願我們創造可以表達自我和鄉土的特色產品——你的淡色愛爾啤酒、酸麵種麵包或泡菜，嘗起來不會和我的或任何人的一樣。

然而，因親力親為而促成的所有關係中，最重要的一種，想必就是我們這些選擇動手做的人和我們有機會餵飽、滋養的人的關係。如果一切順利，我們還可以給對方帶來喜悅。我已認識到，烹飪的重點在於讓我們跟其他物種、其他時代、其他文化（人類文化與微生物），最重要的，跟其他人產生連結。烹飪是人類展現慷慨的美好方式，對於這一點，我多少有所了解。但我發現，最上乘的烹飪，也是一種親密關係。

在我學習烹飪的過程中，有一位老師格外令我難忘，她是韓國人，名為李賢熙，我當初為了學做傳統的韓國泡菜，而去首爾附近的小鎮向她請益。我和她相處時間很短，不過幾個小時，然而回想起來，她對我的幫助並不比其他師傅少，讓我在廚房中更得心應手。我們開始上課以前，李老師不厭其煩透過通譯說明，請我一定要了解，製做韓國泡菜有一百種不同的方法，她要教的不過是其中一種，是她祖母傳授給她母親，再傳給她的。

李賢熙事先做好大部分的準備，前一晚便用鹽水泡過大白菜，並已將紅辣椒、蒜頭和薑搗碎做成醬。我們接下來只需要仔細地把鮮紅的辣醬抹進整顆白菜的葉裡，一葉一葉地揉搓，務必讓每顆白菜裡裡外外的每一寸都得到香料按摩。然後，你得把白菜葉包回原來形狀，跟著把白菜捲成有點像德式椒鹽扭結餅的形狀，再輕輕將這鮮紅的白菜球放進甕底，等甕滿了，整缸就要埋進後院小棚的地裡。

那個冬季十一月的下午，我們並肩跪坐在草席上，一起幹著活，她提到韓國人傳統上會區分食物的「舌味」和「手工味」。手工味？我開始懷疑是不是譯錯了，然而我們一面按部就班、輕輕地將香料揉搓進菜葉中，李老師一面詳細說明兩者的差別，我對此一說法逐漸有了一點概念。

舌味是分子接觸味蕾時產生的直接化學反應，不論是哪種食物，都理所當然會引發這種反應。舌味是簡單且易取得的味道，食品科學家或製造者如果想讓食物引人垂涎，就得確實製造出舌味。「麥當勞就有舌味。」她解釋說。

然而，手工味牽涉到的並不只有風味，而是遠比舌味複雜得多的飲食經驗，當中包含製作者那如假包換的個人特質，包括在製作過程中用到的心和腦，還有個人手法。她堅稱，手工味無法仿冒，我們之所以如此費事，先一一揉搓菜葉，再將之包回原形，而後放進甕中，為的就是手工味。剎那間，我恍然大悟，手工味就是愛的滋味。

四道食譜

下面有四道基本食譜，各自應用四種烹飪轉化法中的一種：豬肩肉用火慢烤、義式肉醬（又稱波隆那肉醬）在鍋中燉，還有全麥麵包和酸包心菜。食譜作法有的來自教我做菜的廚師，有的則經過我的調整。容我以一句話提醒各位讀者，這也算是鼓勵各位：我在廚房上課的過程中學到一件事，那就是：「從來就沒有一成不變的作法。」這四道食譜看來詳盡，必須照本宣科、依樣畫葫蘆，但其實應該看成是草稿或筆記。每道食譜都通過專業食譜測試，因此頭一回試做時如果忠實按照細節和程序操作，就會有好成績。不過，之後你應該拋開限制，自行調整作法，即興作業，出來的成果就會有各式各樣無窮盡的變化，幾乎不會有什麼風險，而更可能得到美味的報酬。我常做這四樣食物，有時加以變化，但一邊看作法一邊做菜的情況少之又少。因此，這些菜色會繼續改變、演化，而食譜本該如此。到頭來，這會成為你自己的食譜。

火・燒烤豬肩肉

操作時間：四十分鐘
全部時間：四至六小時（從肉調過味以後算起）

豬肉

猶太鹽　三十毫升
白砂糖　三十毫升
整塊豬肩肉　約二・二到二・七公斤，最好連皮帶骨
山胡桃木屑　二把，別種木頭亦可
免洗鋁箔淺烤盤　一只
煙燻盒　一個（譯注：如果沒有煙燻盒，可以用淺窄的鋁烤皿取代，蓋上戳了洞的鋁箔紙。）

醋味烤肉醬

蘋果醋　五百毫升
水　二百五十毫升
紅糖　五十毫升
細海鹽　十三毫升

乾紅辣椒片　二十毫升
現磨黑胡椒　二十毫升

調製豬肉

在小碗中混勻鹽和糖，在打算烤肉的一至三天前，將混好的鹽、糖灑在整塊豬肩肉上，每一處都不遺漏，也許不需要用掉全部約五十毫升的鹽糖。（有個很好的經濟法則是，每四百五十公克的肉用兩小匙的鹽、糖混合物）。運氣好的話，你買的豬肩肉是連皮的，那就用刀在皮上畫菱形格紋，刀紋之間距離約二．五公分，把鹽、糖揉進畫開的格紋中。不要包覆肉塊，直接置於冰箱中冷藏，準備烤肉前取出冰箱，讓肉回溫至室溫。

準備用瓦斯烤爐燻肉，先將木屑泡水三十分鐘左右，置於一旁。在烤爐不會直接接觸火源的部位，把免洗式烤盤或烤皿放在烹烤架下方，直接放在下面的美味烤架或火山石上（看你用的是哪種烤爐）。在烤盤中倒水至半滿，以承接烤肉滴下的油脂，並讓烤爐內部保持濕氣。將烹烤架裝回去，調整火力，讓烤爐溫度保持在大約攝氏九十五度至一百五十度之間。不要打開烤盤下方的火力，只開其他部位的火。撈出濕木屑，置於煙燻盒中。開始烤肉之前數分鐘，將煙燻盒直接放在熱源上（在烹烤過程之初煙燻，效果最好）。把肉放在烤盤上方的烹烤架上，豬皮或肥肉部位朝上。

關上烤爐門，烤豬肉四至六小時，時間長短看肉的小大、烤爐和溫度而定。溫度低一點較好，但烤肉的時間就拉長了。不論你決定用多高的溫度，都需不時檢查一下烤爐溫度，確保既不高於攝氏一百五十度，也不低於九十五度。當肉塊內部溫度達到九十．五度時，就應該熟了。如果肉的溫度一下子竄高，然後一直保持在六十五．五度好一陣子（有時好幾小時），請勿驚慌。這叫做「拋錨」，保持耐心，等到溫度升至九十・五度。用手按一按肉，看肉是否較鬆弛，或能否用叉子輕易拆開肉塊。如果不是很容易，再多烤半小時。

肉這時應呈深褐色，如果肉的表層沒有變深、變脆（亦即沒有「樹皮」或脆皮——假定你用的是連皮豬肩肉），把烤爐溫度調高至二百六十度，烤幾分鐘（注意不要烤焦）。自烤爐中取出豬肉，靜置至少二十至三十分鐘。

做醋味烤肉醬

在中型碗中混合醋、水、糖、鹽、辣椒片和黑胡椒，攪至糖和鹽溶化，置於一旁。

將豬肩肉用叉子拆成粗絲，或用菜刀大致剁碎，加進脆皮屑（如果有脆皮）或「樹皮」混合。多倒進一點醋味烤肉醬，試吃後調整味道，必須夠鹹夠酸（醋味）。把剩餘的烤肉醬倒進罐中，放在餐桌上。配上軟麵包一起吃。包心菜沙拉、豆子飯和烤肉也很搭。

變化作法：只要做幾個小變化，烤豬肩肉就可以帶有亞洲風味。這作法大致由韓裔名廚張錫鎬的食譜修改而成，日式高湯作法則由舒文的食譜改造而成。依照前面列出的作法烤豬肉，但不要加醋味烤肉醬，而改成隨肉附上以下介紹的薑蔥高湯蘸汁。蘸汁須在餐前數小時就做好，這樣味道才會融為一體。

亞洲風味蘸汁

日式高湯

昆布　約十四公克（三片十八公分的長片）
冷水　一・五公升
柴魚片　約二十八公克
乾香菇　一朵，可省略

蘸汁

冷日式高湯　五百毫升，作法如上
蔥花　五十毫升
芫荽　五十毫升，大致切碎
米醋　五十毫升，可改用蘋果醋或梅子醋
醬油　四十五毫升
薑末　三十毫升，由約五公分長的薑塊剁碎
味醂　三十毫升
芝麻油　二毫升
辣椒屑或唐七味　少許

製作高湯

把昆布置於中型鍋中，泡水一至二小時。

把鍋子連同昆布水放在爐上，轉大火。當水開始冒泡但未沸騰前，撈出昆布，棄置不用。把柴魚片加進鍋中攪拌，等水滾了轉小火，煮一分鐘。鍋子離火，靜置十分鐘。

把棉布鋪在濾皿上，下面放一個大碗，倒入高湯過濾柴魚片，多壓幾下，盡量逼出湯汁。保留湯汁，丟棄柴魚片，湯中可加入一朵乾香菇，讓湯變涼。高湯可冷藏保存一週，如果湯汁變混濁，就表示變質了。

製作蘸汁

在中型碗中混合高湯、蔥、芫荽、醋、醬油、薑、味醂、芝麻油和辣椒屑，靜置數小時使入味。

把烤肉撕碎或剁碎，附上米飯和萵苣生菜葉。讓客人自己用生菜葉包烤肉和飯，捲成一卷，蘸汁食用。

水・肉醬和義大利麵

下面是莎敏的傳統義大利肉醬食譜，這道肉醬按不同地區，又叫波隆那肉醬，或就只叫肉醬。其作法乍看之下並不像燉煨菜色，因為沒有大塊肉，可是其原理相同：切丁的洋蔥、胡蘿蔔和芹菜，肉炒黃，在汁液中小火慢燉。這道菜得燉上好幾小時，因此我通常會煮一大鍋，分裝在容器中冷凍。莎敏的食譜豬、牛肉並用，不過想用任何一種肉都行，好比雞肉、鴨肉、兔肉，甚至野味。

操作時間：約三小時
全部時間：五至七小時

香料包

丁香　三顆
肉桂棒　約二・五公分長
黑胡椒粒　五毫升
杜松子　五毫升
多香果　二毫升
肉豆蔻　一毫升，現磨

肉醬

純橄欖油　五百毫升，非特級初榨
豬梅花肉　一．三六公斤，不連骨，請肉販粗絞
牛肉或小牛肉（或兩者兼用）　一．三六公斤，部位不拘，耐燉即可，粗絞
不甜的紅酒　七百五十毫升
洋蔥　四顆，中等大小（約九百公克），剝皮
胡蘿蔔　三條（約三百四十公克），削皮
西芹　三片（約二百六十公克），洗淨
番茄糊　五百毫升
義大利巴馬乾酪的皮，可省略
月桂葉　四片
柳橙皮　約七．五公分長
檸檬皮　約七．五公分長
牛、小牛或雞高湯　七百五十毫升至一公升，家裡自製的最好
鹽　適量
全脂牛奶　七百五十毫升至一公升

上菜

煮好的義大利麵
奶油

巴馬乾酪

做香料包

把丁香、肉桂棒、胡椒粒、杜松子、多香果和肉豆蔻包進棉布包中，用繩子扎緊，置於旁邊備用。

煮肉醬

將大口的鍋子置爐上，開大火，倒進橄欖油，只要能讓鍋底都沾到油便可（一般說來，鍋子越大越好）。分幾次炒肉，一次炒三分之一或一半的分量，以免鍋中沒有空間（太擠的話，肉會冒蒸汽，就無法炒黃）。用木杓翻炒，把肉末炒散，直到鍋裡滋滋作響且肉變焦黃（不可加鹽，鹽會使肉出水，無法把肉炒黃）。用漏杓把肉末撈至大碗中，保留鍋中餘油。需要的話，可在鍋中多加一點油，繼續用同樣方法炒豬肉和牛肉。（如果鍋底的肉渣開始變焦了，炒完一批肉以後可加一點紅酒下鍋，一面煮酒，一面用木杓刮起鍋底的美味肉渣。將這汁倒入碗中炒好的肉末裡，抹乾鍋子，再加一點油，繼續炒肉。）

趁炒肉時，一面準備菜底。用刀子或食物處理機將洋蔥、胡蘿蔔和西芹分別切細丁，細到當肉醬燉好後，你吃不出醬中有這些蔬菜。（如果你用的是食物處理機，多用高速運轉功能幾次，不時停下來，把黏在皿壁的菜末刮回菜丁堆，以確保菜末大小均勻。西芹和洋蔥會出不少的菜汁，在下鍋炒以前先過濾或拍乾。）

炒好最後一批肉後，在鍋中倒進六、七公釐高的油（你大概會覺得這橄欖油的量大得嚇人，有三百七十五毫升左右，不過「菜底」的原文本就有「半煎炸」的意思）。菜末下鍋，轉中火，不時攪拌，以免菜變焦，煎至菜變黃變軟，約需五十分鐘。菜末起先會冒蒸汽，接著會滋滋作響，煎至快變焦時，加一點鹽和一杓水或高湯，把火轉小。

把菜底煎到滿意的程度時（慢慢來，別心急！），倒入一瓶酒，一面煮酒，讓酒微滾，一面用木杓刮鍋底美味的菜渣。等酒汁略為收乾，酒精已揮發時，加進炒好的肉末、香料包、番茄糊、乾酪皮（可省）、月桂葉、檸檬和柳橙皮和約七百五十毫升高湯，灑鹽調味，煮至沸騰，隨即倒進牛奶至剛好蓋過肉末，約七百五十毫升。小火燉肉醬，讓醬保持似滾不滾。三十至四十分鐘後，等牛奶的水分和脂肪分離，肉醬色澤看來誘人時，嚐嚐味道，調整鹹淡、酸甜和濃稠度。如果不夠酸，加酒。味道不太足，加番茄糊，讓味道變重，並增加一點酸甜度。如果想讓醬香一點或覺得肉太乾，加少許牛奶。想讓醬味道濃一點，加高湯。

用盡量小的火力燉肉醬，不時撇掉浮油並攪拌，直到把兩種肉末都燉爛且入味，共需二至四小時。加進剩餘的牛奶、高湯或水，務必讓汁液始終約稍微蓋過肉末表面。（但不要讓肉末整個浸泡在醬汁中）。繼續嚐味道並調整，不過最後至少半小時不要再加任何佐料，這樣才有時間讓肉醬入味。

燉到讓你滿意的程度時，用湯匙或杓子撇去浮油，撈出香料包、乾酪皮、月桂葉、柳橙和檸檬皮。再次嚐鹹淡，決定是否需要加鹽。

上菜

義大利麵煮至彈牙，拌上肉醬和幾匙奶油，麵上撒很多的乾酪屑。這則食譜的分量很大，可是做這道肉醬得費這麼多工夫，一次做足幾天的分量比較划算。

風·全麥鄉村麵包

這個作法是按照羅伯森著作《塔庭麵包》中的鄉村麵包食譜，加以變化而成。只把他作法中的白麵粉換成全麥麵粉，也能烘製出像樣的麵包，不過不會像下面這個修訂過的作法烤出的麵包那麼蓬鬆，味道也沒有那麼香。此作法中用了七成五的全麥麵粉，你可以看自己的喜好，調整全麥麵粉的比例。遵照麵包食譜一般習慣，作法中的材料分量是重量而非容量，你需要有公克單位的電子磅秤來秤重。請注意：至少需提早一週製作麵種。此食譜可做兩條麵包。

操作時間：約七十分鐘
全部時間：五至十天

麵種

石磨全麥麵粉　五十公克，外加需用來餵麵種的分量（至少一百五十公克）
未漂白中筋麵粉　五十公克，外加需用來餵麵種的分量（至少一百五十公克）
溫水　一百公克，外加需用來餵麵種的分量

酵頭

石磨全麥麵粉　一百公克
未漂白中筋麵粉　一百公克
溫水　二百公克
麵種　三十至三十五公克（參見以下食譜）

麵包

石磨全麥麵粉　六百公克
未漂白中筋麵粉（蛋白質含量較高的高筋麵粉亦可）　二百五十公克，外加用來撒在案板上的分量
蕎麥麵粉　一百五十公克
溫水　九百公克，約攝氏二十六．五度
半速發酵母　三．五公克或一小匙（半袋七公克重），混合五十公克溫水，可省略
猶太鹽或細海鹽　二十五公克
用來灑醒麵團容器的米粉，可省略

製作麵種

在小的玻璃或塑膠容器中（用透明容器，以便觀察微生物活動），將全麥和中筋麵粉各五十公克混合均勻，加進溫水，攪成麵糊，不要加蓋，一天至少要用力攪拌三十秒，或想起來就去攪一攪。如果麵糊變乾，加一點溫水讓麵糊恢復原有的質地。空氣中、麵粉裡和你手

上的天然酵母和細菌，終究會開始吞噬麵粉中的糖，開始發酵。

一看到有微生物活動的跡象，換句話說，表面出現疙瘩、麵糊中出現泡泡，或開始散發如啤酒、酵母或成熟水果的氣味（這可能需要一週之久），就開始每天餵養麵種：丟棄八成的麵糊，加進等量的新麵粉和水（全麥和中筋麵粉各約五十公克，溫水約一百公克）。攪拌均勻，等麵糊又變得活躍（亦即冒泡泡），將麵種加蓋，儲存在室溫中。如果你不打算馬上烘焙麵包，可以冷藏或冷凍麵種。這時需先餵麵種，置於室溫兩小時，然後加進足夠的麵粉（一半一半的混合麵粉），讓麵種變成乾的麵球，冷藏或冷凍。準備要烘麵包的幾天前，將麵種置於室溫中退冰，喚醒麵種，用前面一樣分量的水和麵粉，一天餵兩次，每餵一次需丟棄八成麵種，直到麵種又活過來。

製作酵頭

在烘焙麵包的前一晚做酵頭，在玻璃碗中混合全麥、中筋麵粉和水，加進三十公克麵種，混合均勻，用毛巾蓋住碗，在無風的地方靜置過一夜。

製作麵包

烘焙麵包的前一晚，「浸泡」全麥、中筋麵粉和黑麥麵粉：在大碗中混合全麥、中筋和黑麥麵粉，加進八百五十公克水，用刮鏟或手和勻，直到沒有疙瘩或乾粉粒（建議多採取一個步驟：將全麥和黑麥麵粉過篩，去除較大片的麥麩，置於小碗中備用）。用保鮮膜覆蓋大碗，放在無風的地方過一夜。這麼做是為了讓在開始發酵前麵粉便已充分濕潤，如此一來可軟化麥麩（從而增加麵包的體積），並開始將澱粉分解成糖分（使味道和顏色變濃）。

早上，舀一大匙酵頭到溫水裡，如果酵頭浮起來，表示一切準備就緒，要是沉下去，保險至上，最好在酵頭中加一點點酵母——用五十公克溫水混合三・五公克（一小匙半）的速發酵母，過幾分鐘後加進碗中的酵頭。這時酵頭看來會濕得驚人，質地像厚麵糊。別擔心。

把約一半的酵頭加進濕麵團中，另一半留作麵種日後使用（如果要加商用酵母，先放商用酵母再加入酵頭）。充分和勻麵團，靜置至少二十分鐘，最多四十五分鐘。

在這同時，在杯中混合鹽和剩餘的五十公克溫水，加進醒好的麵團中，用手揉勻。

麵團主體發酵

看環境溫度和酵頭的力道而定，此一過程需要四至五小時。每隔四十五分鐘到一小時，翻轉碗中的麵團，沾濕你平日慣用的那隻手，從碗側伸進碗底，從麵團底部往上拉扯麵皮，蓋住表面。把碗轉動四分之一圈，重複上面的動作，直到碗至少轉過了一整圈。如此拉扯摺疊麵團可以讓麵筋更有勁道，將空氣帶進麵團中。不時注意看看麵團是否冒出氣泡，並聞一聞、嘗一嘗麵團。當麵團漲大且凝聚成團，不再黏著碗時，就可以分切並塑形。聞來應有溫和的酵母氣味，稍微有點酸。如果酸味顯著，停止主體發酵，進行下一步驟。

分切麵團

準備好塑形前，在案板上撒麵粉，把麵團倒在上面，用塑膠刮刀切成大小相仿的兩半，分別塑成球形。用沾了麵粉的手加上刮刀，讓麵團在案板上滾動，直到成為帶有表面張力的圓球。蓋上毛巾，讓麵團醒二十分鐘。

塑形

用刮刀將一個形狀多少已變扁的麵團翻面，十指抓住麵球離自己最遠的那一側邊緣，先往外拉扯，然後往回摺，蓋住麵團頂層。依同樣方式，處理離自己最近的一側邊緣，然後處理另外兩側。麵團將大致變為長方形，接著輪流拉扯麵團的四角再摺回頂層。手掌彎成杯形扶著麵團，往外滾動，將麵團滾成矮胖的圓筒形，接縫處在底部。

如果你篩過全麥麵粉，把保留的麩皮攤平在盤子或烤盤上，將麵團輕輕地在上面滾動，讓麩皮沾在麵團上。大碗中撒米粉或剩餘的麩皮，把圓麵團倒放進碗中，頂部貼著碗底（假如你有造型籐籃，可以用那個）。用另外一個大碗，依相同方法處理另一個麵團。

醒麵

這是第二次發酵過程。用布蓋住麵團，置於溫暖處兩至三小時，直到麵團又漲大。（另一方法是，將塑好形的麵團收進冰箱冷藏數小時或一夜，這會阻滯發酵，在同時間增加風味。冷藏後不必再醒麵，可是烘焙前一小時需將麵團取出，讓麵團變回室溫。）

烘焙

將荷蘭鍋（或大型陶瓷烤皿、鑄鐵鍋）連蓋放進烤箱中層，預熱至攝氏二百六十度。

戴上防熱手套，小心取出鍋子，放在爐頭上，鍋蓋留在烤箱中。把碗（或籐籃）拿到鍋上，把麵團倒進鍋中，如果麵團並未四平八穩地落在鍋中，也請放心，麵團會自己整理形狀。這時，拿單刃刀片或薄的金屬片，在麵團上畫幾下，要什麼花樣，隨你高興，不過下手須果斷！自烤箱中取出鍋蓋，嚴絲合縫地蓋在鍋上，將整個鍋子移至烤箱中，把溫度調低為二百三十度，定時二十分鐘。

二十分鐘後，拿掉鍋蓋。麵團這時應已漲大了一倍，呈淺褐色或棕褐色。關上烤箱門，不連蓋烤二十三至二十五分鐘。這時麵包應呈深紅褐色，間或有略黑的部位，尤其是刀片畫過之處。戴著手套把鍋子移出烤箱，藉由鏟子協助，從鍋中取出麵包。用手敲敲色澤應該很深的麵包底部，如果發出低沉的叩叩聲，表示麵包烤得恰到好處。如果麵包底部顏色不深，敲擊聲不低沉，放回烤箱再烤五分鐘。

將麵包放在麵包架上冷卻數小時後，放在紙袋（非塑膠袋）中保存，全麥麵包通常到了第二天最好吃，其後數天都還美味。

土・酸包心菜

操作時間：一小時
全部時間：一至二週以上

這個食譜主要得自卡茲的酸包心菜，比起正式的德國酸菜作法，更像是包心菜的樣板發酵法。香料部分，可以加杜松子、葛縷籽和芫荽籽，成品有較濃的歐洲風味。也可以加薑、蒜和辣椒，味道會較像韓式泡菜。不過，無論如何一定要加香料，如此可防止發霉。

包心菜　一．八公斤，或以包心菜為主，混合蘋果、洋蔥、白蘿蔔、胡蘿蔔等蔬果
細海鹽　三十至四十毫升
香料　杜松子七．五毫升、芫荽籽或葛縷籽十五毫升以製造歐式風味，香料種類和數量，也可以隨你高興
一只有蓋的寬口玻璃或陶瓷容器（容量約二至四公升），或兩、三只一公升容量的容器，或專用泡菜罈

把包心菜切或刨成約〇．五公分的粗絲，倒進大盆中或桶裡。用蔬果刨來刨，效果最好。假如加了其他蔬果就刨成約與包心菜差不多的厚度，加進盆中。要刨像胡蘿蔔這種形狀

不整的蔬果，用盒式刨絲器最方便。刨的愈不工整愈好，因為與鹽接觸的面積就愈多。

把鹽加進菜絲（每磅菜需七至十毫升鹽），用雙手一邊揉搓，一邊擠壓、搥打菜絲（最好一開始每四百五十公克的菜先加五毫升的細海鹽，然後看需要再加另外二・五到五毫升）。在幾分鐘以內，菜絲就會出水，繼續擠壓或搥打，以加速菜絲出水。也可以在菜絲上面放置重物，讓水更快流出。等到蔬菜濕得像吸滿水的海綿，嘗嘗味道，應該有鹹味卻不會太鹹。如果太鹹了，可以添加菜絲用清水稍沖洗一下。如果不夠鹹或不夠濕，再加一點鹽。如果要加香料，這時加進去，攪拌。

將菜絲填進附有蓋子的玻璃罐或瓦罐中，罐子容量至少一・九公升，菜絲務須裝得密實，盡量擠出空氣，菜汁必須整個淹過菜絲（如果沒有大的罐子，可用兩三個較小的容量約一公升的容器）。填好的菜絲離罐頂須有至少約七・五公分的距離。用你的拳頭將菜絲盡量往下壓，菜絲必須完全浸在菜汁中。蓋上蓋子以前，先在菜絲上放一只小陶罐或玻璃罐或在菜絲與罐蓋之間加進其他不會製造化學反應的物品，好讓菜絲浸泡在汁當中，好比說，可用塑膠袋裝石頭或乒乓球，或者在菜絲上放一片包心菜、無花果葉或葡萄葉，菜葉上再放乾淨的石頭或其他不會產生反應的重物，菜汁的量應該足以淹沒菜絲，萬一不夠，可加一點點水（包心菜依生產和儲存條件的不同，細胞水分流失的情況也有所不同）。蔬菜若暴露於空氣中，肯定會腐爛。如表面長黴了，刮掉，丟棄變色的酸菜絲。酸包心菜氣味並不好聞，聞來像體育館更衣室，但不可以有腐敗的氣味。起初幾天儲存於室溫中，最好是攝氏十八至二十三度，然後移至較涼爽的地方，比如地下室。這樣就好了，菜絲會自行發酵，菜葉上早就有必要的微生物。

如果你用的是密封玻璃容器，務必要每隔幾天洩氣一次，特別是前面兩三天氣泡特別活躍時。倘若用的是有螺蓋的寬口瓶，當瓶內空氣集聚時，金屬蓋會凸起，稍微旋開蓋子，讓氣體洩出，再旋緊罐蓋。那種上蓋和罐身用金屬圈和鉤子合體的老派玻璃罐很合用，因為氣體可沿著罐口的橡皮圈溢出，釋放罐內壓力。最簡單的就是用專門用來做酸包心菜的陶瓷罈。這種罈子可以網購，有不同尺寸，因為有水閘，可讓氣泡流出，卻能防止空氣流入。假如在發酵過程中，醃汁滲出容器，菜並未完全浸在液體中，用二百四十毫升的水溶解二・五毫升的海鹽，把這鹽水倒進容器中，直到汁液淹過菜面。

酸菜何時才大功告成？看情況。環境溫度、鹽量和微生物的數量，都會造成影響。先泡一週，試試味道，再過一週再試，如是，每週試一次味道。當菜絲達到你喜歡的酸度和脆度時，就把這罐酸包心菜收進冰箱，中止發酵。

變化作法：如果想做韓式泡菜，不用包心菜，改用大白菜和白蘿蔔，可以將大白菜整墩橫切成不到一・五公分的段，白蘿蔔切成六或七公釐的圓片。把酸包心菜的香料改成以下的組合：

蒜頭　四瓣，壓碎或磨成泥（看個人口味可以加更多）
薑　約十公分長，切片（看個人口味可以加更多）
紅辣椒粉　三十毫升（看個人口味可以加更多）
芫荽籽　三十毫升（或半把新鮮芫荽，大致切碎）
蔥　四根
其他步驟一如酸包心菜。

譯名對照

1–5畫

一粒小麥 Einkorn
卜露艾 Elisabeth Prueitt
土地學會 The Land Institute
《大法官》*The Aereopagite*
《女性的奧祕》*The Feminine Mystique*
小山田 Lori Oyamada
山繆爾・瓊斯 Samuel Jones
厄斯金 Sy Erskine
天窗小館 Skylight Inn
《天然發酵》*Wild Fermentation*
少孢酵母 Saccgaimyces exiguous
尤維納利斯 Juvenal
巴舍拉 Gaston Bachelard
巴斯特納 Mark Pasternak
巴斯德 Louis Pasteur
巴斯德 Louis Pasteur
巴瑟 Harry Balzer
《文明及其不滿》*Civilization and Its Discontents*
《文明的滋味》*The Taste for Civili zation*
《水與夢》*Water and Dreams: An Essay on the Imagination of Matter*
《火的精神分析》*Psychoanalyis of Fire*
包斯威爾 James Boswell
世界盃麵包大賽 Coupe du Monde de la Boulangerie
主要進食 primary eating
加泰土丘 Çhatalhöyük
卡姆小麥 Kamut
卡拉漢 Kenny Callagan
卡明斯基 Peter Kaminsky
卡門貝乳酪 Camembert
卡茲 Sandor Katz
卡斯 Leon R. Kass
古羅馬醫師蓋倫 Galen of Pergamum
史丹克勞斯 K. H. Steinkraus
史考特 Alan Scott
史提爾 Skip Steele
史提維根 James Stillwaggon
史蒂芬妮・卡西迪 Stephanie Cassidy
史戴芬 Lyn Steffen
布里乳酪 Brie
布里亞－薩瓦蘭 Jean Anthelme Brillat-Savarin

6–10畫

《希臘人的祭祀菜》*The Cuisine of Sacrifice Among the Greeks*

《找著火：烹飪如何使我們成為人類》*Catching Fire: How Cooking Made Us Human*

李利 Chris Lilly

杜松子水 smreka

杜德利 Robert Dudley

杜蘭小麥 durum wheat

貝妮黛妲·魏塔利 Benedetta Vitali

貝蒂·傅瑞丹 Betty Friedan

邦加德 Bongard

《味覺的生理學》*The Physiology of Taste*

奇佳 chicha

奈及利亞發酵洋槐豆 Nigerian dawadawa

奈及利亞發酵樹薯 gari

季蒙斯 Joel Kmmons

居西侯爵 Marquis de Cussy

帕米森乳酪 Parmesan

帕妮絲之家 Chez Panisse

彼特·瓊斯 Pete Jones

拉布聶 labneh

拉格啤酒 lager

拉強巴土鍋 La Chamba

林堡乳酪 Limburger

法式菜底 mirepox

社區穀物公司 Community Grains

《芳香》*Aroma*

阿克斯皮 Axpe

阿特納奧斯 Athanaeus

阿徹丹尼爾斯米德蘭公司 Archer Daniels Midland

阿爾昆索尼茲 Bittor Arguinzoniz

阿德里亞 Ferran Adrià

非洲發酵瓜子 African ogiri

非洲發酵豆 African iru

侯克堡乳酪 Roquefort

保羅·羅辛 Paul Rozin

南方飲食聯盟 Southern Foodways Alliance

哈芮克 Karen S. Hamrick

哈潑·馬克斯 Harpo Marx

哈騰 Greg Hatem

威廉·伊恩·米勒 William Ian Miller

柯比 James Kirby

柯立芝 Samuel Taylor Coleridge

柯爾奈 Aurel Kolnai

查科斯基 Mike Zakowski

查普曼 John Chapman

柏瓦薩 Pierre Boisard

專門用語 terminology

11–15畫

梅納 Louis-Camille Maillard
梅爾 Danny Meyer
《烹飪的藝術》*L'Art Culinaire*
《烹調的精髓》*The Essence of Cookery*
球蛋白 globulin
《第二性》*The Second Sex*
粗粉 coarse flour
莎敏・諾斯拉 Samin Nosrat
通用製粉公司 General Mills
頂點麵包 Acme Bread Company
麥卡里森 Robert McCarrison
麥高文 Patrick McGovern
麥穀蛋白 glutenin
麥膠蛋白 gliadin
傅氏屠宰場 George Flowers Slaughterhouse
傅蕾芒 Janet A. Flammang
傑夫・瓊斯 Jeff Jones
傑克・希特 Jack Hitt
凱茲 Solomon Katz
彭斯福 Craig Ponsford
惠特曼 Walt Whitman
植酸酶 phytase
舒文・三島・布雷克特 Sylvan Mishima Brackett
舒樂雞尾酒 shrub
菲律賓發酵泥鰍 Philippine burong dalag
菲律賓發酵蝦飯 Philippine balao balao
菲律賓蒸米糕 Philippine puto
菲爾丁 Henry Fielding
《義式菜底》*Soffritto*
象牙海岸發酵豆醬 Ivory Coast soumbara
費南德茲—阿梅斯托 Felipe Fernández-Armesto
費萊 Northrup Frye
費雷 Bobby Flay
賀斯特絲牌 Hostess Brands
塔米耶乳酪 Tamié
塔庭 Tartine
《塔庭麵包》*Tartine Bread*
塔雷吉歐乳酪 Taleggio
奧托 Walter Otto
《奧德賽》*Odyssey*
愛莉絲・華特斯 Alice Waters
愛爾啤酒 ale
楊科 Nathan Yanko
溫尼米爾乳酪 Winnimere

瑟賽斯基 David Cecelski
《當前人類學》*Current Anthropology*
義式菜底 soffritto
群體感應 quorum sensing
聖奈克戴爾乳酪 Saint-Nectaire
聖馬瑟林乳酪 Saint-Marcellin
腸道與心理症候群飲食 gut and psychology syndrome，GAPS Diet
葛蘭姆 Sylvester Graham
詹姆斯 William James
詹姆斯・畢爾德獎 James Beard Award
賈可布 David Jacobs
賈索 Joan Gussow
《酩酊：對麻醉品普遍的本能需要》*Intoxication: The Universal Drive for Mind-Altering Sub stances*
雷琴娜勞蒂斯修道院 Abbey of Regina Laudis
《飽學之士的饗宴》*Banquet of the Learned*
瑪麗・道格拉斯 Mary Douglas
蒙大拿製粉公司 Montana Flour Mills Company
裴雷 Catherine Perlès
認證食品公司 Certified Food
赫西俄德 Hesiod
酸乳穀物濃湯粉 tarhana
齊斯克 kishk
德里特米厄斯 Demetrius
樂波爾 Patrick Le Port
歐吉威 Ojibwa
歐基夫 Stephen O'Keefe
〈論烤豬〉A Dissertation upon Roast Pig
〈論麵包和麵包製作〉A Treatise on Bread and Bread-Making
鄧肯 Joe Duncan
黎蒂・薩維絲拉 Lydie Zawislak
墨西哥酸玉米燉肉 Mexican pozole

16 畫以上

盧莫 Baron Karl Friedrich von Rumohr
諾艾拉修女 Sister Noëlla Marcellino
嬰兒雙歧桿菌 Bifidobacterium infantis
黛兒・沃柏・里德（里德夫婦）Dale Voldberg Reed
舊金山乳酸菌 Lactobacillus sanfranciscensis
《舊金山酸麵種法國麵包工序的微生物》*Microorganisms of the San Francisco Sour Dough French Bread Process*

《薩加特》*Zagat*
薩瓦鐸姆乳酪 Tomme de Savoie
藍姆 Charles Lamb
藍翰 Richard Wrangham
龐亞德 Edward Bunyard
瓊斯 Steve Jones
羅伯森 Chad Robertson
羅蘭・巴特 Roland Barthes
蘇丹扁麵包 Sudanese kisra
蘇利文 Steve Sullivan
《麵包：一片歷史》*Bread: A Slice of History*
釀酒酵母 Saccharomyces cerevisiae,
鹽醃牛肉 Corned beef
灣村麵包店 Bay Village Bakery

參考資料

以下按篇章列出書中所引用，以及為我佐證、影響我思考的文獻。網頁連結到二〇一二年九月為止都還有效。我個人的文章則可見於michaelpollan.com。

前言　為何烹飪？

我在二〇〇九年《紐約時報雜誌》撰文探討「烹飪詭論」：Pollan, Michael. "Out of the Kitchen, Onto the Couch." *New York Times Magazine,* August 2, 2009.

以烹飪活動定義人類

Flammang, Janet A. The Taste for Civilization: *Food, Politics, and Civil Society*. Urbana, IL: University of Illinois Press, 2009. 政治科學家論述廚務中的性別政治與城市生活意涵，重要之作。

Levi-Strauss, Claude. *The Origin of Table Manners*. New York: Harper & Row, 1978. "*A Treatise on Culinary Anthropology.*" 一章尤其值得參考

——. *The Raw and the Cooked*. New York: Harper & Row, 1975.

Wrangham, Richard, et al. "The Raw and the Stolen: Cooking and the Ecology of Human Origins." *Current Anthropology* (1999): 40, 567–94.

Wrangham, Richard W. *Catching Fire: How Cooking Made Us Human*. New York: Basic, 2009.

勞力與自給自足的分離

Berry, Wendell. "The Pleasures of Eating," in *What Are People For?* Berkeley: Counterpoint, 2010. My discussion of the division of labor and self-reliance owes a large debt to Wendell Berry's entire body of work.

Pollan, Michael. "Why Bother?" *New York Times Magazine,* April 20, 2008.

Zagat, Tim and Nina. "The Burger and Fries Recovery." *Wall Street Journal,* January 25, 2011.

典型元素的連續相關

Bachelard, Gaston. *Air and Dreams.* Dallas: Dallas Institute, 2011.

——. *Earth and Reveries of Will.* Dallas: Dallas Institute, 2002.

——. *The Psychoanalysis of Fire.* Boston: Beacon, 1964.

——. *Water and Dreams.* Dallas: Pegasus Foundation, 1983.

Macauley, David. *Elemental Philosophy: Earth, Air, Fire and Water as Environmental Ideas.* New York: SUNY Press, 2010.

第一章 火

美國BBQ燒烤的文獻多如牛毛。南方飲食聯盟網站(http://southernfoodways.org/)提供豐富的良好資料，包括記錄烤窯師傅工作情形的短片及北卡州烤窯師傅米契爾與瓊斯家族的口述歷史(http://www.southernbbqtrail.com/north-carolina/index.shtml)。

以下書籍及報導也特別能點明此一主題：

Egerton, John. *Southern Food: At Home, on the Road, in History.* New York: Knopf, 1987.

Elie, Lolis Eric. *Smokestack Lightning: Adventures in the Heart of Barbecue Country.* New York: Farrar, Straus, & Giroux, 1996.

——, ed. *Cornbread Nation 2: The United States of Barbecue.* Chapel Hill, NC: University of North Carolina Press, 2009.

Engelhardt, Elizabeth Sanders Delwiche. *Republic of Barbecue: Stories Beyond the Brisket.* Austin, TX: University of Texas, 2009.

Kaminsky, Peter. *Pig Perfect: Encounters with Remarkable Swine and Some Great Ways to Cook Them.* New York: Hyperion, 2005.

McSpadden, Wyatt. *Texas Barbecue.* A book of photographs, with a foreword by Jim Harrison and an essay by John Morthland. Austin, TX: University of Texas, 2009.

Reed, John Shelton, and Dale Volberg Reed with William McKinney. *Holy Smoke: The Big Book of North Carolina Barbecue.* Chapel Hill, NC: University of North Carolina, 2008.

Southern Cultures, *The Edible South,* Vol. 15, No. 4, Winter 2009. Special issue on Southern food.

早期烹飪史與烹飪的革命性意涵

Carmody, Rachel N., et al. "Energetic Consequences of Thermal and Nonthermal Food Processing." *Proceedings of the National Academy of Sciences of the United States of America* 108,48 (2011): 19199–203.

Carmody, Rachel N., and Richard W. Wrangham. "Cooking and the Human Commitment

to a High-Quality Diet." *Cold Spring Harbor Symposia on Quantitative Biology*, 74 (2009): 427–34. Epub October 20, 2009.

——. "The Energetic Signifi cance of Cooking." *Journal of Human Evolution* 57 (2009): 379–91.

Fernandez-Armesto, Felipe. *Near a Thousand Tables: A History of Food.* New York: Free Press, 2002.

Berna, Francesco, et al. "Microstratigraphic Evidence of in Situ Fire in the Acheulean Strata of Wonderwerk Cave, Nothern Cape Province, South Africa." *Proceedings of the National Academy of Sciences of the United States of America* 109, 20 (2012): E1215–20.

Jones, Martin. *Feast: Why Humans Share Food.* Oxford: Oxford University Press, 2007.

Symons, Michael. *A History of Cooks and Cooking.* Urbana, IL: University of Illinois, 2000.

Wrangham, Richard, et al. "The Raw and the Stolen: Cooking and the Ecology of Human Origins." *Current Anthropology* 40 (2009): 567–94.

Wrangham, Richard W. *Catching Fire: How Cooking Made Us Human.* New York: Basic Books, 2009.

以火烹飪的實務書籍

任何對食物科學有興趣的人，案頭都應該有哈洛德・馬基的書：《食物與廚藝》(大家出版)、《廚藝之鑰》(大家出版)。

——. *The Curious Cook: More Kitchen Science and Lore.* San Francisco: North Point Press, 1990. Seeespecially chapter 17: "From Raw to Cooked: The Transformation of Flavor," a brilliant speculation on why humans like the taste of cooked food.

Mallmann, Francis, and Peter Kaminsky. *Seven Fires: Grilling the Argentine Way.* New York: Artisan, 2009.

Raichlen, Steven. *The Barbecue! Bible.* New York: Workman, 1998.

——. *Planet Barbecue!* New York: Workman, 2010.

Rubel, William. *The Magic of Fire: Hearth Cooking—One Hundred Recipes for the Fireplace or Campfire.* Berkeley: Ten Speed Press, 2002.

火、以火烹飪和歷史與神話學中的獻祭

Alter, Robert. *The Five Books of Moses.* New York: W. W. Norton, 2004. See Alter's notes to Leviticusfor discussion of sacrifi ce in the Old Testament and the kosher laws.

Bachelard, Gaston. T*he Psychoanalysis of Fire.* Boston: Beacon, 1964.

Barthes, Roland. *Mythologies.* Annette Lavers, tr. New York: Hill and Wang, 1972. See the essay "Steak and Chips."

Brillat-Savarin, Jean Anthelme. *The Physiology of Taste.* New York: Everyman's Library, 2009.

Detienne, Marcel, and Jean-Pierre Vernant. *The Cuisine of Sacrifi ce Among the Greeks.* Chicago:University of Chicago, 1989.

Douglas, Mary. "Deciphering a Meal," accessed online: http://etnologija.etnoinfolab.org/dokumenti/82/2/2009/douglas_1520.pdf.

Freedman, Paul, ed. *Food: The History of Taste.* Berkeley: University of California, 2007. See especially the chapter on ancient Greece and Rome by Veronika Grimm.

Freud, Sigmund. *Civilization and Its Discontents.* New York: W. W. Norton, 1962. See his "conjecture" on the control of fi re in the note on pp. 42–43.

Goudsblom, Johan. *Fire and Civilization.* London: Allen Lane, 1992.

Harris, Marvin. *The Sacred Cow and the Abominable Pig: Riddles of Food and Culture.* New York: Touchstone, 1985.

Kass, Leon. *The Hungry Soul: Eating and the Perfecting of Our Nature.* New York: Free Press, 1994. Seeespecially his accounts of sacrifi ce, cannibalism, and the kosher laws.

Lamb, Charles. *A Dissertation Upon Roast Pig & Other Essays.* London: Penguin Books, 2011. Also available on-line at: http://www.angelfi re.com/nv/mf/elia1/pig.htm.

Levi-Strauss, Claude. *The Origins of Table Manners.* New York: Harper & Row, 1978. See especially the chapter "A Short Treatise on Culinary Anthropology."

Lieber, David L. *Etz Hayim: Torah and Commentary.* New York: The Rabbinical Assembly/ United Synagogue of Conservative Judaism, 2001. See the essay on sacrifi ce in the Old Testament, by Gordon Tucker.

Montanari, Massimo. *Food Is Culture.* New York: Columbia University Press, 2006.

Plato. *The Phaedrus, Lysis and Protagoras of Plato: A New and Literal Translation* by J. Wright. London: Macmillan, 1900.

Pyne, Stephen J. *Fire: A Brief History.* Seattle: University of Washington, 2001.

Raggio, Olga. "The Myth of Prometheus: Its Survival and Metamorphoses up to the Eighteenth Century." *Journal of the Warburg and Courtauld Institutes,* Vol. 21, No. 1/2 (January June, 1958).

Segal, Charles. "The Raw and the Cooked in Greek Literature: Structure, Values, Metaphor." *Classical Journal* (April–May, 1974): 289–308.

第二章　水

以鍋煮食的歷史與重要意義

Allport, Susan. *The Primal Feast: Food, Sex, Foraging, and Love.* New York: Harmony, 2000.

Atalay, Sonya. "Domesticating Clay: The Role of Clay Balls, Mini Balls and Geometric Objects in Daily Life at Catalhoyuk" in Ian Holder, ed., *Changing Materialities at Catalhoyuk*. Cambridge: McDonald Institute for Archaeological Research, 2005.

——, and Christine A. Hastorf. "Food, Meals, and Daily Activities: Food Habitus at Neolithic Catalhoyuk." *American Antiquity*, Vol. 71, No. 2 (April 2006): 283–319. Published by the Society for American Archaeology.

Fernandez-Armesto, Felipe. *Near a Thousand Tables: A History of Food*. New York: Free Press, 2002.

Haaland, Randi. "Porridge and Pot, Bread and Oven: Food Ways and Symbolism in Africa and the Near East from the Neolithic to the Present." *Cambridge Archaeological Journal* 17, 2: 165–82.

Jones, Martin. *Feast: Why Humans Share Food*. Oxford: Oxford University Press, 2007.

Kaufmann, Jean-Claude. *The Meaning of Cooking*. Cambridge: Polity, 2010.

Levi-Strauss, Claude. *The Origin of Table Manners*. New York: Harper & Row, 1978. The discussion of boiling versus roasting is in the chapter "A Short Treatise on Culinary Anthropology."

Rumohr, C. Fr. v., and Barbara Yeomans. *The Essence of Cookery (Geist Der Kochkunst)*. London: Prospect, 1993.

Sutton, David, and Michael Hernandez. "Voices in the Kitchen: Cooking Tools as Inalienable Possessions." *Oral History*, Vol. 35, No. 2 (Autumn 207): 67–76.

Symons, Michael. *A History of Cooks and Cooking*. Urbana, IL: University of Illinois, 2000.

Tannahill, Reay. *Food in History*. New York: Stein and Day, 1973.

Welfeld, Irving. "You Shall Not Boil a Kid in Its Mother's Milk: Beyond Exodus 23:19." *Jewish Bible Quarterly*, Vol. 32, No. 2, 2004.

烹飪、性別與沒時間做菜

Clark, Anna. "The Foodie Indictment of Feminism" on *Salon,* May 26, 2010. http://www.salon .com/2010/05/26/foodies_and_feminism/.

Cognard-Black, Jennifer. "The Feminist Food Revolution." *Ms. Magazine,* Summer 2010, Vol. xx, No. 3.

De Beauvoir, Simone. *The Second Sex.* New York: Vintage, 2011.

Flammang, Janet A. *The Taste for Civilization: Food, Politics, and Civil Society.* Urbana, IL: University of Illinois, 2009.

Friedan, Betty. *The Feminine Mystique.* New York: W. W. Norton, 1963.

Gussow, Joan Dye. "Why Cook?" *Journal of Gastronomy* 7 (1), Winter/Spring, 1993, 79–88.

——. "Women, Food and Power Revisited." A speech to the South Carolina Nutrition Council, February, 26, 1993.

Hayes, Shannon. *Radical Homemakers: Reclaiming Domesticity from a Consumer Culture.* Richmondville, NY: Left to Write Press, 2010.

Hochschild, Arlie Russell. *The Time Bind: When Work Becomes Home & Home Becomes Work.* New York: Metropolitan Books, 1997.

——, and Anne Machung. *The Second Shift.* New York: Penguin Books, 2003.

Java, Jennifer, and Carol M. Devine. "Time Scarcity and Food Choices: An Overview." *Appetite* 47 (2006): 196–204.

Larson, Nicole I., et al. "Food Preparation by Young Adults Is Associated with Better Diet Quality." *Journal of the American Dietetic Association.* Vol. 106, No. 12, December 2006.

Neuhaus, Jessamyn. "The Way to a Man's Heart: Gender Roles, Domestic Ideology, and Cookbooks in the 1950s." *Journal of Social History,* Spring 1999.

Pollan, Michael. "Out of the Kitchen, Onto the Couch." *New York Times Magazine,* August 2, 2009.

Shapiro, Laura. *Perfection Salad: Women and Cooking at the Turn of the Century.* New York: Modern Library, 2001.

——. *Something from the Oven: Reinventing Dinner in 1950's America.* New York: Viking, 2004.

美國飲食與烹飪習慣的演變趨勢

可參考市場調查專家巴瑟所服務公司的網站（https://www.npd.com/wps/portal/npd/us/industryexpertise/food.）以及美國勞工統計局的「美國人時間利用調查網站（http://www.bls.gov/tus/）

Cutler, David, et al. "Why Have Americans Become More Obese?" Journal of Economic Perspectives. Vol. 17, No. 3 Summer (2003): 93–118. 作者對烹飪時間減少導致肥胖比例增加的課題有所貢獻。

Gussow, Joan Dye. "Does Cooking Pay?" *Journal of Nutrition Education* 20,5 (1988): 221–26.

Haines, P. S., et al. "Eating Patterns and Energy and Nutrient Intakes of US Woman." *Journal of the American Dietetic Association* 92, 6 (1992): 698–704, 707.

風味包括鮮味與植化素的化學作用

哈洛德・馬基《食物與廚藝》(大家出版)。

Beauchamp, Gary K. "Sensory and Receptor Responses to Umami: An Overview of Pioneering Work." *American Journal of Clinical Nutrition* 90 (suppl) (2009): 723S–27S.

Block, E. "The Chemistry of Garlic and Onions." *Scientifi c American* 252 (1985): 114–19.

Blumenthal, Heston, et al. *Dashi and Umami: The Heart of Japanese Cuisine*. Tokyo: Kodansha International, 2009.

Chaudhari, Nirupa, et al. "Taste Receptors for Umami: The Case for Multiple Receptors." *American Journal of Clinical Nutrition* 90, 3 (2009): 738S–42S.

Gladwell, Malcolm. "The Ketchup Conundrum." *New Yorker,* September 6, 2004.

Griffi ths, Gareth. "Onions — a Global Benefi t to Health." *Phytotherapy Research* 16 (2002): 603–15.

Kurlansky, Mark. *Salt: A World History*. New York: Penguin Books, 2003.

Kurobayashi, Yoshiko, et al. "Flavor Enhancement of Chicken Broth from Boiled Celery Constituents." *Journal of Agriculture and Food Chemistry,* 56 (2008): 512–16.

Rivlin, Richard S. "Historical Perspective on the Use of Garlic" in Recent Advances in the Nutritional Effects Associated with the Use of Garlic as a Supplement, proceedings of a conference published as a supplement to *The Journal of Nutrition,* 2009.

Rogers, Judy. The Zuni Cafe Cookbook. New York: W. W. Norton, 2002. 一定要讀她的精采短文〈提早放鹽〉(salting early) pp. 35–38.

Rozin, Elisabeth. *Ethnic Cuisine: How to Create the Authentic Flavors of 30 International Cuisines*. New York: Penguin Books, 1992.

——. *The Universal Kitchen*. New York: Viking, 1996.

Sherman, Paul W., and Jennifer Billing. "Darwinian Gastronomy: Why We Use Spices." *BioScience,* Vol. 49, No. 6 (June 1999): 453–63.

Vitali, Benedetta. Soffritto: *Tradition and Innovation in Tuscan Cooking*. Berkeley: Ten Speed Press, 2004. 貝妮黛妲是莎敏在義大利學廚藝的老師。

水元素

Bachelard, Gaston. *Water and Dreams: An Essay on the Imagination of Matter.* Dallas: Pegasus Foundation, 1983.

第三章 風

小麥、磨坊與麵包的歷史

哈洛德・馬基《食物與藝術》（大家出版）閱讀麵包歷史與技術的章節。

Belasco, Warren J. *Appetite for Change: How the Counterculture Took on the Food* Industry. Ithaca, NY: Cornell University, 2006. 探討一九六〇年代白麵包與棕麵包的象徵意義的部分值得一讀。

Braudel, Fernand. *The Structures of Everyday Life: Civilization and Capitalism 15th–18th Century.* Vol. 1. New York: Harper & Row. 1981. 見第二章〈每日麵包〉。

David, Elizabeth. *English Bread and Yeasty Cookery.* Newtown, MA: Biscuit Books, 1994. Very good on the history of milling in England. 闡述英格蘭的磨坊歷史十分清晰。

Drummond, J.G., and Anne Wilbraham. *The Englishman's Food: A History of Five Centuries of English Diet.* London: Jonathan Cape, 1939.

Eisenberg, Evan. *The Ecology of Eden: An Inquiry into the Dream of Paradise and a New Vision of Our Role in Nature.* New York: Vintage, 1999. 頭幾章對草與人的共同演化提出非常好的解釋。

Graham, Sylvester. *Treatise on Bread and Bread-Making.* Boston: Light & Stearns, 1837. 別以為美國人追求營養飲食習慣是最近才有的趨勢。

Jacob, H.E., and Peter Reinhart. *Six Thousand Years of Bread.* New York: Skyhorse Publishing, 2007.

Kahn, E.J. "The Staffs of Life: Part III, Fiat Panis," *New Yorker,* December 17, 1984.

Kaplan, Steven Laurence. *Good Bread Is Back: A Contemporary History of French Bread, the Way It Is Made, and the People Who Make It.* Durham, NC: Duke University, 2006. 對白麵包興起與酸麵團復興提出很有價值的解釋。

Mann, Charles C. 1493: *Uncovering the New World Columbus Created.* New York: Knopf, 2011. 作者在本書第八章〈痛狂的瀉〉說明征服者如何將小麥帶至美洲大陸。

Manning, Richard. *Against the Grain: How Agriculture Has Hijacked Civilization.* New York: North Point Press, 2004.

——. Grassland: *The History, Biology, and Promise of the American Prairie.* New York: Penguin Books, 1997. Manning重新梳理北美大草原如何變成了小麥田。

Marchant, John, et al. *Bread: A Slice of History.* Charleston, SC: History Press, 2009.

Rubel, William. *Bread: A Global History.* London: Reaktion Books, 2011.

Standage, Tom. *An Edible History of Humanity.* New York: Walker & Co., 2009.

Storck, John, and Walter Dorwin Teague. *Flour for Man's Bread: A History of Milling.* Minneapolis: University of Minnesota, 1952.

Tudge, Colin. So Shall We Reap: What's Gone Wrong with the World's Food — and How to Fix It. London: Penguin Books, 2003. 清楚闡述了小麥的演進。

烘焙技術

Beard, James. *Beard on Bread.* New York: Knopf. 1974.

Clayton, Bernard. *The Breads of France.* Berkeley: Ten Speed Press, 2004.

Lahey, Jim. *My Bread: The Revolutionary No-Work, No-Knead Method.* New York: W. W.

Norton, 2009.

Leader, Daniel, and Judith Blahnik. *Bread Alone: Bold Fresh Loaves from Your Own Hand.* New York: Morrow, 1993.

Oppenheimer, Todd. "Breaking Bread." A profi le of Chad Robertson. *San Francisco Magazine,* November 2010.

Orton, Mildred Ellen. *Cooking with Whole Grains.* Foreword by Deborah Madison. New York: Farrar, Straus and Giroux, 2010.

Reinhart, Peter. *The Bread Baker's Apprentice: Mastering the Art of Extraordinary Bread.* Berkeley: Ten Speed Press, 2001.

——. *Whole Grain Breads: New Techniques, Extraordinary Flavors.* Berkeley: Ten Speed Press, 2007. 創新（或復興）了先浸泡全麥麵粉再發酵的技術。

Robertson, Chad. *Tartine Bread.* San Francisco: Chronicle Books, 2010. 兼具良好指導與娛樂價值的絕佳好書。

Thorne, John. *Outlaw Cook.* New York: Farrar, Straus and Giroux, 1992. See the section "The Baker's Apprentice."

Wing, Daniel, and Alan Scott. *The Bread Builders: Hearth Loaves and Masonry Ovens.* White River Junction, VT: Chelsea Green, 1999. 收錄關於酸麵團微生物作用的絕佳討論與羅伯森在雷斯角時的訪談。

Wood, Ed. *Classic Sourdoughs.* Berkeley: Ten Speed Press, 2001.

麵包與營養

Cordain, Loren. "Cereal Grains: Humanity's Double-Edged Sword." *World Review of Nutrition and Dietetics.* Vol. 84. Basel, Switzerland: Karger (1999): 19–73.

Czapp, Katherine. "Against the Grain." Published on the Web site of The Weston A. Price

Foundation, July 16, 2006. http://www.westonaprice.org/digestive-disorders/against-thegrain.

Di Cagno, Raffaella, et al. "Sourdough Bread Made from Wheat and Nontoxic Flours and Started with Selected Lactobacilli Is Tolerated in Celiac Sprue Patients." *Applied and Environmental* Microbiology (February 2004): 1088–96. 這篇研究指出給予酸麵團較長的發酵時間可減少小麥引發乳糜瀉的毒性。

Jacobs, David R., Jr., and Lyn M. Steffen. "Nutrients, Foods, and Dietary Patterns as Exposures in Research: A Framework for Food Synergy." *American Journal of Clinical Nutrition* 78 (suppl) (2003): 508S–13S.

——, et al. "Food Synergy: An Operational Concept for Understanding Nutrition." *American Journal of Clinical Nutrition* 89 (suppl) (2009): 1543S–8S.

——, and Linda C. Tapsell. "Food, Not Nutrients, Is the Fundamental Unit in Nutrition." *Nutrition Reviews* Vol. 65, No. 10 (2007): 439–50.

——, and Daniel D. Gallaher. "Whole Grain Intake and Cardiovascular Disease: A Review." *Current Atherosclerosis Reports* 6 (2004): 415–23.

Lindeberg, Staffan. *Food and Western Disease: Health and Nutrition from an Evolutionary Perspective*. Oxford: Wiley-Blackwell, 2010.

Price, Weston A. *Nutrition and Physical Degeneration* (7th edition). La Mesa, CA: Price-Pottenger Nutrition Foundation, 2006.

Rizzello, Carlo G., et al. "Highly Efficient Gluten Degradation by Lactobacilli and Fungal Proteases During Food Processing: New Perspectives for Celiac Disease." *Applied and Environmental Microbiology* (July 2007): 4499–507.

Spiller, Gene, and Monica Spiller. *What's with Fiber?* Laguna Beach, CA: Basic Health Publications, 2005.

Taubes, Gary. *Good Calories, Bad Calories*. New York: Knopf, 2007.

Van den Broeck, Hetty C., et al. "Presence of Celiac Disease Epitopes in Modern and Old Hexaploid Wheat Varieties: Wheat Breeding May Have Contributed to Increased Prevalence of Celiac Disease." *Theoretical and Applied Genetics* 121 (2010): 1527–39.

酸麵包的科學

Bamforth, Charles. *Food, Fermentation and Micro-organisms.* Oxford: Wiley-Blackwell, 2005.

Buehler, Emily. *Bread Science: The Chemistry and Craft of Making Bread.* Hillsborough, NC: Two Blue Books, 2006.

Ganzle, Michael G., et al. "Carbohydrate, Peptide and Lipid Metabolism of Lactic Acid Bacteria in Sourdough." *Food Microbiology* 24 (2007): 128–38.

Kitahara, M., et al. "Biodiversity of *Lactobacillus sanfranciscensis* Strains Isolated from Five Sourdoughs." Letters in Applied Microbiology 40 (2005): 353–57. 利用DNA定序技術辨識酸麵種培養菌所含細菌物種的早期研究。

Kulp, Karel, and Klaus Lorenz. *Handbook of Dough Fermentations.* New York: Marcel Dekker, 2003. 輯錄有關酸麵包微生物作用的科學文獻。

MacGuire, James. "Pain au Levain: The Best Flavor, Acidity, and Texture and Where They Come From." *Art of Eating,* No. 83 (Winter 2009).

Scheirlinck, I., et al. "Molecular Source Tracking of Predominant Lactic Acid Bacteria in Traditional Sourdoughs and Their Production Environments." *Journal of Applied Microbiology* 106 (2009): 1081–92. 此研究發現過去認為原生於舊金山灣岸區的舊金山乳酸菌其實普遍見於歐洲的酸麵種培養菌中。

Sugihara, T. F., L. Kline, and M. W. Miller. "Microorganisms of the San Francisco Sour Dough Bread Process." *Applied Microbiology* 21, 3: 456–58.

Thiele, C., et al. "Contribution of Sourdough Lactobacilli, Yeast and Cereal Enzymes to the Generation of Amino Acids in Dough Relevant for Bread Flavor." *Cereal Chemistry* 79, 1: 45–51.

Weckx, Stefan, et al. "Community Dynamics of Bacteria in Sourdough Fermentations as Revealed by Their Metatranscriptome." *Applied and Environmental Microbiology* (August 2010): 5402–8. 此研究發現酸麵種培養菌中的生態系隨時間流逝將趨於穩定。

食物中的空氣、味道與鼻後嗅覺

Aftel, Mandy, and Daniel Patterson. *Aroma: The Magic of Essential Oils in Food & Fragrance.* New York: Artisan, 2004.

Fincks, Henry T. "The Gastronomic Value of Odours" in *Contemporary Review.* Vol. L (July– December 1886). 關於滋味、氣味的關係，以及兩者如何結合造就風味的早期研究。

Gilbert, Avery. *What the Nose Knows: The Science of Scent in Everyday Life.* New York: Crown, 2008.

Rozin, Paul. "Taste-Smell Confusions and the Duality of the Olfactory Sense." *Perception and Psychophysics* 31, 4 (1982): 397–401. One of the fi rst analyses of retronasal olfaction and its role in detecting and cataloguing flavor.

Shepherd, Gordon M. *Neurogastronomy: How the Brain Creates Flavor and Why It Matters.* New York: Columbia University, 2012. 鼻後嗅覺的最新科學知識。

第四章 土

發酵與發酵食物總論

由山鐸・卡茲所寫的《發酵聖經》(大家出版),對發酵食物感興趣的人都不可錯過的鉅著。

Albala, Ken. "Bacterial Fermentation and the Missing *Terroir* Factor in Historic Cookery." In *Cured, Fermented and Smoked Foods: Proceedings of the Oxford Symposium on Food and Cookery 2010*. Devon, England: Prospect Books, 2011.

Bilger, Burkhard. "Nature's Spoils." *New Yorker*, November 22, 2010. 精采地描繪了山鐸・卡茲與地下食物運動。

Jacobsen, Rowan. *American Terroir: Savoring the Flavors of Our Woods, Waters, and Fields*. New York: Bloomsbury, 2010. 乳酪與葡萄酒的章節尤其值得閱讀。

——. "Fermentation as a Coevolutionary Force." In *Cured, Fermented and Smoked Foods: Proceedings of the Oxford Symposium on Food and Cookery 2010*. Devon, England: Prospect Books, 2011.

——. *Wild Fermentation: The Flavor, Nutrition and Craft of Live-Culture Food*. White River Junction, VT:Chelsea Green, 2003. An exhilarating if somewhat rough-edged manifesto for fermentos.

Lewin, Alex. *Real Food Fermentation: Preserving Whole Fresh Food with Live Cultures in Your Home Kitchen*. Minneapolis: Quarry Books, 2012.

Margulis, Lynn, and Dorion Sagan. *Dazzle Gradually: Reflections on the Nature of Nature*. White River Junction, VT: Chelsea Green, 2007.

——. *Microcosmos: Four Billion Years of Evolution from Our Microbial Ancestors*. New York: Summit Books, 1986.

Mintz, Sidney W. "The Absent Third: The Place of Fermentation in a Thinkable World Food System." In *Cured, Fermented and Smoked Foods: Proceedings of the Oxford Symposium on Food and Cookery 2010*. Devon, England: Prospect Books, 2011.

Steinkraus, K.H. "Fermentation in World Food Processing." In *Comprehensive Reviews in Food Science and Food Safety*, Vol. 1 (2002). 美國食品科技協會出版，全球發酵食物與飲品的廣泛調查。

Trubek, Amy B. *The Taste of Place: A Cultural Journey into* Terroir. Berkeley: University of California, 2008.

蔬菜發酵

Andoh, Elizabeth. *Kansha: Celebrating Japan's Vegan and Vegetarian Traditions*. Berkeley: Ten Speed Press, 2010. 介紹日本獨特醃漬傳統「漬物」的章節尤其值得一讀。

Fallon, Sally, with Mary Enig. *Nourishing Traditions: The Cookbook That Challenges Politically Correct Nutrition and the Diet Dictocrats*. Washington, DC: New Trends Publishing, 2001.

Haekyung, Chung. *Korean Cuisine: A Cultural Journey*. Seoul: Korea Foundation, 2009.

Lee, Chun Ja. *The Book of Kimchi*. Seoul: J=Korea Information Service, 1999.

Madison, Deborah. *Preserving Food Without Freezing or Canning: The Gardeners and Farmers of Terre Vivante*.White River Junction, VT: Chelsea Green, 2007.

Pederson, Carl. S., and Margaret N. Albury. *The Sauerkraut Fermentation*. Geneva, NY: New York Agricultural Experiment Station, Bulletin 824, December 1969.

Plengvidhya, V., F. Breidt, Z. Lu, and H. P. Fleming. "DNA Fingerprinting of Lactic Acid Bacteria in Sauerkraut Fermentations." *Applied and Environmental Microbiology* 73, 23 (2007): 7697–702.

Yoon, Sook-ja. *Good Morning, Kimchi!: Forty Different Kinds of Traditional and Fusion Kimchi Recipes*. Elizabeth, NJ: Hollym, 2005.

人體微生物相

可先閱覽美國國家衛生研究院網站上關於人體微生物相的研究計（http://www.hmpdacc.org/）網站中有許多相關主題的學術論文連結。以下我找到的論文尤其能夠增進了解。

Ainsworth, Claire. "I Am Legion: Myriad Microbes Living in Your Gut Make You Who You Are." *New Scientist,* May 14, 2011.

Bengmark, D. "Ecological Control of the Gastrointestinal Tract: The Role of Probiotic Flora." *Gut* 42 (1998): 2–7.

Benson, Alicia, et al. "Gut Commensal Bacteria Direct a Protective Immune Response Against *Toxoplasma gondii.*" *Cell Host & Microbe* 6, 2 (2009): 187–96.

Blaser, Martin J. "Who Are We? Indigenous Microbes and the Ecology of Human Disease." *European Molecular Biology Organization,* Vol. 7, No. 10, 2006.

Bravo, Javier A., et al. "Ingestion of Lactobacillus Strain Regulates Emotional Behavior and Central GABA Receptor Expression in a Mouse Via the Vagus Nerve." www.pnas.org/cgi/ doi/10.1073/pnas.1102999108.

Desiere, Frank, et al. "Bioinformatics and Data Knowledge: The New Frontiers for Nutrition and Food." *Trends in Food Science & Technology,* 12 (2002): 215–29.

Douwes, J., et al. "Farm Exposure in Utero May Protect Against Asthma." *European Respiratory Journal* 32 (2008): 603–11.

Ege, M.J., et al. Parsifal study team. "Prenatal Farm Exposure Is Related to the Expression

of Receptors of the Innate Immunity and to Atopic Sensitization in School-Age Children." *Journal of Allergy Clinical Immunology* 117 (2006): 817–23.

Floistrup, H., et al. "Allergic Disease and Sensitization in Steiner School Children." *Journal of Allergy and Clinical Immunology* 117 (2006): 59–66.

Gershon, Michael D. *The Second Brain: Your Gut Has a Mind of Its Own.* New York: Quill, 1998.

Greer, Julie B., and Stephen John O'Keefe. "Microbial Induction of Immunity, Infl ammation, and Cancer." *Frontiers in Physiology,* Vol. 1, article 168 (January 2011).

Hehemann, Jan-Hendrik, et al. "Transfer of Carbohydrate-Active Enzymes from Marine Bacteria to Japanese Gut Microbiota." *Nature.* Vol. 464 (April 8, 2010). 這個研究發現日本人的腸道內有一種細菌帶有海洋生物的基因，因此能夠消化海苔中的碳水化合物。

Jung, Ji Young, et al. "Metagenomic Analysis of Kimchi, a Traditional Korean Fermented Food." *Applied and Environmental Microbiology* (April 2011): 2264–74.

Kaplan, Jess L., et al. "The Role of Microbes in Developmental Immunologic Programming." *Pediatric Research,* Vol. 69, No. 6 (2011).

Karpa, Kelly Dowhower. *Bacteria for Breakfast: Probiotics for Good Health.* Victoria, BC: Trafford Publishing, 2003.

Ley, Ruth E. "Worlds Within Worlds: Evolution of the Vertebrate Gut Microbiota." *Nature Reviews,* Vol. 6 (October 2008).

O'Keefe, Stephen J.D. "Nutrition and Colonic Health: The Critical Role of the Microbiota." *Current Opinion in Gastroenterology* 24 (2008): 51–58.

Parvez, S., et al. "Probiotics and Their Fermented Food Products Are Benefi cial for Health." *Journal of Applied Microbiology* 100 (2006): 1171–85.

Perkin, Michael R., et al. "Which Aspects of the Farming Lifestyle Explain the Inverse

Association with Childhood Allergy?" *Journal of Allergy and Clinical Immunology* Vol. 117, No. 6.

Robinson, Courtney, et al. "From Structure to Function: The Ecology of Host-Associated Microbial Communities." Microbiology and Molecular Biology Reviews (September 2010): 453–76. 尋求將生態學知識借鑑於人體微生物群落研究的指標論文。

Song, Yeong-Ok. "The Functional Properties of Kimchi for the Health Benefi ts." *Food Industry and Nutrition* 9, 3 (2004): 27–28.

Turnbaugh, P.J., et al. "An Obesity-Associated Gut Microbiome with Increased Capacity for Energy Harvest." *Nature* 444 (2006): 1027–31.

——, et al. "The Human Microbiome Project." *Nature* 449 (2007): 804–10.

——, et al. "A Core Gut Microbiome in Obese and Lean Twins." *Nature* 457 (2009): 480–84.

Walter, Jens. "Ecological Role of Lactobacilli in the Gastrointestinal Tract: Implications for Fundamental and Biomedical Research." *Applied and Environmental Microbiology* (August 2008): 4985–96.

Zivkovic, Angela M., J. Bruce German, et al. "Human Milk Glycobiome and Its Impact on the Infant Gastrointestinal Microbiota." *Proceedings of the National Academy of Sciences,* Vol. 107, No. suppl 1 (March 15, 2011): 4653–58.

乳酪與製作乳酪

Abdelgadir, Warda S., et al. "The Traditional Fermented Milk Products of the Sudan." *International Journal of Food Microbiology* 44 (1998), 1–13.

Behr, Edward. "Pushing to a Delicate Extreme: The Cheeses of Soyoung Scanlan." *Art of*

Eating,No. 86 (2010).

Bilger, Burkhard. "Raw Faith." New Yorker, August 19, 2002. 諾艾拉修女與圍繞著她的生乳乳酪論辯的精采整理。

Boisard, Pierre. *Camembert: A National Myth*. Berkeley: University of California, 2003.

Bosco, Antoinette. *Mother Benedict: Foundress of the Abbey of Regina Laudus*. San Francisco: Ignatius Press, 2007.

Culture: The Word on Cheese. 報導乳酪的科學原理與製作方法，有時也及其他發酵食物的精采季刊。

Johnson, Nathanael. "The Revolution Will Not Be Pasteurized: Inside the Raw Milk Underground." *Harper's Magazine*, April 2008.

Kindstedt, Paul S. *American Farmstead Cheese: The Complete Guide to Making and Selling Artisan Cheeses*. White River Junction, VT: Chelsea Green, 2005.

——. *Cheese and Culture: A History of Cheese and Its Place in Western Civilization*. White River Junction, VT: Chelsea Green, 2012.

Latour, Bruno. *The Pasteurization of France*. Alan Sheridan and John Law, trs. Cambridge: Harvard University, 1988.

LeMay, Eric. *Immortal Milk: Adventures in Cheese*. New York: Free Press, 2010.

Mendelson, Ann. *Milk: The Surprising Story of Milk Through the Ages*. New York: Knopf, 2008.

Montanari, Massimo. *Cheese, Pears & History*. New York: Columbia University, 2010.

Paxson, Heather. "Post-Pasteurian Cultures: The Microbiopolitics of Raw-Milk Cheese in the United States." *Cultural Anthropology*, Vol. 23, Issue 1, 15–47. 對「後巴德」思考有傑出的分析，也是我第一次讀到這個名詞。

乳酪的微生物學

Marcellino, R.M. Noella. *Biodiversity of* Geotrichum Candidum *Strains Isolated from Traditional French Cheese.* A doctoral dissertation, submitted to the University of Connecticut, 2003.

——, and David R. Benson. "Scanning Electron and Light Microscopic Study of Microbial Success on Bethlehem St. Nectaire Cheese." *Applied and Environmental Microbiology* (November 1992): 3448–54.

——. "Characteristics of Bethlehem Cheese, an American Fungal-Ripened Cheese," 114–20. In T. M. Cogan, P. F. Fox, and R. P. Ross, eds., 5th Cheese Symposium. Teagasc, Dublin, Cork, Ireland, 1997.

——. "The Good, the Bad and the Ugly: Tales of Fungal Ripened Cheese." (In Press: Catherine W. Donnelly, ed. *Cheese and Microbes.* Herndon, VA: ASW Press, 2013.) Marcellino, N., et al. "Diversity of *Geotrichum candidum* Strains Isolated from Traditional Cheesemaking Fabrications in France." *Applied and Environmental Microbiology* (October 2001): 4752–59.

Sieuwerts, Sander, et al. "Unraveling Microbial Interactions in Food Fermentations: from Classical to Genomic Approaches." *Applied and Environmental Microbiology* (August 2008) 4997–5007.

憎惡

Darwin, Charles. *The Expression of the Emotions in Man and Animals* (1872). Chicago: University of Chicago, 1965.

Kolnai, Aurel. *On Disgust.* Edited and with an introduction by Barry Smith and Carolyn

Korsmyer. Chicago: Open Court, 2004.
Miller, William Ian. *The Anatomy of Disgust*. Cambridge: Harvard University, 1997.
Rozin, P., J. Haidt, and C. R. McCauley. "Disgust." In M. Lewis and J. Haviland, eds., *Handbook of Emotions*, second edition. New York: Guilford, 2000, 637–53.
Rozin, Paul, and April E. Fallon. "A Perspective on Disgust," *Psychological Review* 94 (1987): 23–41.

酒精與酩酊

Bamforth, Charles. *Food, Fermentation and Micro-organisms*. Oxford: Wiley-Blackwell, 2005.
Buhner, Stephen Harrod. *Sacred and Herbal Healing Beers: The Secrets of Ancient Fermentation*. Boulder, CO: Brewers Publications, 1998. 研究古代酒精飲料與所含精神治療藥物成分及其社會角色，附作法。
Edwards, Griffi th. *Alcohol: The World's Favorite Drug*. New York: St. Martin's, 2000.
Euripedes. *The Bacchae*. C. K. Williams, tr. New York: Farrar, Straus and Giroux. 1990.
Feiring, Alice. *Naked Wine: Letting Grapes Do What Comes Naturally*. New York: Da Capo, 2011.
Kerenyi, Carl. *Dionysos: Archetypal Image of Indestructible Life*. Princeton, NJ: Princeton University, 1976.
Lenson, David. *On Drugs*. Minneapolis, MN: University of Minnesota, 1995. 研究酩酊在文化與藝術中所扮演角色，鮮有人知但相當出色。
——. "The High Imagination." Delivered as the Hess Lecture at the University of Virginia, April 29, 1999. On the romantic movement and drugs.
McGovern, Patrick E. *Uncorking the Past: The Quest for Wine, Beer, and Other Alcoholic*

Beverages. Berkeley: University of California, 2009. 由考古學角度解說早期酒精飲料與其對文明貢獻的重要論著。

Otto, Walter F. *Dionysus: Myth and Cult.* Translated and with an introduction by Robert P. Palmer. Bloomington, IN: Indiana University, 1965.

Palmer, John J. *How to Brew: Everything You Need to Know How to Brew Beer Right the First Time.* Boulder, CO: Brewers Publications, 2006. Excellent primer.

Phaff, Herman Jan, et al. *The Life of Yeasts.* Cambridge: Harvard University, 1978.

Siegel, Ronald K. *Intoxication: The Universal Drive for Mind-Altering Substances.* New York: Dutton, 1989. Especially good on alcohol use by animals. 說明動物使用酒精情形的部分尤其精彩。

Standage, Tom. *A History of the World in Six Glasses.* New York: Walker & Co., 2005.

Zainasheff, Jamil, and John. J. Palmer. *Classic Brewing Styles: 80 Winning Recipes Anyone Can Brew.*

Boulder, CO: Brewers Publications, 2007. A somewhat more advanced guide to beer making. 我和麥凱靠其中幾則作法指示釀出了不錯的啤酒。

推薦閱讀

我在寫作中一再重讀以下這些書籍與食譜，從中尋求解釋與靈感，這些都是不可或缺的好書。

總論

《食物與廚藝》哈洛德・馬基著（大家出版）
《食滋味》愛莉絲・華特斯著（貓頭鷹出版）
《找著火》理察・藍翰著（*Catching Fire: How Cooking Made Us Human,* by Richard Wrangham）
《烹調的精髓》卡爾・弗萊德里奇・盧莫著（*The Essence of Cookery,* by Karl Friedrich von Rumohr）
The Cambridge World History of Food, edited by Kenneth F. Kiple, Kriemhild Conee Ornelas
An Everlasting Meal: Cooking with Economy and Grace, by Tamar Adler
A History of Cooks and Cooking, by Michael Symons
How to Cook Everything, by Mark Bittman

火

The Barbecue! Bible, by Steven Raichlen
The Magic of Fire: Hearth Cooking, by William Rubel
Seven Fires: Grilling the Argentine Way, by Francis Mallmann
Smokestack Lightning: Adventures in the Heart of Barbecue Country, written by Lolis Eric Elie, photo by Frank Stewart

水

《義式菜底》貝妮黛妲・魏塔利著（*Soffritto: Tradition and Innovation in Tuscan Cooking,* by Benedetta Vitali）
《烤箱食物：在五〇年代的美國重新創造食物》蘿拉夏・琵若著（*Something from the Oven: Reinventing Dinner in 1950s America,* by Laura Shapiro）
《文明的滋味》貝蒂・傅瑞丹著（*The Taste for Civilization: Food, Politics, and Civil Society,* by Janet A. Flammang）
Braise: A Journey Through International Cuisine, by Daniel Boulud
Mediterranean Clay Pot Cooking, by Paula Wolfert
A Platter of Figs and Other Recipes, by David Tanis

風

《塔庭麵包》查德・羅伯森著（*Tartine Bread,* by Chad Robertson）
The Bread Baker's Apprentice: Mastering the Art of Extraordinary Bread, by Peter Reinhart
The Bread Builders: Hearth Loaves and Masonry Ovens, by Daniel Wing, Alan Scott
English Bread and Yeast Cookery, by Elizabeth David
Peter Reinhart's Whole Grain Breads, by Peter Reinhart

土

《自然發酵》山鐸・卡茲著（*Wild Fermentation,* by Sandor Katz）
《發酵聖經》山鐸・卡茲著（大家出版）
《小宇宙：性的源起與微生物進化40億年》琳・馬基利斯、多里翁・沙岡著（*Microcosmos: Four Billion Years of Microbial Evolution,* by Lynn Margulis and Dorion Sagan）
Brewing Classic Styles: 80 Winning Recipes Anyone Can Brew, by John J. Palmer, Jamil Zainasheff
How to Brew: Everything You Need to Know to Brew Beer Right the First Time, by John J. Palmer
Uncorking the Past: The Quest for Wine, Beer, and Other Alcoholic Beverages, by Patrick E. McGovern

致謝

《烹》寫的是我的課程，因此我首先要謝謝所有教導我的優秀老師，感謝他們的慷慨大度、耐心與知識。

在用火烹飪的藝術上，承蒙米契爾這位了不起的燒烤師傅教誨，三生有幸。我還要感謝好幾位師傅面授機宜。謝謝Francis Mallmann在德州給我上了幾堂課，啟發了我。謝謝華特斯女士和我分享她對炙烤的熱情（還有不停給肉翻面的技巧）。謝謝阿爾昆索尼茲讓我進入他那如聖殿般的廚房。謝謝傑克．希特、Mike Emmanuel和Chuck Adams這三位也教會我不少炙烤的技巧。我也要謝謝Lisa Abend在西班牙擔任我的嚮導、翻譯，她是很好的地陪，更得感謝Dan Barber鼓勵我去那裡。南方飲食聯盟的John T. Edge無私傳授他的知識，和我分享他在燒烤界的人脈。也謝謝Joe Nick Patoski針對德州人稱之為BBQ燒烤的烹飪，對我作了精彩的介紹，謝謝Greg Hatem在北卡州的溫暖款待，謝謝卡明斯基分享他對於BBQ燒烤和豬的洞見，謝謝「廚房姊妹」Davia Nelson的指點和慷慨。

不單是這一章，而且是整本書，都要感謝藍翰，他有關烹飪如何使得人之所為人的畫時代著作，振聾發聵，我這本書從頭到尾受惠良多，感謝他撥冗對我講解「烹飪假說」。

我在學習鍋中烹飪之道（就是一般說的「煮菜」）時，多虧有莎敏．諾斯拉收我為徒，她不但是傑出的廚師，也是優秀的老師。她對本書的貢獻不僅

限於教我做菜，給我上課，還介紹我認識燒烤師傅、麵包師傅和發酵師傅，並且不斷給我適時的建議，是我的良伴，常常帶給我啟發。Amaryll Schwertner也歡迎我進入她在Boulette's Larder餐館的廚房，讓我學習到有關燉煨烹飪的寶貴課程，更令我認識到，再怎麼不起眼的食材佐料，其實都很重要。舒文．布雷克特無私地教我如何煮神奇的日式高湯。稍微離開爐邊，NPD的市場研究專家巴瑟給我上了深入的進階課程，讓我了解美國人的飲食習慣和對食物的想法。Mark Kurlansky、Jerry Bertrand和Richard Wilk，使我對鹽、味道和儀式，分別有了更深入的領會。我在探究廚房中的性別這糾結棘手的課題時，由於閱讀Joan Dye Gussow和Janet Flammng的著作，並和這兩位交換意見，得以安然過關。

更深入認識羅伯森，並依樣畫葫蘆，學會烘製遠不及原版的塔庭麵包，是我在研究、寫作本書期間的大亮點。他對於烘焙工藝的態度—專注、不妥協、從不自滿，已成為我的榜樣，而且不單只是在廚房中而已。小山田和楊科這兩位塔庭的麵包師為人親切友善到不行，能和他們並肩幹活，實在愉快又有趣。Keith Giusto和范德里和我分享磨麵粉的祕密（而磨粉師傅往往守口如瓶），還有他們一流的麵粉。

我也感謝讓我進入麵包房的柏爾頓和米勒，還有柏克萊「頂點麵包」的蘇利文、聖拉斐爾「彭斯福天地」的彭斯福、佩塔魯瑪Della Fattoria的Kathkeeb Weber和索諾瑪農夫市集的麵包師查科斯基。「社區穀物」的Bob Klein允許我參加他的「穀物信託」，邀請我參加生平頭一遭「小麥品嘗會」。Monica Spiller、David R. Jacobs和Steve Jones和我分享他們對全麥磨粉與營養的深入了解。穀物科學家David Killilea和Russell Jones教導我有關種籽的各種

知識；Glenn Roberts、Jon Faubion、R. Carl Hoseney和Peter Reinhart也分享其專業素養。我對酸麵種發酵的林林總總的疑問，獲得Emily Buehler的解答。我從Richard Manning和Evan Eisenberg的研究中，學會不少有關小麥和其他禾本植物的知識。羅明傑一家人不但讓我到他們的農場，還難免有點「大意」地允許我操作他們的聯合收割機，收割了幾行小麥。感謝我在柏克萊的同事、生物學家Michael Eisne大方提供協助，在他的實驗室為我的酸麵種排出基因序列，可惜那結果我並不是完全看得懂。大廚Daniel Patterson、香水師Mandy Aftel和神經科學家Gordon M. shepherd，給我上了嗅覺的課，促使我作了一些有益的實驗。

我要感謝在我個人一無所知的領域中給我指點的眾多發酵師傅，尤其是卡茲、做乳酪的諾艾拉修女，還要謝謝Shane McKay、Will Rogers、Adam Lamoreaux和Kel Alcala這幾位專業或業餘釀酒師。雖然我後來在書中並未提及他們，但是還有其他數位乳酪師傅慷慨撥冗，將所知傳授予我，在書中留下印記，他們是：Andante的Soyoung Scanlan、Barinaga Ranch的Marcia Barinaga和Cowgril Creamery的Sue Conley。Alex Hozven，謝謝你和我分享你的故事，讓我在Cultured Pickle幹活，不論是理論還是實務，我的醃漬技藝在那兒都大有長進。在韓國，務農的慢食運動領袖Kim Byung Soo，在傳統發酵技藝上給我不少提點，李賢熙給我上了無價的一堂製作泡菜課程，令我了解「手工味」的意義。在我研究發酵這門學問時，有好幾位學識淵博的學院派發酵專家，慷慨地替我惡補微生物和食品科學的知識：Bruce German一再令我開眼界，Patrick Brown是真菌類之友，Maria Marco帶領我進入乳酸菌王國；Rachel Datoon是乳酪外皮生態系統的先鋒人物。還要謝謝Momofuku

餐廳的發酵師傅張錫鎬和Daniel Felder。我並不認得Burkhard Bilger本人，不過他想必是深藏不露的發酵達人，他在《紐約客》雜誌上寫的相關文章，令我長了不少見識。謝謝CDC的Joel Kimmons，他在微生物相和許多方面給我指點迷津。

還有一位厥功甚偉，少了他，這整個著述計畫不可能完成，那就是哈洛德・馬基。任何一位大廚都會告訴你，有關廚房科學的問題，只要去請教馬基就對了，我請教他的次數多到我不好意思承認。然而，不論令我不解的是化學、物理還是微生物學方面的疑問，他不是隨口就能回答，就是很快便找出答案，同樣重要的是，還能用我聽得懂的語言為我解答。我不知道在《食物與廚藝》問世前，大家寫到烹飪科學時該怎麼辦，這本書始終就在我的案頭。

當我決定要在書後附上四道食譜時，對該如何將食譜寫好寫對，一無所知。Jill Santopietro一再試做這四道食譜，加以編輯，讓作法更清楚明瞭、更吸引人，並修正我的疏失。這些食譜作法這會兒應該很實用，可是在未經她修訂前，並非如此。

回來柏克萊這裡，我三生有幸，有Malia Wollan當我的研究助理。她是才華洋溢的記者、寫手，為這本書使盡記者的渾身解數，無論我提出的要求多麼含糊，她始終能替我追蹤到我需要的研究結果、統計數字或來源。她也替我校閱書稿，替我修訂數不清的錯誤，讓我日後不致因文中有錯而難堪，並以巧手慧心改正文稿中各式各樣的問題。書中的科學內容要修訂到翔實無誤，過程十分辛苦，她專注的精神和好脾氣，卻使得這過程如沐春風。我也要謝謝Elisa Colombani和我在新聞學院的學生助理Teresa Chin和Michelle Konstatinovky作的研究。感謝新聞學院體諒我常常休假，謝謝John S. and

James L. Knight Foundation過去十年來支持我作研究。我也十分感激Steven Barclay給我睿智的意見和支持，並謝謝他在Petaluma的優秀團隊，讓寫作生涯中必須開口講話的部分非常愉快。

《烹》是我第七本著作，我的第一本書《第二天性》(*Second Nature*)出版於二十二年前，我重新翻閱那本書中的致謝名單，欣然看到好幾個名字也在本書出現，打從我開始寫作，這些同事和親朋好友就一直支持我。我合作編輯只有一位，那便是Ann Godoff，世上說不定有更優秀的編輯（更機靈、更有熱忱、更有智慧），可我無法想像真有那樣的人。她根本就是最傑出的，如今也已成為我的摯友。我很高興也能如此形容我一直以來的經紀人Amanda Urban，她對各種大小事務的判斷力，是我望塵莫及的。我在文壇若有任何成就，都多虧了這兩位。衷心感謝她們兩位手下優異團隊的成員：企鵝出版社的Tracy Locke、Sarah Hutson、Lindsay Whalen、Ben Platt和Ryan Chapman；ICM的Liz Farrell、Molly Atlas和Maggie Southard。

我的每本書都經過長年好友Mark Edmundson和Gerry Marzorati過目，他們也參與討論，讓書的內容變得更好，能有這兩位具有洞悉力的朋友為讀者，擁有他們可靠又真摯的友誼，是我的福氣。我的老友Michael Schwarz再度給我寶貴的建議，Mark Danner是完美的諮詢顧問，我們在靈感角那一帶長程散步時，我種種構想尚未寫進書中，便已得到他的支持鼓勵。

不過我的第一位也是最好的讀者（她一人便可決定稿子能否離開家門）是茱迪絲。她除了是我摯愛的生活伴侶，也是我不可或缺的編輯、指導老師、顧問和廚房夥伴。我們各自的事業（我寫作，她畫畫）如今已交纏在一起，我再也無法想像，倘若久遠以前我們並未相遇又共創未來，我的幾本著作如

今會是什麼模樣—說真的，我說不定根本寫不出一本書。

說到我對烹飪這攸關緊要之事的信念，必須感謝家母Corky Pollan。她從前每晚得替四名子女燒飯（其中有三名吃素），如今仍盡可能替我們和我們的配偶，還有她的十一名孫兒輩烹飪，她讓我們始終不曾忘懷準備美味的飯菜、大夥同桌分享所帶來的滿足感有多麼無與倫比。她始終是我的靈感來源。

最後，還有艾撒克。在我出版第一本書後不久，他來到我們的生命中。從那時起，他便在我每一本著作中留下痕跡，在這本書中，那痕跡尤其深刻。艾撒克逐漸長大，成為吃客，變成烹者，令我對食物和烹飪有了更多的認識，他可能並不知道他教會我那麼多。我寫作《烹》的期間，正值艾撒克離家去讀大學，從而表示一家三口固定一同吃晚餐的日子已不再。如果說我把家人一起吃飯這件事描繪得太過浪漫，那是因為那是我們生命中十分美好的時光。當然不是每頓飯都那麼美好，但是過去幾年來誠然如此，我們一家三口一同在廚房裡忙活，而後在桌旁欣然同享成果。感謝那每一頓飯菜。

寫於柏克萊